普通高等教育材料类专业规划教材

U0381385

新型功能材料导论

汪济奎　郭卫红　李秋影　编著

华东理工大学出版社
EAST CHINA UNIVERSITY OF SCIENCE AND TECHNOLOGY PRESS
·上海·

图书在版编目(CIP)数据

新型功能材料导论/汪济奎,郭卫红,李秋影编著. —上海:
华东理工大学出版社,2014.10(2022.1 重印)
ISBN 978-7-5628-3449-6

Ⅰ. ①新… Ⅱ. ①汪… ②郭… ③李… Ⅲ. ①功能材料
Ⅳ. ①TB34

中国版本图书馆 CIP 数据核字(2014)第 198690 号

普通高等教育材料类专业规划教材

新型功能材料导论

· ·

编 著 /	汪济奎 郭卫红 李秋影
责任编辑 /	马夫娇
责任校对 /	金慧娟
封面设计 /	裘幼华
出版发行 /	华东理工大学出版社有限公司
地 址:	上海市梅陇路 130 号,200237
电 话:	(021)64250306(营销部)
	(021)64252344(编辑室)
传 真:	(021)64252707
网 址:	www.ecustpress.cn
印 刷 /	江苏凤凰数码印务有限公司
开 本 /	787mm×1092mm 1/16
印 张 /	12.5
字 数 /	303 千字
版 次 /	2014 年 10 月第 1 版
印 次 /	2022 年 1 月第 4 次
书 号 /	ISBN 978-7-5628-3449-6
定 价 /	36.00 元

联系我们:电子邮箱 zongbianban@ecustpress.cn
官方微博 e.weibo.com/ecustpress
天猫旗舰店 http://hdlgdxcbs.tmall.com

前　　言

　　材料是人类文明进步的标志,人类经历了以石器、青铜器、铁器为代表的石器时代、青铜器时代、铁器时代,即将跨入以新型功能材料为代表的网络时代和信息时代。材料作为国民经济的三大支柱产业之一,日益向复合化、多功能化、智能化、工艺一体化的方向发展。材料学日益成为多学科交叉渗透的学科,传统意义上的金属材料、有机材料、无机材料及高分子材料的界限正在逐渐消失。

　　近年来,人们在研究结构材料取得重大进展的同时,特别注重对新型功能材料的研究,研究出了一些机敏材料与智能材料。功能材料作为能源、计算机、通信、电子、激光等现代科学的基础,近十年来,新型功能材料已成为材料科学和工程领域中最为活跃的部分。当前,国际功能材料及其应用技术正面临新的突破,诸如超导材料、微电子材料、光子材料、信息材料、能源转换及储能材料、生态环境材料、生物医用材料及材料的分子设计和原子设计等正处于日新月异的发展之中,发展功能材料技术正在成为一些发达国家强化其经济与军事优势的重要手段。从网络技术的发展到新型生物技术的进步,处处都离不开新材料的进步,特别是新型功能材料的发展和进步。世界各国功能材料的研究极为活跃,充满了机遇和挑战,新技术、新专利层出不穷。功能材料不仅对高新技术的发展起着重要的推动和支撑作用,还对我国相关传统产业的改造和升级,实现跨越式发展起着重要的促进作用。

　　功能材料是国民经济、社会发展及国防建设的基础和先导,是新材料领域的核心。它涉及信息技术、生物工程技术、能源技术、纳米技术、环保技术、空间技术、计算机技术、海洋工程技术等现代高新技术及其产业。

　　本书以功能材料为主线,全面系统地介绍了新型功能材料的设计方法和制备理论,研究了具有电学功能的材料、具有化学功能的材料以及生物功能材料等,还介绍了功能复合材料、具有分离功能的材料等。本书的编写目的是向读者介绍功能材料的基本原理和制备方法,使读者能熟练处理功能材料制备和使用过程中遇到的各种问题,开拓思路,提高分析问题和解决问题的能力。同时,本书结合华东理工大学材料科学与工程专业的课程设置,面向高分子材料专业、复合材料专业、材料物理专业、材料化学以及无机材料等专业的本科生和研究生,向读者介绍了必要的现代功能材料的基础知识,还从材料学的角度阐述了未来功能材料的发展方向。

笔者力求深入浅出,着眼于培养学生的专业兴趣,拓展其视野,从而达到提高其创新能力的目的。

施庆锋、牟海燕、刘延昌、林芳芹、吴凯、周旭、张帝漆等参与了本书部分章节的编写工作。本书在编写过程中还得到了华东理工大学材料科学与工程学院相关师生的支持和帮助,笔者在此一并表示感谢。本书的出版得到了华东理工大学优秀教材出版基金的资助,在此特别致谢。

本书涉及内容广泛,信息量大,如有不足之处,敬请读者批评指正。

编者

2014 年 1 月

目　　录

第1章　功能材料及功能设计方法

在人类即将进入知识经济、信息时代的今天,材料与能源、信息并列为现代科学技术的三大支柱。功能材料在材料学中占有重要的地位,它在材料学的基础上,广泛与生物学、医学、物理学等学科进行交叉,解决了生产高速发展以及由此所产生的能源、环境等一系列问题,为人类提供了大量性能优异的材料。没有半导体材料的发现和发展,便不可能有今天的微电子工业;正因为有了低损耗的光导纤维,当今世界蓬勃发展的光纤通信才得以实现。

功能材料是能源、计算机、通信、电子、激光等现代科学的基础,在社会发展中具有重大战略意义,正在渗透到现代社会生活的各个领域,成为材料科学领域中最具发展潜力的门类。

功能材料的研究所涉及的学科众多,范围广阔,除了与材料学相近的学科紧密相关外,涉及内容还包括有机化学、无机化学、光学、电学、结构化学、生物化学、电子学甚至医学等众多学科,是目前国内外异常活跃的一个研究领域。功能材料产品的产量小、产值高、制造工艺复杂。随着科学技术的进步,新型的材料结构不断被开发出来,图 1.1 所示是碳纳米管、富勒烯的结构和蒙脱土的有机插层改性示意图,这些材料一经出现,便在功能材料中得到广泛的应用,整个功能材料的研究领域和应用范围也随之获得了加速的发展。

功能材料具有独特的"功能",可用于替代其他材料,并提高或改进其性能,使其成为具有全新性质的功能材料。随着光敏高分子化学的发展及其在光聚合、光交联、光降解、荧光以及光导机理的研究方面的重大突破,光敏涂料、光致抗蚀剂、光稳定剂、可光降解材料、光刻胶、感光性树脂以及光致发光和光致变色等功能性高分子材料目前已经开始了工业化生产。由于反应性高分子试剂和高分子催化剂的发展促进了固相合成方法和固化酶技术的应用,使得传统的有机合成向机械化、自动化、反应定向化发展。功能材料的进步,使得我们的生活更加丰富多彩,更加便捷高速。功能材料的进步,使得生活中所应用的手机、电脑等通信设施向着更加轻便化、小型化方向发展。

功能材料涉及的学科纷繁复杂,随着功能材料研究的深入以及有关信息的丰富,我们可以掌握其内在的发展规律,摸清其自身发展的进一步需要,在理论上将这一复杂的体系进行进一步的完善。本章介绍功能材料的概念与分类,功能设计的原理和方法;介绍功能材料的性能与结构的一般关系,以及制备功能材料的总体策略和功能材料的研究方法等功能材料学科中的一般发展规律等。

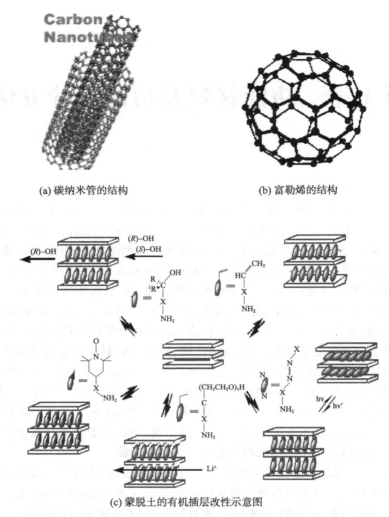

(a) 碳纳米管的结构　　　　　　　　　(b) 富勒烯的结构

(c) 蒙脱土的有机插层改性示意图

图 1.1　碳纳米管、富勒烯的结构和蒙脱土的有机插层改性示意图

1.1　功能材料的概念和分类

1.1.1　功能材料的概念

功能材料的发展历史与结构材料一样悠久,功能材料的概念是由美国贝尔研究所 J. A. MoMon 博士于 1965 年首先提出来的,后经日本的研究所、大学和材料学会的大力提倡,很快受到了各国材料科学界的重视。20 世纪 60 年代,微电子工业的发展促进了半导体材料的迅速发展;70 年代的"能源危机",促使各国开发新能源并研制储能材料;激光技术的出现,使光学材料、光电子材料面貌为之一新;80 年代以来,一场以高技术为中心的新技术革命,在欧美和日本等国兴起,并迅速波及世界各国和地区。新技术革命的主要标志就是新型材料、信息技术和生物工程技术。随着人们在生产和生活方面对新型材料的需求,以及功能材料研究的深入发展,众多有着不同于传统材料的带有特殊物理化学性质和功能的新型功能材料大量涌现,其性能和特征都超出了原有常规的无机材料、金属材料以及高分子材料的范畴,使人们有必要对这些新型材料进行重新认识。而上述那些性质和功能很特殊的材料即属于功能材料的范畴。严格地讲,功能材料的定义并不准确,定义为特殊功能材料似乎更为确切。

功能材料是指那些具有优良的电学、磁学、光学、热学、声学、力学、化学、生物医学功能以及特殊的物理、化学、生物学效应,能完成功能相互转化,主要用来制造各种功能元器件而被广泛应用于各类高科技领域的高新技术材料的统称。它是在电、磁、声、光、热等方面具有特殊性质,或在其作用下表现出特殊功能的材料。功能材料是新材料领域的核心,是国民经济、社会发展及国防建设的基础和先导。它涉及信息技术、生物工程技术、能源技术、纳米技术、环保技术、空间技术、计算机技术、海洋工程技术等现代高新技术及其产业。功能材料不仅对高新技术的发展起着重要的推动和支撑作用,还对我国相关传统产业的改造和升级,实现跨越式发展起着重要的促进作用。

功能材料种类繁多,用途广泛,正在形成一个规模宏大的高技术产业群,有着十分广阔的市场前景和重要的战略意义。世界各国均十分重视功能材料的研发与应用,它已成为世界各国新材料研究发展的热点和重点,也是世界各国高技术发展中战略竞争的热点。

国外常将上述这类材料称为功能材料(Functional Materials)、特种材料(Speciality Materials)或精细材料(Fine Materials)。功能材料涉及面较广,具体包括光功能、电功能、磁功能、分离功能、形状记忆功能等。相对于通常的结构材料而言,功能材料一般是指这类材料除了具有机械特性外,还具有其他的功能特性。概括地说,功能材料是一类具有特异功能的材料,主要指具有物质、能量和信息的传递、转换或储存作用的材料。功能材料及其应用技术正面临新的突破,诸如超导材料、微电子材料、光子材料、信息材料、能源转换及储能材料、生态环境材料、生物医用材料及材料的分子、原子设计等正处于日新月异的发展之中,发展功能材料技术正在成为一些发达国家强化其经济与军事优势的重要手段。

功能材料既遵循材料的一般特性和一般的变化规律,又具有其自身的特点,可认为是传统材料更高级的运动形式。功能材料的独特的电学、光学以及其他物理化学性质构成功能材料学科研究的主要组成部分。功能材料的研究、开发与利用对现有材料进行更新换代和发展新型功能材料具有重要意义。

特定的功能与材料的特定结构是相联系的,功能材料的性能与其化学组成、分子结构和宏观形态存在密切关系。例如,导电聚合物一般具有长链共轭双键;金属结构中由于弹性马氏体相变能产生记忆效应,因此出现了形状记忆合金;压电陶瓷晶体必须有极轴等;高分子化学试剂的反应能力不仅与分子中的反应性官能团有关,而且与其相连接的高分子骨架相关;光敏高分子材料的光吸收和能量的转移性质也都与官能团的结构和聚合物骨架存在对应关系;高分子功能膜材料的性能不仅与材料微观组成和结构相关,而且与其宏观结构关系也很紧密。我们研究功能材料,就是要研究材料骨架、功能化基团以及分子组成和材料宏观结构形态及其与材料功能之间的关系,从而为充分利用现有功能材料和开发新型功能材料提供依据。功能材料研究的主要目标和内容是建立起功能材料的结构与功能之间的关系,以此为理论,指导开发功能更强或具有全新功能的功能材料。这门学科始终将功能材料的特殊物理化学功能作为研究的中心任务,以开发具有特殊功能的新型功能材料为着眼点。

1.1.2　功能材料的分类

功能材料种类繁多,涉及面广,迄今还没有一个公认的分类方法,目前主要是根据材料的物质性或功能性、应用性进行分类。根据材料的物质性进行分类,可以将功能材料分为金属功能材料、无机非金属功能材料、有机功能材料以及复合功能材料。根据材料的性质特征和用途,可以将功能材料分为具有优良的电学、磁学、光学、热学、声学、力学、化学和生物学功能及其相互转化的功能的各类功能材料。按照材料的物理化学功能进行分类,大致可分为以下几类。

1. 力学功能

具备力学功能的功能材料主要是指强化功能材料和弹性功能材料,如高结晶材料、超高强材料等。如图 1.2 所示的新型的以高强纤维为主要材料的防弹背心替代了以前的三层高锰钢结构的防弹背心。

图 1.2　以高强纤维为主要材料的防弹背心

2. 化学功能

具备化学功能的功能材料主要包括以下几种。

(1) 分离功能材料:如分离膜、缓释膜和其他半透性膜材料,再如离子交换树脂等。

(2) 反应功能材料:如高分子试剂、高分子催化剂等。

(3) 生物功能材料:如固定化酶、生物反应器等。

3. 物理化学功能

具备物理化学功能的功能材料主要包括以下几种。

(1) 电学功能材料:如超导体、电活性高分子材料,包括导电聚合物、能量转换型聚合物和其他电敏材料等。

(2) 光学功能材料:如光导纤维、感光性高分子,包括各种光稳定剂、光刻胶、感光材料和光致变色材料等。

(3) 能量转换材料:如压电材料、光电材料。太阳能电池材料是新能源材料研究开发的热点,IBM 公司研制的多层复合太阳能电池,转换率高达 40%。美国能源部在全部氢能研究经费中,大约有 50% 用于储氢技术。固体氧化物燃料电池的研究十分活跃,关键是电池材料,如固体电解质薄膜和电池阴极材料,还有质子交换膜型燃料电池用的有机质子交换膜等,都是目前研究的热点。

4. 生物化学功能

具备生物化学功能的功能材料主要包括以下几种。

(1) 医用功能材料:人工脏器用材料如人工肾、人工心肺,可降解的医用缝合线、骨丁、骨板等。作为高技术重要组成部分的生物医用材料已进入一个快速发展的新阶段,其市场销售额正以每年 16% 的速度递增,预计 20 年内,生物医用材料所占的份额将赶上药物市场,成为一个支柱产业。生物活性陶瓷已成为医用生物陶瓷的主要方向;生物降解高分子材料是医用高分子材料的重要方向;医用复合生物材料的研究重点是强韧化生物复合材料和功能性生物复合材料,带有治疗功能的生物复合材料的研究也十分活跃。

（2）功能性药物：如缓释性高分子、药物活性高分子、高分子农药等。

（3）生物降解材料以及生态环境材料：生态环境材料是 20 世纪 90 年代在国际高技术新材料研究中形成的一个新领域，其研究开发在日本、美国、德国等发达国家十分活跃，其主要研究方向是：①直接面临的与环境问题相关的材料技术，例如，生物可降解材料技术，CO_2 气体的固化技术，SO_x、NO_x 催化转化技术，废物的再资源化技术，环境污染修复技术，材料制备加工中的洁净技术以及节省资源、节省能源的技术；②开发能使经济可持续发展的环境协调性材料，如仿生材料、环境保护材料、氟利昂、石棉等有害物质的替代材料、绿色新材料等；③材料的环境协调性评价。

5. 智能材料

智能材料是继天然材料、合成高分子材料、人工设计材料之后的第四代材料，是现代高技术新材料发展的重要方向，将支撑未来高技术的发展，使传统意义下的功能材料和结构材料之间的界限逐渐消失，从而实现结构功能化、功能多样化。智能材料的研制和大规模应用将导致材料科学发展的重大革命。国外在智能材料的研发方面取得很多技术突破，如英国宇航公司的导线传感器，用于测试飞机蒙皮上的应变与温度情况；英国开发出一种快速反应形状记忆合金，寿命期具有百万次循环，且输出功率高，以它作制动器时，反应时间仅为 10 min。此外，压电材料、磁致伸缩材料、导电高分子材料、电流变液和磁流变液等智能材料驱动组件材料在航空上的应用也已取得大量创新成果。

目前，对新型功能材料的称呼比较混乱，有按功能特性分类的，也有按应用范围分类或按习惯称呼的。按照实际用途划分，可划分的类别将更多，比如医药用高分子、分离用高分子、高分子化学反应试剂、离子交换树脂等。按照前面的形式分类有利于对材料组成和机理进行分析，而按照后者分类则符合人们已经形成的习惯，并能与实际应用相联系。按具体用途的不同，表 1.1 具体介绍了主要的功能材料的特性与应用示例。

表 1.1　功能材料的特性与应用示例

种类	功能特性	应用示例
高分子催化剂与高分子固定酶	催化作用	化工、食品加工、制药、生物工程
高分子试剂絮凝剂	吸附作用	稀有金属提取、水处理、海水提铀
储氢材料	吸附作用	化工、能源
高吸水树脂	吸附作用	化工、农业、纸制品
人工器官材料	替代修补	人体脏器
骨科、齿科材料	替代修补	人体骨骼
药物高分子	药理作用	药物
降解性缝合材料	化学降解	非永久性外科材料
医用黏合剂	物理与化学作用	外科和修补材料
液晶材料	偏光效应	显示、连接器
光盘的基板材料	光学原理	高密度记录和信息储存

续表

种类	功能特性	应用示例
感光树脂 光刻胶	光化学反应	大规模集成电路的精细加工、印刷
荧光材料	光化学作用	情报处理，荧光染料
光降解材料	光化学作用	减少化学污染
光能转换材料	光电、光化学	太阳能电池
分离膜与交换膜	传质作用	化工、制药、环保、冶金
光电导高分子	光电效应	电子照相、光电池、传感器
压电高分子	力电效应	开关材料、仪器仪表测量材料、机器人触感材料
热电高分子	热电效应	显示、测量
声电高分子	声电效应	音响设备、仪器
磁性高分子	导磁作用	塑料磁石、磁性橡胶、仪器仪表的磁性元器件、中子吸收、微型电机、步进电机、传感器
磁性记录材料	磁性转换	磁带、磁盘
电致变色材料	光电效应	显示、记录
光纤材料	光的曲线传播	通信、显示、医疗器械
导电高分子材料	导电性	电极电池、防静电材料、屏蔽材料
超导材料	导电性	核磁共振成像技术、反应堆超导发电机
高分子半导体	导电性	电子技术与电子器件

1.2　功能材料的功能设计原理和功能设计方法

　　无论哪种功能材料，其能量传递过程或者能量转换形式所涉及的微观过程，都与固体物理和固体化学相联系。正是这两门基础科学，为新兴学科——功能材料科学的发展奠定了基础，从而也推动了功能材料的研究和应用，把功能材料推进到功能设计的时代，因此，有人认为21世纪将逐渐实现按需设计材料。材料科学与工程一般由四要素组成，即结构/成分、合成/流程、性能及效能。考虑到结构与成分并非同义词，相同成分通过不同制备方法可以得到不同结构，从而出现不同性能，所以应为五要素，即成分、合成/流程、结构、性能及效能。材料设计可以从电子、光子出发，也可从原子、原子集团出发，可以从微观到宏观，根据所要求的性能而定。

　　图1.3是材料功能显示与功能转换的示意图。材料的功能显示过程是指向材料输入某种能量，经过材料的传输或转换等过程，再作为输出而提供给外部的一种作用。功能材料按其功能的显示过程又可分为一次功能材料和二次功能材料。当向材料输入的能量和从材料输出的能量属于同一种形式时，材料起到能量传输部件的作用，材料的这种功能称为一次功能。以一次功能为使用目的的材料又称为载体材料。当向材料输入的能量和输出的能量属于不同形式时，材料起能量的转换部件作用，这种功能称为二次功能或高次功能，有人认为这种材料才是

功能材料。所谓功能设计,就是赋予材料以一次功能或二次功能特性的科学方法。表 1.2 列出了材料的一次功能和二次功能。

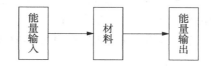

图 1.3　材料功能显示与功能转换示意图

表 1.2　一次功能和二次功能

一次功能	
力学功能	惯性、黏性、流动性、润滑性、成型性、超塑性、恒弹性、高弹性、振动性和防震性
声功能	隔声性、吸声性
热功能	传热性、隔热性、吸热性和蓄热性等
电功能	导电性、超导性、绝缘性和电阻等
磁功能	硬磁性、软磁性、半硬磁性等
光功能	遮光性、透光性、折射光性、反射光性、吸收光性、偏振光性、分光性、聚光性等
化学功能	吸附作用、气体吸收性、催化作用、生物化学反应、酶反应等
其他功能	放射特性、电磁波特性等
二次功能	
光能与其他形式能量的转换	光合成反应、光分解反应、光化反应、光致抗蚀、化学发光、感光反应、光致伸缩、光生伏特效应和光导电效应
电能与其他形式能量的转换	电磁效应、电阻发热效应、热电效应、光电效应、场致发光效应、电化学效应和电光效应等
磁能与其他形式能量的转换	光磁效应、热磁效应、磁冷冻效应和磁性转变等
机械能与其他形式能量的转换	形状记忆效应、热弹性效应、机械化学效应、压电效应、电致伸缩、光压效应、声光效应、光弹性效应和磁致伸缩等

一次功能主要有:

(1)力学功能如惯性、黏性、流动性、润滑性、成型性、超塑性、高弹性、恒弹性、振动性和防震性;

(2)声功能如吸声性、隔声性;

(3)热功能如隔热性、传热性、吸热性和蓄热性;

(4)电功能如导电性、超导性、绝缘性和电阻;

(5)磁功能如软磁性、硬磁性、半硬磁性;

(6)光功能如透光性、遮光性、反射光性、折射光性、吸收光性、偏振光性、聚光性、分光性;

(7)化学功能如催化作用、吸附作用、生物化学反应、酶反应、气体吸收性;

（8）其他功能如电磁波特性（常与隐身相联系）、放射特性。

二次功能主要有：

（1）光能与其他形式能量的转换，如光化反应、光致抗蚀、光合成反应、光分解反应、化学发光、感光反应、光致伸缩、光生伏特效应、光导电效应；

（2）电能与其他形式能量的转换，如电磁效应、电阻发热效应、热电效应、光电效应、场致发光效应、电光效应和电化学效应；

（3）磁能与其他形式能量的转换，如热磁效应、磁冷冻效应、光磁效应和磁性转变；

（4）机械能与其他形式能量的转换，如压电效应、磁致伸缩、电致伸缩、光压效应、声光效应、光弹性效应、机械化学效应、形状记忆效应和热弹性效应。

此外，也可以按材料种类分，功能材料又可分为金属功能材料、无机非金属功能材料和有机功能材料。

材料设计是一个很复杂的过程，如材料的制备与存在状态往往属于非平衡热力学；有些结构敏感性质（材料的力学性质），可变因素太多，即使一个微小缺陷都会产生很大影响；表面与内部结构及性质的不一致性，以及复杂的环境因素等。所以材料设计的实现是一个长期过程，最终应达到提出一个需求目标，就可设计出成分、制造流程并做出合乎要求的工程材料以至零件、器件或构件。为实现材料设计，必须开展深入的基础研究，以了解物质结构与性能的关系；要建立完整的精确的数据库；建立正确的物理模型；需要大容量计算机；更重要的是需要不同学科科学家与工程技术人员的通力合作。

下面介绍无机非金属功能材料和高分子功能材料的设计方法。

1.2.1　无机非金属功能材料设计

无机非金属功能材料的主要代表是功能玻璃和功能陶瓷。无机非金属功能材料进行功能设计的方法包括：

（1）根据功能的要求设计配方。无机非金属功能材料的配方比较复杂，每种不同功能的无机非金属功能材料采用不同的配方。无机非金属功能材料所含的材质决定了无机非金属功能材料的宏观性能。比如功能玻璃包括微晶玻璃、激光玻璃、半导体玻璃、光色玻璃、生物玻璃等。

（2）根据功能的要求设计合适的加工工艺。无机非金属功能材料的加工工艺根据所需功能的不同，有的采用普通的无机非金属材料加工工艺，有的采用特殊的加工工艺，不同的加工工艺可以得到不同功能的无机非金属功能材料，控制合适的加工工艺对无机非金属功能材料的制造是非常重要的。

1.2.2　高分子功能材料设计

高分子功能材料功能设计的主要途径是：

（1）通过分子设计合成新功能。包括高分子结构设计和官能团设计，是使高分子材料获得具有化学结构本征性功能特征的主要方法，因而又称为化学方法。例如，通过高分子结构设计和官能团设计，在高分子结构中引入感光功能基团，从而合成出感光高分子材料。可供选择的方法有共聚合、接枝聚合、嵌段聚合、界面缩聚、交联反应、官能团引入、模板聚合、管道聚合、交替共聚，以及用高聚物作支持体的聚合等。

（2）通过特殊加工赋予材料以功能特性，又称为物理方法。例如，高分子材料通过薄膜化制作偏振光膜、滤光片、电磁传感器、薄膜半导体、薄膜电池、接点保护材料、防蚀材料等。尤其是在超细过滤、反渗透、精密过滤、透析、离子交换等方面取得了广泛的应用。高分子材料纤维化可用于二次电子倍增管或作离子交换纤维。但是最引人注目的是塑料光纤的开发应用。

（3）通过两种或两种以上的具有不同功能或性能的材料进行复合获得新功能。例如，借助纤维复合、层叠复合、细粒复合、骨架复合、互穿网络等方法获得新功能。关于这方面的理论，近年来还提出了所谓复合相乘效应公式，即如 A 组分具有 x/y 功能（即对材料施加 x 作用，可得 y 效应，例如加压生电），B 组分有 y/z 功能，则复合之后可产生 $(x/y)*(y/z)=x/z$ 的新功能。根据这个原理，已试制出温度自控塑料发热体等一批新型复合功能高分子材料。

（4）通过对材料进行各种表面处理以获得新功能。

上述各种方法的适当组合，就可以设计得到所需要的各种功能材料。功能材料的设计是当代材料技术的重大成就之一。

1.3　功能材料的特点

功能材料产品产量小，利润高，制备过程复杂，其主要原因是其特有的"功能性"。功能材料的结构与性能之间存在着密切的联系，材料的骨架、功能基团以及分子组成直接影响着材料的宏观结构与材料的功能。研究功能材料的结构与功能之间的关系，可以指导开发更为先进、新颖的功能材料。

功能材料为高技术密集型材料，在研究开发和生产功能材料时具有以下显著的特点：

（1）综合运用现代先进的科学技术成就，多学科交叉，知识密集；

（2）品种比较多，生产规模一般比较小，更新换代快，技术保密性强；

（3）需要投入大量的资金和时间，存在相当大的风险，但一旦研究开发成功，则成为高技术、高性能、高产出、高效益的产业。

功能材料与结构材料相比，最大的特点是两者性能上的差异和用途的不同。

1.3.1　无机非金属功能材料

无机非金属功能材料的发展速度也是很快的，新的种类也层出不穷。以功能玻璃和功能陶瓷为主，近年来也发展了一些新工艺和新品种。

1. 组合设计在无机功能材料方面的应用

组合化学作为合成化学的一个新分支，展现出巨大的发展潜力。组合化学与计算机科学相结合，特别是与数据库技术相结合，是组合化学发展的未来方向。

无机功能材料的组合化学研究主要集中在具有特殊光、电、磁和催化等性质的材料上。主要包括以下几个方面：

（1）无机结构基元或虚拟结构基元的组合化学。以无机微孔材料、无机/有机杂化材料中存在的基本结构单元为基础，组合合成具有设计结构单元的化合物。功能材料组合库的合成与表征，包括发光材料、铁电及介电材料、巨磁阻材料等。

（2）无机功能材料组合合成技术与表征方法的基础研究。

（3）特殊技术和特定结构组合化学，包括激光喷涂组合化学研究、主客体组装组合化学研究等。

（4）固体氧化物燃料电池中新型中、低温（600～800℃）区工作的固体复合氧化物电解质材料的探索和筛选。

（5）从热力学平衡角度研究材料的相态、结构及稳定性，获得所述材料体系的相图，同时进行性能测定，由此全面掌握不同组成、结构和工作温度下的材料特性。

无机材料组合化学研究应在具有雄厚条件的基础上，利用组合数学的理论思想来指导不同材料库的建立，完善材料合成的组合技术及筛选方法，将无机功能材料组合化学与数据库分析相结合，最终实现无机功能材料的定向合成。

2. 功能玻璃和功能陶瓷发展的新特点

功能玻璃和功能陶瓷是无机非金属功能材料的主要种类，近年来也得到了迅速的发展。

新型功能玻璃就是除了具有普通玻璃的一般性质以外，还具有许多独特的性质，如磁光玻璃的磁-光转换性能、声光玻璃的声光性、导电玻璃的导电性、记忆玻璃的记忆特性等。它的发展以光功能玻璃为代表，作为蓝光、可见光元件上的转换材料、光存储显示材料及各种非线性光学玻璃特别引人注意，它们将占据未来的光量子时代，是功能玻璃材料研究的主要方向。快离子导体玻璃的发展也很快，有机-无机复合玻璃是玻璃研究者的一大开拓目标。

功能陶瓷有以下几个发展趋势：

（1）微电子技术推动下的微型化（薄片化）和高速度化；

（2）在安全和环保工作的促进下，发展传感器和多孔瓷；

（3）重视材料复合技术；

（4）加速智能化。

科学的发展，特别是学科交叉促进了无机非金属功能材料的发展。必须指出，材料本身的进展与相邻学科或技术的迅速发展关系很大。例如，量子物理、量子化学的发展促进了纳米陶瓷、磁性陶瓷等技术的发展；半导体物理的发展、PTC 物理模型的建立促进了各种电介质陶瓷、压电陶瓷的发展和应用；特别是缺陷物化的进展，使掺杂改性大面积地用于各种功能材料，包括无机非金属功能材料和功能高分子材料。

相关技术促进无机非金属功能材料的发展也有很多：信息自动化促进了传感器的发展；薄膜变薄涉及粉体制备技术；薄膜技术发展又促进铁电存储器的应用；高纯原料为功能陶瓷的发展创造了条件。物理检测手段也影响材料发展，原来的显微图像是利用光性或电子性差别成像，近代利用热性能或弹性力学性能差别则可分别得到热像与声学像，从而揭示了新现象，对功能陶瓷作用很大。

各学科之间、学科与工艺技术之间的相互作用和渗透，对无机非金属功能材料的发展产生了深远的影响。各学科的交叉使各种功能材料之间的界限开始模糊，甚至各种材料组成的复合材料通过协同作用获得最佳性能以及新功能。

1.3.2 功能高分子材料

1. 影响功能高分子材料"功能性"的结构因素

结构决定性能，功能高分子材料之所以有许多独具特色的性能，主要与其结构因素有关。一是骨架的性质，如润湿性、溶胀性、骨架的邻位效应等；二是在分子中起到特殊关键作用的官能团的性质。

1) 功能高分子材料中的骨架结构

功能高分子材料中的骨架结构主要有两类,一类是线型聚合物,即聚合物有一条较长的主链,没有或有较少分支,其分子模型为典型的无规线团模型,如图 1.4 所示;另外一种是交联聚合物,是线型聚合物通过交联剂反应生成的网状大分子。这两种聚合物骨架具有明显不同的性质,作为功能高分子材料的骨架,其使用范围不同,各自有其优缺点。

图 1.4　线型聚合物的
无规线团模型

线型聚合物可以在适宜的溶剂中形成分散态溶液,溶解性能较好,在制备和加工过程中易于选择适当的溶剂。其玻璃化温度较低,黏弹性好,易于小分子和离子扩散于其中,适合于作反应性材料和聚合物电解质。线型聚合物分子呈现线状,根据链的结构和链的柔性,聚合物可以成为非晶态或者不同程度的结晶态。线型聚合物在适宜的溶剂中可以形成分子分散态溶液,在溶液中分子链成随机卷曲态。在良性溶剂中分子比较伸展,在不良溶剂中分子趋向于卷曲。与交联聚合物相比,线型聚合物的溶解性能比较好,在聚合物制备和加工过程中溶剂选取比较容易。但是线型聚合物的易溶解性也降低了机械强度和稳定性。作为反应型功能高分子,溶解的高分子对产物的污染和高分子试剂的回收都会造成一定困难。

交联型聚合物的骨架具有耐溶剂性,在适当的溶剂中可以溶胀,溶胀后聚合物的体积大大增加,便于高分子试剂的回收,同时有利于提高机械强度,如图 1.5 所示。由于高分子骨架交联造成小分子或离子在聚合物中扩散困难的问题可以通过减小交联度,或者提高聚合物空隙度的办法来解决。常用的交联型聚合物骨架有微孔型或溶胶型树脂、大孔和大网络树脂、爆米花状聚合物以及大网状聚合物。

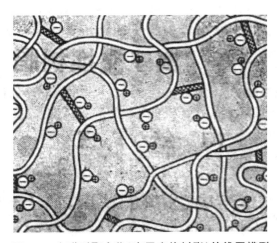

图 1.5　交联型聚合物(离子交换树脂)的线团模型

微孔型树脂一般是由悬浮聚合法制备的。由于在干燥状态下空隙率很低,孔径很小,这种树脂在使用前都要经过适当的溶剂溶胀,在溶胀后的凝胶中产生大量被溶剂填充的孔洞,使聚合物的表面积大大增加,因此也称这种树脂为溶胶型树脂,其溶胀程度、孔径可以通过控制交联度加以改变。大孔和大网络树脂也是通过悬浮聚合法制备的，不同的是在聚合过程中加入较多的交联剂，并且在反应体系中加入一定量的惰性溶剂作为稀释剂，这样产生的树脂在干燥状态也具有较高的空隙串和较大的孔径。因此，称为大孔和大网络树脂。其特点是在不同溶剂中其体积变化很小，也可以在一定压力下使用，这些性质是微孔型树脂所不具备的。但是在干燥状态下表现出的脆性、容易破裂是其主要缺点。爆米花状聚合物是在不存在任何引发剂和溶剂的条件下，对乙烯型单体和少量交联剂进行加热聚合得到的白色爆米花状颗粒。具有不溶解性、多孔性和较低的密度，在大多数溶剂中不溶胀，但是在使用状态下允许小分子穿过其中形成的微孔。大网状聚合物是三维交联的网状聚合物，是在线型聚合物的基础上，加入交联剂进行交联反应制备的。这种聚合物的组成和结构比较清晰，但是机械强度较低。

作为功能高分子材料的主要组成部分，骨架的性质对材料是非常重要的，除了多孔性、稳定性、透过性之外，还包括溶剂化性能和反应性能等性质。如反应性功能高分子材料要求聚合物有一定的溶胀性能以及一定的孔隙度和孔径范围，以满足反应物质扩散的需要。功能膜材料要求聚合物骨架有微孔结构和扩散功能，满足其他被分离物质在膜中的选择透过功能，聚合物的渗透功能对高分子分离膜材料至关重要。骨架的稳定性包括机械稳定性和化学稳定性。有些场合其机械稳定性是关键的，如液晶；有些场合骨架的化学稳定性更为重要，如反应性高分子试剂。影响骨架化学稳定性的因素主要有氧化、降解等反应。

带有相同官能团的高分子化合物与相应的小分子化合物在物理、化学性质上有明显的不同，如挥发性、溶解性以及结晶度下降，高分子骨架对官能团的高度浓缩作用和模板作用等。由于引入高分子骨架而引起的这些明显的性质变化被称为高分子效应。下面是几种常见的高分子效应。

（1）骨架的支撑作用

大部分功能高分子材料中的官能团是连接到高分子骨架上的，骨架的支撑作用对材料的性质产生很多影响。如官能团稀疏地连接到刚性的骨架上制成的高分子试剂具有类似合成反应中的"无限稀释"作用，使得各官能团之间没有相互干扰，从而在固相合成中得到高纯度的产物。高分子骨架的构象、结晶度、次级结构都对功能基团的活性和功能产生重要的影响。

（2）骨架的物理效应

由于高分子骨架的引入使得材料的挥发性、溶解性都大大下降。引入某些交联聚合物作骨架，则材料在溶剂中只溶胀不溶解。挥发性的降低可以提高材料的稳定性，在制备某些氧化还原试剂时克服了小分子试剂的挥发性，降低了材料的毒性，消除了一些生产过程中的不良气味。溶解度的降低使高分子试剂便于再生利用，固相合成变为现实。利用功能化高分子的不溶性质，可将其应用于水处理、化学分析等方面。

（3）模板效应

模板效应是利用高分子骨架的空间结构，利用其构型和构象建立起独特的局部空间环境，为有机合成提供一个类似于工业浇铸过程使用的模板的作用，从而有利于立体选择性合成乃至光学异构体的合成。

（4）骨架的邻位效应

功能高分子材料中，骨架上邻近官能团的结构和基团对功能基的性能具有明显的影响，这个现象称为骨架的邻近效应。采用高分子酯缩合制备对氯苯基苯乙基酮就是利用邻位效应使转化率达到 85%。高分子合成过程中的邻位效应如图 1.6 所示。

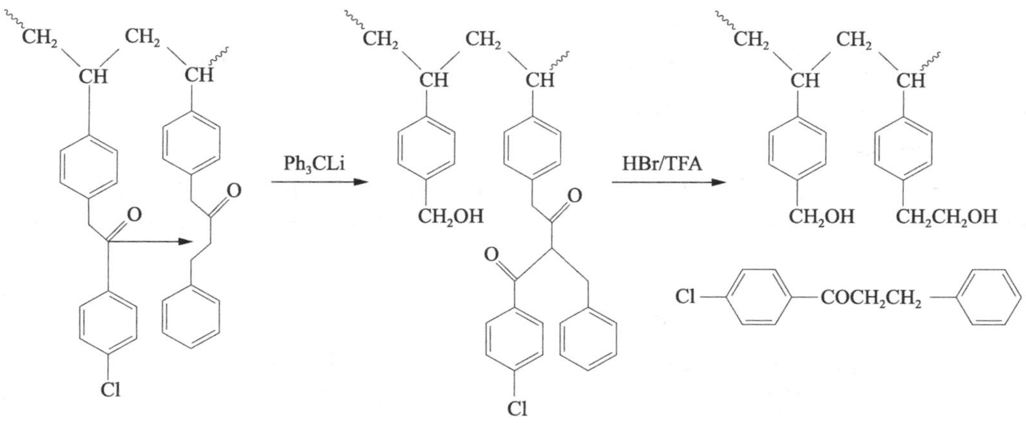

图 1.6　高分子合成过程中的邻位效应

（5）骨架的包络作用和半透性

多数聚合物对某些气体或液体都存在一定的透过性,而对另外的物质则透过性很小,这些半透性有些是由于聚合物中的微孔结构完成的,有些则是由于聚合物对通过物质具有一定的溶解能力,由溶解的分子的扩散引起的。溶胀状态的高分子网状结构,也为物质分子的透过提供了条件。

（6）其他作用

由于骨架结构的特殊性,还会引起其他一些特殊的功能。利用聚合物主链的刚性结构可以构成主链型聚合物液晶;利用线型共轭结构的聚乙炔、聚芳杂环等,可以制备聚合物导体。

2）官能团的性质对材料性质的影响

功能高分子材料中的官能团对功能材料性质的影响可以分为以下几类:

（1）骨架起主要作用

官能团是骨架的一部分,与骨架在形态结构上不可区分,如主链型聚合物液晶或具有线型共轭结构的导电聚合物。对功能材料的性能起主要作用的仍然是主链结构,或者说起作用的官能团处在材料的骨架结构之上。

（2）官能团起主要作用

在这类材料中,官能团的性质对材料的功能起主要作用,骨架结构只是起到支撑、分离、固定等作用,如图 1.7 所示。如在高分子氧化还原试剂高分子过氧酸中,过氧羧基是氧化反应的官能团,而聚苯乙烯骨架在试剂中仅仅用来提高试剂的稳定性;又如侧链型高分子液晶以及离子交换树脂,都是官能团对材料的性能起主要作用。这类功能高分子材料的研究开发是围绕着发挥官能团的作用而展开的,一般是小分子化合物经高分子化过程而得到的。高分子化过程往往使聚合物的性能得到改善和提高。

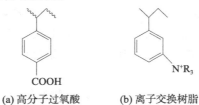

　　(a) 高分子过氧酸　　　　(b) 离子交换树脂

图 1.7　官能团起主要作用的功能材料举例

（3）骨架与官能团起协同效应

这类功能高分子材料中，骨架与官能团互相结合而发挥作用，如肽的固相合成以及利用活性高分子材料对电极表面进行修饰制备化学敏感器。

（4）官能团起辅助作用

也有一些功能高分子材料中聚合物骨架为功能过程的主体，官能团起辅助效应，可以引入官能团改善溶解性能，降低玻璃化温度，改变润湿性等。如引入极性基团改变膜材料中的润湿性。

2. 功能高分子材料的制备方法

功能高分子材料的制备一般是通过物理的或化学的方法将功能基团与聚合物骨架相结合的过程。总体上讲，功能材料的制备主要有三种基本类型：一是功能性小分子固定在骨架材料上，二是大分子材料的功能化，三是已有的功能高分子材料的功能扩展。

1）功能性小分子材料的高分子化

通过均聚或共聚等化学方法，或通过物理的包埋法，将小分子高分子化，制备兼有聚合物和小分子共同性质的功能材料是小分子高分子化的主要途径。许多小分子在实际应用中表现出许多不足，经过结构改进，将小分子的功能与高分子的骨架相结合，可以制备出新的功能材料。其制备过程中，引入的高分子骨架应有利于小分子原有功能的发挥，两者功能不能相互影响；高分子化过程不能破坏小分子的主要官能团，影响其主要作用部分；小分子的结构特征和选取的骨架结构要相互匹配。

（1）利用功能性可聚合单体聚合

首先在小分子功能化合物的链段上引入端双基、吡咯基或噻吩等基团，合成可聚合的功能性单体，然后通过共聚或均聚反应生成功能性聚合物。图 1.8 所示是典型的功能型小分子可聚合基团的类型，图中 R 表示功能小分子，Z 表示功能型小分子与可聚合基团的过渡结构。

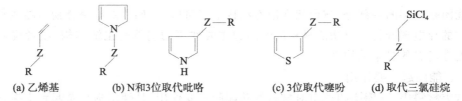

(a) 乙烯基　　　(b) N和3位取代吡咯　　　(c) 3位取代噻吩　　　(d) 取代三氯硅烷

图 1.8　功能型小分子可聚合基团的类型

聚合过程中，加成聚合有明显的链引发、链增长、链终止过程，可采用过氧化物或偶氮化合物，也可以是辐照引发。自由基聚合、离子聚合和配位聚合的方式中常常采用光引发聚合，以便达到纯净的功能材料。

按照聚合方法进行分类又有本体聚合、溶液聚合、悬浮聚合、乳液聚合。本体聚合有利于得到纯净的材料，同时链转移少，得到的材料分子量较大；溶液聚合有利于反应热的放出，使反应易于控制；悬浮聚合适合于交联型功能材料的制备；乳液聚合是唯一一种在不降低反应速率的情况下提高聚合物分子量的方法。此外还有电化学聚合也广泛应用于导电聚合物的合成以及电极表面的修饰过程。

以上结构的单体经聚合后，功能基团均处于聚合物侧链上。在功能性小分子上引入双官能团，如双羟基、双羧基（图 1.9），或者上述基团互相结合，可以通过缩聚反应制备主链上含有功能基团的材料。

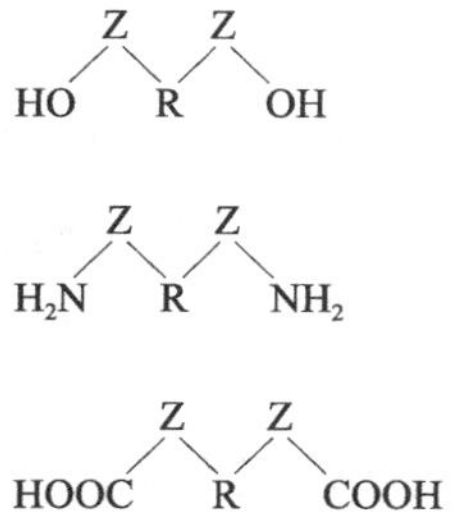

HO　R　OH　　双羟基取代单体

H₂N　R　NH₂　　双氨基取代单体

HOOC　R　COOH　双羧基取代单体

图 1.9　在功能性小分子上引入双官能团示例

上述带有可聚合基团的功能性单体通过聚合可制备功能性高分子材料。主要聚合方法有缩聚、均聚、共聚。

缩聚反应中，脱去小分子产物，得到长链结构，根据小分子在单体中的位置不同，生成的功能材料的功能性基团可以在主链上，也可以在侧链上。功能材料的缩聚一般有单一单体的缩聚、不同单体的缩聚以及环状单体的缩聚三类。单一单体的缩聚由于单体本身可以进行缩合反应，不易保存。当官能团分别处于不同单体上时形成第二种缩合，如聚酰胺和聚酯类聚合物。环状单体的缩聚一般是双官能团单体分子内进行缩合，如环氧和环内酯。

除了加聚和缩聚之外，若干单体进行的共聚反应也是常见的制备功能材料的方法。共聚反应可以将两种以上的单体以不同结构单元的形式结合到一条聚合物主链之上，通过调节单体的种类和两种单体的相对含量，可以控制功能基团在链段上的分布，从而调节生成聚合物的物理化学性质。

（2）聚合物包埋小分子

另一类制备方法是在单体中引入小分子化合物，通过聚合过程将小分子包埋在聚合物中。两者之间没有化学键相互连接，生成的侧链结构类似于共混产物，但更为均匀，并且小分子的性质不受聚合物性质的影响。

聚合法制备功能材料形成的产物稳定性好，获得了广泛的应用。但在合成小分子功能性单体时，合成反应比较复杂，有时还要进行基团保护。

2）高分子材料的功能化

通过物理或化学的方法对已有的聚合物进行功能化改性，可以利用大量商品化的产品制备具有特定功能的功能性材料，同时机械性能有所保障。一般情况下，可以通过物理共混的方法以及化学改性的方法。

（1）功能化的物理方法

功能化的物理方法主要是用小分子功能化合物与聚合物等共混来实现。共混方法主要采用熔融共混合溶液共混。熔融共混是在熔融状态下的聚合物中加入功能化小分子得到的，根据其相容性的不同，又可以形成均相结构和多相结构。溶液共混是将聚合物和功能性小分子同时溶解在溶剂中，蒸发溶剂后得到的产物，也可以是小分子和大分子溶液中的混悬体经溶剂蒸发后得到的。这种方法快速简便，多数情况不受场地和设备的限制，不受聚合物和小分子官能团反应活性的影响，适用范围较宽，功能基团的分布比较均匀。该方法使小分子通过聚合物的包络作用得到固化，适用于小分子缺乏反应活性或不易采用化学接枝反应进行功能化以及功能性物质对反应过分敏感，不能承受化学反应条件。其缺点是共混体系不够稳定，易逐步失去活性。

（2）化学方法

利用接枝反应在骨架结构中引入官能团，可以将许多产业化的品种进行功能化。常见的有聚乙烯醇、聚苯乙烯、聚丙烯酰胺、纤维素等。引入功能化基团往往要对聚合物的结构进行改造，以便于骨架与小分子进行反应。

聚苯乙烯中的苯环比较活泼，可以进行一系列的芳香取代反应，依次经硝化和还原反应后，可以得到氨基取代聚苯乙烯；经溴化后再与丁基锂反应，可以得到含锂的聚苯乙烯，与氯甲醚反应可以得到聚氯甲基乙烯等。活化后的活性点上，可以引入各种功能基团。聚苯乙烯的特点是苯基取代比较活泼，可以进行各种亲电芳香取代反应并引入各种官能团。聚苯乙烯与多种常见溶剂的相容性比较好，交联度易于控制，可以制备凝胶型、大孔型、爆米花型等结构的树脂，同时机械和化学稳定性好，因此是使用最为广泛的一类骨架结构。

聚氯乙烯因为易于在氯原子取代位置引入较强的官能团，因而也是一种常见的、廉价的、有反应活性的聚合物。它与丁基锂反应，可以以碳碳键的方式引入活性官能团；与芳香结构化合物反应，可以引入芳香基团；脱去小分子可以生成双键；等等。但聚氯乙烯活性较小，需要反应活性较高，反应条件比较激烈。

聚环氧氯丙烷或环氧氯丙烷与环氧乙烷的共聚物由于氯甲基与醚氧原子相邻，具有类似聚氯甲基苯乙烯的反应活性，可以与多种亲核试剂反应，生成叠氮结构或酯键等结构。

聚乙烯醇中的羟基是引入活性官能团的反应活性点，聚合物骨架上的羟基可以与邻位具有活性基团的不饱和烃或卤代烃反应生成醚键，也可以与酰卤或酸酐发生酯化反应，生成酯键。

缩合型聚合物如聚酰胺、聚酯、聚己内酰胺等由于芳香环处在聚合物主链上，能够进行芳香亲电取代反应，在氯化锡存在下与氯甲基乙醚反应可以在苯环上引入氯甲基；如果苯环上含有取代甲基，可以通过丁基锂试剂反应引入活性很强的烷基锂官能团；等等。

3）多功能复合与功能扩大

两种以上功能材料的复合，在已有材料中引入第二种功能基和扩大已有材料的功能的过程称为功能材料的多功能化过程和功能扩大。如单向导电聚合物的制备，必须采用两种以上功能材料的复合才能实现，一种材料难以满足特定的要求。又如为满足某些要求，需要在同一分子中引入两种以上的功能基团，如在聚合物中引入电子给予体和电子接受体，使光电子转移在分子内部完成。此外，某些材料的性能单一，也要进行改性。

（1）多功能复合

将多种功能材料以某种方式结合，形成具有新的功能的材料，这一结合过程称为多功能复合过程。其典型应用实例就是单向导电聚合物的制备。普通的导电聚合物的导电方式是没有方向性的，如果将带有不同氧化还原电位的两种聚合物复合在一起，放在两电极之间，就会产生单向导电性。因为还原电位高的处在氧化态的聚合物能够还原另一种还原电位低的聚合物，将电子传递给它，而还原电位低的导电聚合物无论处在何种状态，都不能还原另一种聚合物，在电极之间交替施加不同方向的电压，就会只有一个方向的电路导通，呈现出单向导电。感光材料也是由多种功能材料复合而成的，类似的复合方法可以制备出多种多样的新型功能材料。

（2）同一分子中引入多种功能基

同一种材料中甚至同一个分子中引入两种以上的官能团,可以集多种功能于一体,两种功能相互协同可以创造出新的功能。如在离子交换树脂中,离子取代基邻位引入氧化还原基团,如二茂铁基团,以该法制备的材料对电极表面进行修饰,修饰后的电极对测定离子的选择能力受电极电势的控制。

（3）原有材料功能的拓展与扩大

采用物理方法和化学方法对材料的功能进行拓展和扩大,以适应不同的要求也是制备功能材料的一类方法。物理方法中主要是对材料进行机械处理和加工,改变其形态结构,使其具有新的功能,如离子交换树脂的成膜以及吸附性树脂的微孔化,都是物理拓展功能法。化学方法主要有导电聚合物的掺杂改性。

可以用于功能材料的制备方法是多种多样的,随着功能材料的日益发展,人们对功能材料的认识逐步深入,必将会有更多的功能材料被开发出来。

新型材料、信息技术和生物技术被认为是新技术革命的主要标志。高科技对科技、经济、军事、政治乃至整个社会产生深刻的影响,我国把新型材料定为我国高技术规划的主要研究领域之一,这将对我国今后科学技术的进步和国民经济的发展起到极其重要的作用。

参考文献

[1] 温树林. 现代功能材料导论. 北京:科学出版社,2009.

[2] 殷景华. 功能材料概论. 哈尔滨:哈尔滨工业大学出版社,2010.

[3] 钱苗根. 材料科学及其新技术. 北京:机械工业出版社,2003.

[4] 刘小风,曹晓燕. 纳米二氧化钛的制备与应用. 上海涂料,2007(7):1009 - 1696.

[5] 加藤顺. 功能性高分子材料. 陈桂富,吴贵芬,译. 北京:烃加工出版社,1990.

[6] Sperling L H. IPN and Related Materials. New York:Plenum Press,1982.

[7] Frisch H L. Polymer Alloys. New York:Plenum Press,1980.

[8] Gebelein C G. Polymer Science and Technology 14:Biomedical and Dental Applications of Polymers. New York:Plenum Press,1981.

[9] 赵文元,王亦军. 功能高分子材料化学. 北京:化学工业出版社,1998.

[10] 许健南. 塑料材料. 北京:中国轻工业出版社,1999.

[11] 陈义铺. 功能高分子. 上海:上海科学技术出版社,1988.

[12] 永松元太朗. 感光性高分子. 丁一,译. 北京:科学出版社,1984.

[13] 雀部博之. 导电高分子材料. 曹铺,叶成,朱道本,等译. 北京:科学出版社,1989.

[14] 田莳. 功能材料. 北京:北京航空航天大学出版社,1995.

[15] 彭刚,孙非,高明珠,等. 软质防弹复合材料抗弹性能试验研究. 警察技术,2011(2):4 - 7.

[16] 岳升彩. 新型纺织材料在军事上的应用——软质防弹衣. 山东纺织经济,2007(6):78 - 80.

[17] 陈文,吴建青,许启明. 材料物理性能. 武汉:武汉理工大学出版社,2010:149 - 151.

[18] 施敏敏,陈红征,汪茫,等. 低维度光电导有机高分子功能材料的进展. 材料科学与工程,1996(14):17 - 23.

[19] 王喜明,王暄,温玉萍. 聚乙烯咔唑(PVK)的光电导效应. 哈尔滨理工大学学报,2007(12):50 - 54.

[20] 官伯然. 超导电子技术及其应用. 北京:科学出版社,2009.

[21] 张裕恒. 超导物理. 3 版. 合肥:中国科学技术大学出版社,2009.

[22] 时东陆,周午纵,梁维耀. 高温超导应用研究. 上海:上海科学技术出版社,2008.

[23] 王惠龄,汪京荣. 超导应用低温技术. 北京:国防工业出版社,2008.

[24] 汪敏强,李广社,易文辉,等. 功能纳米复合材料的研究现状与展望. 功能材料,2000,31(4):337－340.

[25] 张文毓. 抗弹隐身多功能复合材料及其应用前景. 材料导报,1998,12(4):72－74.

[26] 郭春艳. 结构隐身复合材料技术. 航空工艺技术,1998(3):28－30.

[27] 曲东才. 雷达隐身与反隐身技术. 航空电子技术,1997(3):21－25.

[28] 贾玉红. 飞机隐身技术和隐身材料. 航空科学技术,1998(4):20－21.

[29] 于冰. 现代隐身技术. 江苏航空,2000(1):22－24.

[30] 张卫东,冯小云,孟秀兰. 国外隐身材料研究进展. 宇航材料工艺,2000(3):1－4.

[31] Chambers B. Characteristics of a Salisbury screen radar absorber covered by a dielectric skin. Electronics Letters, 1994, 30(21):1797.

[32] 江涛译. 光功能材料. 红外月刊,2000(8):7－11.

[33] 符连社,张洪杰,邵华,等. 溶胶-凝胶法光功能材料研究进展. 功能材料,1999,30(3):228－231.

[34] 王军祥,葛世荣,张晓云,等. 纤维增强聚合物复合材料的摩擦学研究进展. 摩擦学学报,2000,20(1):76－80.

[35] Hanchi J, Eiss N S Jr. Dry sliding friction and wear of short carbon-fiber-reinforced PEEK at elevated temperatures. Wear, 1997,203:380－385.

[36] Giltrorn J P. The role of the counter face in the friction and wear of carbon-fiber-reinforced thermosetting resin. Wear, 1970, 16: 359.

[37] 张建艺. 光纤智能复合材料的应用展望. 宇航材料工艺,1998(4):18－20.

[38] 毕鸿章. 玻璃光纤及其应用. 高科技纤维与应用,2001,26(2):33－34.

[39] Li Guangming, Nogami Masayuki. Preparation and optical properties of Sol-Gel derived ZnSe crystallites doped in glass films. J Appl Phys, 1994, 75(8):4276－4278.

[40] Chakraborty P. Metal nanoclusters in glasses as nonlinear photonic materials. J Materials Sci, 1998, 33(9): 2235－2249.

[41] Vogel E M, Weber M J, Krol D M. Nonlinear optical phenomena in glass. Phy Chem Glass, 1991, 32(6): 231－253.

[42] Hall D W, Newhouse M A, Borrelly N F. Nonlinear optical susceptibilies of high-index glass. Appl Phys Lett, 1989,54:1293－1295.

[43] Terashimak Shimoto T H, Yoko T. Structure and nonlinear optical properties of $PbO－Bi_2O_3－B_2O_3$ glasses. Phys Chem Glasses, 1997, 38(4):211－217.

[44] Villegas M, Moure C, Jurado J, et al. Influence of the calcining temperature on the sintering and properties of PZT ceramics. J Mater Sci, 1993, 28:3482－3488.

[45] 徐乃英. 超导技术的发展及其应用. 电线电缆,2000(2):3－11.

[46] 肖立业,林良真. 全球超导电力技术应用前景展望. 电气时代,2000(5):15－17.

[47] 黄顺礼,黄向阳. 21世纪——电力设备应用超导材料的时代. 电气时代,2000(5):8－9.

[48] 师昌绪. 二十一世纪初的材料科学技术. 中国科学院院刊,2001(2):93－100.

第 2 章 电活性高分子材料

　　近年来,随着集成电路和大规模集成电路的迅速发展,电磁波及静电等问题给我们的生产和生活带来了很多不便和重大损失。随着电子线路和元件的集成化、微型化、高速化,各类器件普遍使用的电流为微弱电流;由于控制信号的功率与外部侵入的电磁波噪声功率相接近,容易造成误动作、图像障碍和音响障碍,妨碍警察通信、防卫通信、航空通信,造成卫星总装调试障碍等,其后果可想而知。导电高分子材料就是为了解决这些实际应用中的问题而发展起来的。与传统导电材料相比较,导电高分子材料具有许多独特的性能。导电高聚物可用作雷达吸波材料、电磁屏蔽材料、抗静电材料等。自从 1976 年美国宾夕法尼亚大学的化学家 Mac Diarmid 领导的研究小组首次发现掺杂后的聚乙炔(Polyacetylene,PA)具有类似金属的导电性以后,人们对共轭聚合物的结构和认识不断深入和提高,新型交叉学科——导电高分子诞生了。

　　根据已有的制作水平,经加碘掺杂的聚乙炔的导电能力已经进入金属导电范围,接近于室温下铜的电导率。考虑到其导电机理和特征类似于金属导体,因此也有人称其为金属化聚合物(metallic polymer),或者称合成金属(synthetic metals)。导电聚合物这一性质的发现对高分子物理和高分子化学的理论研究是一次划时代的事件。在随后的研究中科研工作者又逐步发现了聚吡咯、聚对苯撑、聚苯硫醚、聚噻吩、聚对苯撑乙烯撑、聚苯胺等导电高分子。有机聚合物的电学性质从绝缘体向导体的转变,对有机聚合物的基础理论研究具有重要意义,促进了分子导电理论和固态离子导电理论的建立和发展。

　　基于导电聚合物潜在的巨大应用价值,导电高分子材料的研究引起了众多科学家的参与和关注,成为有机化学领域研究的热点之一。随着理论研究的逐步成熟,新的有机聚合导电材料不断涌现,这种新型材料的新的物理化学性能也逐步被人们所认识,由此而来的是以这种功能型材料为基础,在全固态电池、抗静电和电磁屏蔽材料、聚合物电显示装置以及有机半导体器件的研究方面都取得了重大进展。

　　导电高分子特殊的结构和优异的物理化学性能使它成为材料科学的研究热点,作为不可替代的新兴基础有机功能材料之一,导电高分子材料在能源、光电子器件、信息、传感器、分子导线和分子器件以及电磁屏蔽、金属防腐和隐身技术上有着广泛的、诱人的应用前景,导电高分子在分子设计和材料合成,掺杂方法和掺杂机理,可溶性和加工性,导电机理,光、电、磁等物理性能及相关机理以及技术上的应用探索都已取得重要的研究进展。

2.1 导电高分子材料的定义和分类

2.1.1 聚合物的导电特点

"导电"就是电可以通过,这里所指的"电"不完全是我们常见的那种一按开关,机器就能动作、电灯就能发光的那种电,它还包括弱电、静电、电磁波等日常生活中我们并不注意的一些现象。材料的导电性通常是用电阻率来衡量的,金属材料是人们最熟悉的导体,它的电阻值一般在 $10^{-5}\,\Omega\cdot cm$ 以下。对于导电高分子材料来说,根据以上所说的不同种类的电,很容易明白其电阻率应处于一个较宽的范围内。通常的划分方法是:以电阻率 $=10^{10}\,\Omega\cdot cm$ 为界限,在此界限以上为绝缘高分子材料,在其以下统称为导电高分子材料。

导电高分子材料也称导电聚合物,它是分子由许多小的、重复出现的结构单元组成的,即具有明显的聚合物特征。如果在材料两端加上一定电压,在材料中应有电流流过,即具有导体的性质。同时具备上述两条性质的材料被称为导电高分子材料,图 2.1 所示是常见材料的电导率范围。

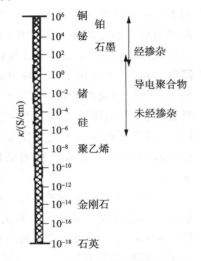

图 2.1 常见材料的电导率范围

材料的导电性是由于材料内部存在的带电粒子的移动引起的。这些带电粒子可以是正、负离子,也可以是电子或空穴,通常称为载流子。载流子在外加电场的作用下沿电场方向移动,就形成电流。材料导电性的好坏与物质所含的载流子的数目及其运动速度有关,载流子的浓度和迁移率是表征材料导电的微观物理量。虽然同为导电体,导电聚合物与常规的金属导电体不同,首先它属于分子导电物质,而后者是金属晶体导电物质,其结构和导电方式也不同。

大多数高聚物都存在离子电导,那些带有强极性基团的聚合物由于本征解离,可以产生导电离子,此外在合成、加工和使用过程中,加入的添加剂、填料以及水分和其他杂质的解离,都会提供导电离子,特别是在没有共轭双键的电导率较低的非极性聚合物中,外来离子是导电的主要载流子,其主要导电机理是离子电导。

在共轭聚合物、电荷转移络合物、聚合物的离子自由基盐络合物和金属有机聚合物材料中则含有很强的电子电导。如在共轭聚合物中,分子内存在空间上一维或二维的共轭键,π 电子轨道相互交叠使 π 电子具有许多类似于金属中自由电子的特征,π 电子可以在共轭体系内自由运动,分子间的迁移则通过跳跃机理实现。

离子电导和电子电导各有自己的特点,但在大多数高聚物中的导电性很小,直接测定载流子的种类较为困难,一般用间接的方法区分。用电导率的压力依赖性来区分比较简单可靠。离子传导时,分子聚集越密,载流子的转移通道越窄,电导率的压力系数为负值,电子传导时,电子轨道的重叠加大,电导率加大,压力系数为正值。大多数聚合物中离子电导和电子电导同时存在,视外界环境的不同,温度、压力、电场等外界条件中某一种处于支配地位。

由于不同导电聚合物的导电机理不同,因此各自的结构也有较大差别。导电聚合物如果按其结构特征和导电机理进行分类,可以进一步分成以下三类:

（1）离子导电聚合物

载流子是能在聚合物分子间迁移的正负离子的导电聚合物。其分子的亲水性好，柔性好，在一定温度下有类似液体的特性，允许相对体积较大的正、负离子在电场作用下在聚合物中迁移。

（2）电子导电聚合物

载流子为自由电子。其结构特征是分子内含有大量的共轭电子体系，为载流子–自由电子的离域提供迁移的条件。

（3）氧化还原型导电聚合物

以氧化还原反应为电子转化机理的氧化还原型导电聚合物的导电能力是由于在可逆氧化还原反应中电子在分子间的转移产生的。这一类导电聚合物的高分子骨架上必须带有可以进行可逆氧化还原反应的活性中心。

2.1.2 导电高分子材料的分类

按照材料的结构与组成，导电高分子材料可以分为结构型导电高分子材料和复合型导电高分子材料两大类。结构型（或称本征型）导电高分子材料是高分子材料本身所"固有"的导电性，由聚合物结构提供载流子。这些聚合物经过掺杂之后，电导率大幅度提高，有些可以达到金属的导电水平。复合型导电高分子材料是指高分子材料本身不具有导电性，但在加工成型时通过加入导电性填料，如炭黑、金属粉末、箔等，通过分散复合、层基复合、表面复合等方法，使制品具有导电性，其中分散复合最为常用。

结构型导电高分子材料主要有：

（1）π 共轭系高分子，如聚乙炔、线型聚苯、面型高聚物等。

（2）金属螯合物型高分子，如聚酮酞菁等。

（3）电荷移动型高分子络合物，如聚阳离子、CQ 络合物。

复合型导电高分子材料指的是通常所见的导电橡胶、导电塑料、导电涂料、导电胶黏剂和导电性薄膜等。

由于结构型导电高分子材料的成本较高，应用范围受到限制。

在复合型导电高分子中，高分子材料本身并不具备导电性，只充当了黏合剂的角色，导电性是通过混合在其中的物质（如炭黑等）获得的。因复合型导电高分子材料的加工成型过程与一般高分子材料基本相同，制备方便，有较强的实用性，故已应用得较为广泛。在结构型导电聚合物尚有许多技术问题待解决的情况下，复合型导电高分子材料在导电橡胶、导电涂料、电磁波屏蔽材料和抗静电材料等领域中发挥着重要作用。

除上述电子导电聚合物外，还有一类称为"快离子导体"的离子导电聚合物。如聚环氧乙烷与高氯酸锂复合得到的快离子导体，电导率达 10^{-4} S/cm。对含硫、氮和氰基的聚合物形成的离子导体的研究也有报道。

2.2 结构型导电高分子材料

结构型导电高分子材料是 1977 年发现的，它是有机聚合掺杂后的聚乙炔，具有类似金属的电导率。而纯粹的结构型导电高分子材料至今只有聚氮化硫$(SN)_x$一类，其他许多导电聚合物几乎均需采用氧化还原、离子化或电化学等手段进行掺杂之后,才能有较高的导电性。研究较多的结构型导电高分子是以 π -共轭二聚或三聚为骨架的高分子材料。根据对这一导电高分子的研究发现,伴随着导电化,材料的许多物性也发生了变化,利用这些物性的变化,已经或将开辟广阔的应用领域。根据导电载流子的不同,结构型导电高分子有两种导电形式:电子导电和离子传导。有时,两种导电形式会共同作用。一般认为四类聚合物具有导电性:高分子电解质、共轭体系聚合物、电荷转移络合物和金属有机螯合物。其中高分子电解质以离子传导为主,其余三类以电子传导为主。

结构型导电高分子材料又称为本征型导电高分子(Inherently Conductive Polymer,ICP),指本身具有导电性或经掺杂后具有导电性的物质,是由具有共轭 π 键的高分子经化学或电化学"掺杂"使其由绝缘体转变为导体的一类高分子材料,如聚吡咯(PPy)、聚苯胺(PAni)、聚乙炔(PA)等。这类材料具有的物理化学性能,如室温电导率可在绝缘体—半导体—金属态范围内($10^{-9}\sim10^5\,\mathrm{S/cm}$)变化,这是迄今为止任何材料都无法比拟的,不仅仅用于电磁屏蔽、防静电、分子导线等技术,还可用于光电子器件和发光二极管(LED)等领域;其掺杂/脱掺杂的过程是完全可逆的,如果与高的室温电导率相结合,则可成为二次电池的理想电极材料,从而实现全塑固体电池;加之掺杂/脱掺杂的过程还伴随着颜色的变化,可实现电致变色,极具应用前景。但缺点也较为明显,虽具有良好的导电能力,但其刚性大、难熔、难溶、成型困难、导电稳定性差以及成本较高等缺点,限制了其应用的范围。

2.2.1 共轭高聚物的电子导电

一般情况下,将整个分子是共轭结构的体系称作共轭高聚物。共轭聚合物中 C—C 和 C=C 交替排列,也可以是 C - N、C - S、N - S 等共轭体系。具有本征导电性的共轭体系必须具备以下条件:第一,分子轨道能够强烈离域,第二,分子轨道能够相互重叠。满足这样条件的共轭体系的聚合物,可通过自身的载流子产生和输送电流。原子轨道组合为分子轨道的示意图如图 2.2 所示。

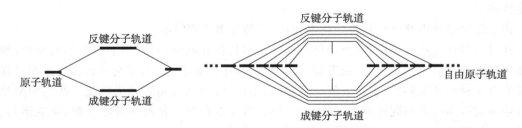

图 2.2 原子轨道组合为分子轨道的示意图

共轭聚合物中,π 电子数与分子构造密切有关。电子离域的难易程度取决于共轭链中 π 电子数和电子活化能的关系。共轭聚合物的分子链越长,π 电子数越多,电子活化能越低,则电子越离域,材料的导电性能越好。

除了分子链长度和 π 电子数影响外,共轭链的结构也影响材料的导电性。从结构上分,共轭链可以分为"受阻共轭"和"无阻共轭"。受阻共轭是指共轭分子轨道上存在缺陷。当共轭链中存在庞大的侧基或强极性基团时,会引起共轭链的扭曲、折叠等,使 π 电子离域受到限制。π 电子离域受阻程度越大,分子链的导电性能越差。如聚烷基乙炔和脱氯化氢聚氯乙烯,都属受阻共轭高聚物,其主链上连有烷基等支链结构,影响了 π 电子的离域。

无阻共轭是指共轭链分子轨道上不存在"缺陷",整个共轭链的 π 电子离域不受阻碍。这类聚合物是较好的导电材料或半导体材料,如反式聚乙炔、热解聚丙烯腈等。顺式聚乙炔的分子链发生扭曲,π 电子离域受到限制,其电导率低于反式聚乙炔。全顺式和全反式聚乙炔的受阻共轭和无阻共轭如图 2.3 所示。

(a) 全顺式聚乙炔（红铜色）,电导率为 $10^{-8} \sim 10^{-7}\,\text{S·m}^{-1}$

(b) 全反式聚乙炔（银白色）,电导率为 $10^{-3} \sim 10^{-2}\,\text{S·m}^{-1}$

图 2.3　全顺式和全反式聚乙炔的受阻共轭和无阻共轭

电子的相对迁移是导电的基础。若要电子在共轭 π 电子体系中自由移动,首先要克服满带与空带之间的能级差,因为满带与空带在分子结构中是互相间隔的。这一能级差的大小决定了共轭型聚合物的导电能力的高低。正是由于这一能级差的存在决定了我们得到的不是一个良导体,而是半导体。上述分析就是应用于电子导电聚合物理论分析的 Peierls 过渡理论(Peierls transition)。现代结构分析和测试结果证明,线型共轭聚合物中相邻的两个键的键长和键能是有差别的。这一结果间接证明了在此体系中存在着能带分裂。Peierls 理论不仅解释了线型共轭型聚合物的导电现象和导电能力,也提示我们如何寻找提高导电聚合物导电能力的方法。减少能带分裂造成的能级差是提高共轭型导电聚合物电导率的主要途径。实现这一目标的首要手段之一就是用"掺杂法"来改变能带中电子的占有状况,压制 Peierls 过程,减小能级差。

1. 共轭聚合物的掺杂

共轭型导电高分子是以 π–共轭二聚或三聚为骨架的,尽管共轭聚合物有较强的导电倾向,但其电导率并不高。反式聚乙炔虽然有较高的电导率,但这是由于电子受体型的聚合催化剂残留所致。完全不含杂质的聚乙炔的电导率很小。然而共轭聚合物的能隙很小,电子亲和力较大,容易与适当的电子受体或电子给予体发生电荷转移,因此它们经过掺杂后可以得到好的导电性。如在聚乙炔中添加碘或五氟化砷等电子受体,聚乙炔的 π 电子向受体转移,电导率可增至 $10^4\,\text{S·cm}^{-1}$,达到金属导电的水平。聚乙炔的电子亲和力很大,也可从作为电子给体的碱金属接受电子而使电导率上升。这种因添加电子受体或电子给体来提高导电性能的方法称为"掺杂"。

"掺杂"(dopping)一词来源于半导体化学,指在纯净的无机半导体材料(锗、硅或镓等)中加入少量具有不同价态的第二种物质,以改变半导体材料中空穴和自由电子的分布状态。在制备导电聚合物时,为了增强材料的电导率也可以进行类似的"掺杂"操作。

在制备导电聚合物时根据掺杂剂与聚合物的相对氧化能力的不同,分成 P 型掺杂剂和 N 型掺杂剂两种。比较典型的 P 型掺杂剂(氧化型)有碘、溴、三氯化铁和五氟化砷等,在掺杂反应中为电子接受体(Acceptor)。N 型掺杂剂(还原型)通常为碱金属,是电子给予体(Donor)。在掺杂过程中掺杂剂分子插入聚合物分子链间,通过电子转移过程,使聚合物分子轨道电子占有情况发生变化,同时,聚合物能带结构本身也发生变化。其结果是亚能带间的能量差减小,电子的移动阻力降低,使得线型共轭导电聚合物的导电性能从半导体进入类金属导电范围。通过电极对聚合物进行掺杂的过程除了没有实际掺杂物参与之外,其作用实质与上述过程没有差别,它是通过电极上所加电压的作用,将 n 占有轨道中的电子拉出;或者将电子加入 n 空轨道之中,使其能量状态发生变化,减小能带差。

掺杂是一个氧化还原反应;对于 P 型掺杂,以掺碘为例,其反应过程如下:

$$(CH)_x + (xy/2)I_2 \longrightarrow (CH^{y+})_x + (xy)I^-$$

$$(xy)I^- + (xy)I_2 \longrightarrow (xy)I_3^-$$

$$(CH^{y+})_x + (xy)I_3^- \longrightarrow [(CH^{y+})(I_3^-)_y]_x$$

经掺杂处理的导电性高分子的例子,见表 2.1。其中代表性的导电高分子是聚乙炔 $(CH)_x$,采用 Ziegler – Natta 催化剂在低温($-78℃$)下合成的顺聚乙炔的电导率约为 10^{-9}S·cm^{-1}。

表 2.1 经掺杂处理的导电性高分子

导电性高分子	掺杂	电导率/(S·cm^{-1})
聚乙炔	AsF$_5$	3.5×10^3
顺式	AsF$_5$	3.5×10^3
反式	Na	8.0×10
聚对苯撑	AsF$_5$	5×10^2
聚苯基乙炔	AsF$_5$	2.8×10^3
聚苯硫醚	AsF$_5$	2×10^2
聚吡咯	C	1×10^3
聚噻吩	C	10^2
聚吡啶	C	10

共轭聚合物的掺杂不同于无机半导体的掺杂,聚合物中的掺杂实质上是掺杂剂对聚合物主链实施氧化或还原,使聚合物失去或得到电子,产生带电缺陷,从而使掺杂剂与聚合物形成电荷转移络合物。共轭聚合物掺杂时,掺杂剂的用量一般比半导体中多,其掺杂黏度可以高至每个链节 0.1 个掺杂剂分子,有时掺杂剂的用量甚至超过聚合物本身的用量。在有些共轭聚合物掺杂中,也常常伴随着扩链、交联等反应,只是出于习惯,人们一直将这种方法称为掺杂。线型共轭聚合物进行掺杂有两种方式:一是同半导体材料的掺杂一样,通过加入第二种具有不同氧化态的物质;二是通过聚合材料在电极表面进行氧化或还原反应直接改变聚合物的荷电状态。其目的都是为了在聚合物的空轨道中加入电子,或从占有轨道中拉出电子,进而改变现有 n 电子能带的能级,出现能量居中的半充满能带,减小能带间的能量差,使自由电子或空穴迁移时的阻碍减小。

掺杂的方法有化学掺杂和物理掺杂两大类。其主要实施过程有三种:其中掺杂剂与聚合物接触并反应的是化学掺杂法,包括气相掺杂、液相掺杂、光引发掺杂等;电化学掺杂是以聚合物为电极,掺杂剂作电解质,在通电情况下使聚合物链发生氧化或还原并与掺杂剂反离子形成电荷转移络合物;此外还有离子注入式掺杂等。目前广泛采用的是化学掺杂法和电化学掺杂。化学掺杂法简单易行,有利于了解掺杂前后聚合物的结构与性能的变化。电化学掺杂时间短,效率高,经常是聚合物的合成与掺杂同时进行,易于得到导电的聚合物薄膜。聚苯胺的掺杂过程如图 2.4 所示。

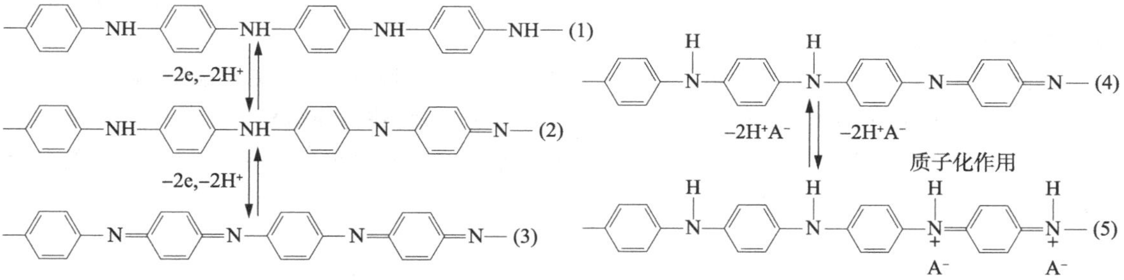

图 2.4　聚苯胺的掺杂过程

掺杂剂有很多类型,电子受体主要有:卤素(Cl_2,Br_2,I_2,ICl,ICl_3,IBr),Lewis 酸(PF_5,AsF_5,SbF_5,BF_3,BCl_3,BBr_3,SO_3),质子酸(HF,HCl,HNO_3,H_2SO_4,$HClO_4$,FSO_3H,$HClSO_3$),过渡金属卤化物(TaF_5,WF_5,BiF_5,$TiCl_4$,$MoCl_5$),过渡金属化合物($AgClO_4$,$AgBF_4$,H_2IrCl_6),有机化合物(四氰基乙烯 TCNE,四氰基对苯醌二甲烷 TCNQ,四氯对苯醌,二氯二氰代苯醌 DDQ)。常用的电子给体有:碱金属(Li,Na,K),电化学掺杂剂(R_4N^+,R_4P^+,$R=CH_3$,C_6H_5 等)。

2. 共轭型聚合物的合成及其结构对导电性能的影响

共轭型聚合物的合成方法主要有化学合成法、电化学合成法等离子体聚合以及由非共轭聚合物向共轭聚合物转化的方法。其中化学合成是根据高分子合成化学原理来制备主链共轭的聚合物,如在 Ziegler-Natta 催化剂的浓稠液面上使乙炔聚合,可以得到高结晶的、具有拉伸性的薄膜状聚合物。电化学合成法是根据有机电化学合成原理而得到的共轭聚合物,许多杂环得到的聚合物如聚吡咯、聚噻吩等都是采用电化学方法合成的。在辉光放电下使单体聚合得到的聚合物结构较为复杂,等离子体放电的实际应用实例不多。非共轭聚合物向共轭聚合物转化法克服了共轭聚合物不溶、不熔、难以成型的缺点,先制备母体聚合物,这些母体聚合物常常溶于溶剂,可以容易地制成薄膜或纤维,母体聚合物经受热处理后即转变成相应的共轭聚合物或纤维。聚噻吩乙炔(PTV)的母体聚合物(PPTV)可溶于氯仿中并可以纺成纤维,将 PPTV 纤维受热在脱去 CH_3OH 的同时拉伸后,可得 PTV 纤维。

聚合物主链的共轭性越好,越有利于 π 电子离域及增加载流子的迁移率,有利于导电性的提高。事实上,聚合物具有长共轭性,这只是获得良好导电聚合物的充分条件,并非必要条件。Tripathy 等用分子力学和量子力学计算证明,可掺杂的聚合物分子结构并非一定要求平面,而只要求在共轭聚合物掺杂后从能量上可达准平面即可。

聚合物的共轭长链有利于电荷传输,但却使分子链刚硬,丧失了聚合物加工方便的特点。为增加共轭聚合物的溶解性,合成了不少侧基取代共轭聚合物。在聚乙炔主链上引入取代基后,经掺杂后导电聚合物的导电性下降了许多。在聚吡咯和聚苯胺体系中,侧基取代后,聚合物导电性也有所下降。但在聚苯撑乙炔(PPV)的苯环上接入烷氧基取代后,发现聚合物掺杂后的电导率有所上升。在烷基取代聚噻吩时,取代基为甲基或乙基时,聚合物掺杂后导电性比无取代的聚噻吩要高,这可能是因为可溶解性使掺杂更为完全的结果。取代基变得更长时,导电性渐渐变小,导电稳定性也渐渐降低。导电聚合物的主要方向是共轭分子链的方向,除主链及侧链结构对导电性有影响外,聚合物分子的有规取向对聚合物的导电性也有影响。有人制备了分子链定向排列的材料,以进一步提高电导率,实验表明聚合物分子链经过有序化后,导电性显著增加。

与此不同的是还有一种叫作热分解导电高分子,这是把聚酰亚胺、聚丙烯腈、聚氧二唑等在高温下进行热处理,使之生成与石墨构造相近的物质,从而获得导电性。后来发现,将3,4,9,10-二苯四甲酸酐(PTCDA)在氩/氢气流中加热至1 000～2 000℃,得到的导电物质的电导率高达1 100 S/cm,如图2.5所示。

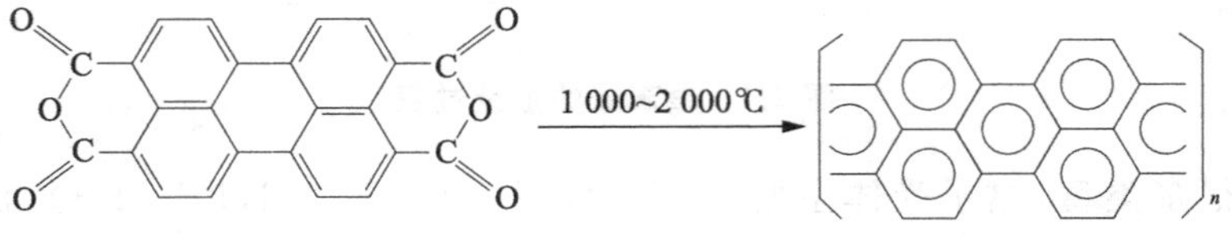

图 2.5　PTCDA 加热生成聚萘

这些热分解导电高分子的特征是,无需掺杂处理,故具有优异的稳定性。此外,根据加热处理而赋予的导电性是不可逆的,这与需经掺杂处理方可具有导电性的高分子不同。热分解导电高分子可制成软片或薄膜,在电子领域将获得广泛的应用。

2.2.2　电荷转移型聚合物导电材料

高分子电荷转移络合物所包含的种类很多,一般分为两类:一类是掺杂型全共轭聚合物;另一类是由非全共轭型高分子形成的电荷转移络合物,称为高分子电荷转移络合物。高分子电荷转移络合物又分为两类:一类是由主链或侧链含有 π 电子体系的聚合物与小分子电子给体或受体所组成的非离子型或离子型电荷转移络合物,又称为中性高分子电荷转移络合物;另一类则是由侧链或主链含有正离子自由基或正离子的聚合物与小分子电子受体所组成的高分子离子自由基盐型络合物。

1. 中性高分子电荷转移络合物

中性高分子电荷转移络合物很多,其中大部分由电子给体型高分子与电子受体型小分子组成,电子给体型高分子大多是代芳香性侧链的聚烯烃,如对苯乙烯、聚乙烯咔唑、聚乙烯吡啶及其衍生物;作为电子受体的有含氰基化合物、含硝基化合物等。其典型示例见表2.2。

表 2.2　高分子电荷转移络合物及其电阻率

聚合物	电子受体	含量(受体分子/聚合物结构单元)	室温电阻率/$(\Omega \cdot m)$	活化能/eV
聚苯乙烯	$AgClO_4$	0.89	4.3×10^4	0.74
聚三甲基苯乙烯	TCNE	1.0	1.8×10^{11}	0.26
聚萘乙烯	p - CA DDQ	1.0 0.25	1.4×10^{12} 9.1×10^{10}	0.62 0.16

续表

聚合物	电子受体	含量(受体分子/聚合物结构单元)	室温电阻率/($\Omega \cdot m$)	活化能/eV
聚蒽乙烯	Br$_2$	0.71	7.2×10^{10}	0.75
	I$_2$	0.59	2.1×10^4	0.51
	TCNB	—	1.2×10^1	0.52
聚芘乙烯	TCNE	0.13	4.5×10^{10}	0.66
	TCNQ	0.13	1.1×10^{12}	0.67
	I$_2$	0.19	1.3×10^6	0.4
聚乙烯咔唑	TCNQ	0.03	1.2×10^{10}	0.7
	I$_2$	0.08	2.0×10^9	1.27
	SbCl$_5$	0.19	4.0×10^3	0.23
聚乙烯吡啶	TCNE	0.5	10^3	0.12
	I$_2$	0.6	10^2	—
PMTA	TCNQ	—	7×10^5	0.49
PMP	TCNQ	—	10^9	0.54
聚二苯胺	TCNE	0.33	8.1×10^3	—
聚乙烯咪唑	TCNQ	0.26	10^4	0.19

TCNE:四氰基乙烯。

TCNQ:四氰代对二亚甲基苯醌。

p-CA:四氰对苯醌。

DDQ:2,3-二氯-5,6-二氰基对苯醌(二氯二氰基对苯醌)。

TCNB:1,3,5-三氰基苯。

PMTA:聚-N-4-(4-甲巯基苯氧基)丁酰基亚乙基亚胺。

PMP:聚-N-4-(10-甲基-3-酚噻嗪基)丁酰基亚乙基亚胺。

　　一般的中性高分子电荷转移络合物的电导率都非常小,比相应的小分子的电导率要小得多,这些络合物的电导率一般都低于 10^{-2} S/m,这是由于高分子较难与小分子电子受体堆砌成有利于 π 电子交叠的规则型紧密结构。其原因可归结为高分子链的结构与链的排列的高次结构存在不同的无序性以及取代基的位阻效应。

　　2. 高分子离子自由基盐型络合物

　　高分子离子自由基盐型络合物可以分为以下两种类型:一类是电子给体型聚合物与卤素、Lewis 酸等形成的正离子自由基盐型络合物;另一类是正离子型聚合物与 TCNQ 等小分子电子受体的负离子自由基所形成的负离子自由基盐型络合物。

　　正离子自由基盐型络合物中由卤素或 Lewis 酸等比较小的电子受体掺杂剂所得的络合物大都导电性良好,高分子电子给体向卤素发生电子转移,形成了正离子自由基与卤素离子。一般来说是部分电子给体变成了正离子自由基,处于部分氧化状态(混合原子价态),这样的材料会出现高导电性。由于聚合物是非晶的,结构的无序所引起的电导率的下降是不可避免的。络合后的聚合物不熔,不溶,难以成膜,但其优点是可以在成膜的状态下提高电导率,并可以由通过的电量来控制掺杂量。

负离子自由基盐型络合物中一般选四氰代对二亚甲基苯醌(TCNQ),为负离子自由基,研究工作集中在能使 TCNQ 负离子自由基在其中可排列成柱的正离子主链聚合物。这类络合物可以制成薄膜,作为电容、电阻材料使用。这种由薄膜制成的电容有很高的储能容量,也可以成膜或作为导电涂料。

2.2.3　金属有机聚合物

金属有机聚合物的导电性是很有特色的一类导电高分子,按结构形式和导电机理来分,可分为三类:主链型高分子金属络合物、二茂铁型金属有机聚合物、金属酞菁聚合物。

主链型高分子金属络合物是由含共轭体系的高分子配位体与金属构成的主链型络合物,是金属有机聚合物中导电性较好的材料。通过金属自由电子的传导性导致高分子链本身导电,是真正意义上的导电高分子材料。其导电性往往与金属的种类密切相关。主链型高分子金属络合物都是梯形结构,分子链僵硬,成型加工十分困难,近年来发展较为缓慢。

二茂铁型金属有机聚合物是将二茂铁以各种形式引入各种聚合物链中所得到的。二茂铁是环戊二烯与亚铁的络合物,其结构如图 2.6 所示。

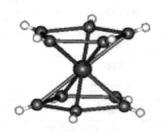

二茂铁型金属有机聚合物本身的电导率并不高,在 $10^{-14} \sim 10^{-10}\,\mathrm{S \cdot cm^{-1}}$,在用 Ag^+、苯醌、HBF_4、二氯二甲基对苯醌(DDQ)等温和氧化剂部分氧化后,电子由一个二茂铁基转移到另一个二茂铁基上,形成在聚合物结构中同时存在二茂铁基和正铁离子的混合价聚合物,电导率可增加 $5 \sim 7$ 个数量级。二茂铁型聚合物的

图 2.6　二茂铁的结构示意图

电导率随氧化程度的提高而迅速上升,以氧化度为 70% 时的电导率最高。分子链中二茂铁基的密度明显影响导电性。主链型二茂铁型聚合物通常具有较好的导电性,若将电子受体 TCNQ 引入分子主链中,更可以提高电导率。但主链型二茂铁型聚合物的加工性欠佳,限制了它的应用。二茂铁型金属有机聚合物价格低廉,来源丰富,导电性良好,是一类很有前途的导电高分子材料。

金属酞菁聚合物是指一系列在结构中含有庞大的酞菁基团,具有平面的 π 体系结构,中心金属的 d 轨道与酞菁基团中 π 轨道相互重叠,整个体系为一个硕大的大共轭体系的导电金属酞菁聚合物。这种大共轭体系的相互重叠导致了电子的流通。其结构如图 2.7 所示。常见的中心金属有 Cu,Ni,Mg,Ca,Cr,Sn 等。

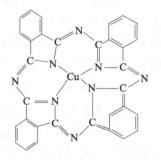

共轭体系的导电性与分子链密切相关,分子量大,π 电子数量多,导电性就好。金属酞菁聚合物由于结构庞大,柔性很小,熔融性和溶解性都很差,引入芳基和烷基后,方可制备柔性和溶解性都较好的聚合物。近年来,又有一种面对面的层状结构的金属酞菁聚合物得到了开发。

图 2.7　酞菁基团的结构

2.2.4　高分子电解质的离子导电

高分子电解质的高分子离子的对应反离子作为载流子而具备了导电性。高分子电解质包括所有的阳离子聚合物和所有的阴离子聚合物。纯粹的高分子电解质中离子的数目和迁移率都不高,但相对湿度越大,高分子电解质越容易解离,载流子数目增多,电导率增大。高分子电解质的这种电学特性被用作电子照相、静电记录等纸张的静电处理剂。由于高分子电解质的电导率较低,主要用于纸张、纤维、塑料等的抗静电剂。在丙纶中加入少量聚氧乙烯进行纺丝制得的抗静电纤维,对电磁波有良好的屏蔽作用,制成地毯,不易沾污。

聚环氧乙烷与某些碱金属盐形成的络合物也具有导电性,其电导率远远高于一般的高分子电解质,表明其载流子数目较多或迁移速率较快,被称为快离子导体或超离子导体。快离子导体的导电性与温度、盐的类型、盐的黏度以及聚合物的聚集态有关。聚环氧乙烷-碱金属盐络合物的重要应用途径是作为固体电池的电解质隔膜,可以反复充电。

2.3　复合型导电高分子材料

复合型导电高分子材料是采用各种复合技术将导电性物质与树脂复合而成的。按照复合技术分类有:导电表面膜形成法、导电填料分散复合法、导电填料层压复合法三种。导电表面膜形成法就是在材料基体表面涂覆导电性物质,进行金属熔射或金属镀膜等处理。导电填料分散复合法是在材料基体内混入抗静电剂、炭黑、石墨、金属粉末、金属纤维等导电填料。导电填料层压复合法则是将高分子材料与碳纤维栅网、金属网等导电性编织材料一起层压,并使导电材料处于基体之内。其中最常见的是分散复合型;层压复合型处于发展阶段;表面成膜型因工艺设备复杂昂贵,以及材料表面的导电膜一旦脱落便会影响其导电效果等原因,其应用和发展趋势不及前两者。

复合型导电高分子材料的分类方法有多种。根据电阻值的不同,可划分为半导电体、除静电体、导电体、高导电体;根据导电填料的不同,可划分为抗静电剂系,碳系(炭黑、石墨等),金属系(各种金属粉末、纤维、片等);根据树脂的形态不同,可划分为导电橡胶、导电塑料、导电薄膜、导电黏合剂等;还可根据其功能不同划分为防静电材料、除静电材料、电极材料、发热体材料、电磁波屏蔽材料。

复合型导电高分子材料是以普通的绝缘聚合物为主要成型物质制备的,其中添加了大量的导电填料,无论在外观形式和制备方法上,还是在导电机理上都与掺杂的结构型导电高分子完全不同。选用基材时可以综合考虑使用要求、制备工艺、材料性质和来源、价格等因素后,选择合适的高分子材料。从原则上来说,任何高分子材料都可以作复合型导电高分子材料的基质,较为常用的有聚乙烯、聚丙烯、聚氯乙烯、聚苯乙烯、ABS、环氧树脂、丙烯酸酯树脂、酚醛树脂、不饱和聚酯、聚氨酯、聚酰亚胺、有机硅树脂以及丁基橡胶、丁苯橡胶、丁腈橡胶、天然橡胶等。高分子的作用是将导电颗粒牢牢地黏结在一起,使导电高分子具有稳定的导电性和可加工性。基材的性能决定了导电材料的机械强度、耐热性、耐老化性。

导电填料在复合型导电高分子中充当载流子,其形态、性质和用量黏结决定了材料的导电性。常用的有金粉、银粉、铜粉、镍粉、钯粉、钼粉、钴粉、镀银二氧化硅粉、镀银玻璃微珠、炭黑、石墨、碳化钨、碳化镍等。银粉具有良好的导电性,应用最为广泛;炭黑电导率不高,但来源广泛,价格低廉,也广为应用。依据使用的要求和目的不同,导电填料可制成多孔状、片状、箔片状、纤维状等形式。

通常用偶联剂、表面活性剂以及氧化还原剂等对填料表面进行处理,以改善填料与基质之间的相容性,使填料分散均匀且与基质紧密结合。

复合型导电高分子材料,具有质量轻,易成型,导电性与制品可一次完成,电阻率可调节($10^{-3} \sim 10^{10}\ \Omega \cdot cm$),总成本低等优点,在能源、纺织、轻工、电子等领域应用广泛。

2.3.1 复合型导电材料导电机理

实验发现,将各种金属粉末或炭黑粒子混入聚合物材料中后,材料的导电性能与导电填料的浓度的变化规律大致相同。导电填料浓度较低时,材料的电导率随浓度增加得很少,而当导电填料的浓度达到一定值时,电导率急剧上升,变化值可达 10 个数量级以上。超过这一临界值后,电导率随浓度的变化又趋于缓慢,如图 2.8 所示。用电子显微镜技术观察材料的结果发现,当导电填料浓度较低时,填料颗粒分散在聚合物中,相互接触较少,导电性较低。随着填料用量的增加,颗粒间接触的机会增多,电导率逐步上升。当填料浓度增加到某一临界值时,体系内的颗粒相互接触,形成无限网链,这个无限网链就像一个金属网贯穿于聚合物中,形成导电通道,电导率急剧上升,使聚合物变成了导体。再增加填料的用量,对聚合物的导电性就不会有多大贡献了,电导率趋于平缓。

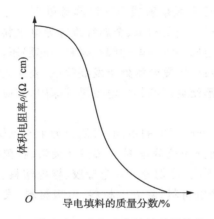

图 2.8 体积电阻率与导电填料用量的关系

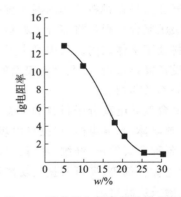

图 2.9 聚苯胺与炭黑的逾渗曲线

复合型导电材料的导电机理有两种说法,即链锁式导电通路和隧道效应,但这两者的最终结论都支持导电性的好坏取决于填料的种类及用量这一说法。

链锁式导电通路的机理认为,填料粒子必须在 10^{-10} m 的数量级以内的距离靠近,这样就可产生电压差,使填料粒子的 π 电子依靠链锁传递移动通过电流。聚合物中填料粒子的分散状态和导电原理如图 2.10 所示。从这个等价回路模型可以理解形成链锁必须有一定的填料用量,才能出现强的导电现象,因而支配高分子材料导电性的最主要因素是填料的用量。这是最经典的一种解释。

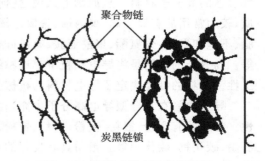

图 2.10 链锁式导电通路的机理

链锁式导电通路是建立在填料必须形成链锁的前提下提出来的。但是,用电子显微镜观察拉伸状态的橡胶并不存在炭黑链锁,却仍有导电现象,这就是隧道效应。当导电颗粒间不互相接触时,颗粒间存在聚合物隔离层,使导电颗粒中自由电子的定向运动受到阻碍。这种阻碍可以视为具有一定势能的势垒。由量子力学可知,对一种微观粒子来说,其能量小于势垒的能量时,它有被反弹的可能性,也有穿过势垒的可能性。微观粒子穿过势垒的现象称为贯穿效应,也称为隧道效应。电子作为一种微观粒子,具有穿过导电颗粒之间隔离层阻碍的可能性。这种可能性的大小与隔离层的厚度以及隔离层势垒的能量与电子能量之差值有关。厚度与该差值越小,电子穿过隔离层的可能性就越大。当隔离层的厚度小到一定值时,电子就能很容易地穿过,使导电颗粒间的绝缘层变为导电层。这种由隧道效应产生的导电层可以用一个电阻和一个电容并联来等效。即:导电性是由填料粒子的隧道决定的。同时有实验证明,随着填料粒子间距的增大,体积电阻亦随之升高。

此外,还有电场放射导电机理,在研究填料填充的高分子材料的电压、电流特性时,发现其结果不符合欧姆定律,认为其之所以如此,是由于填料粒子间产生高的电场强度而产生电流导致电场放射。

综上所述,无论从哪种导电机理来理解,都认为填料的种类和配合量是支配材料最终所表现出导电性的主要因素。

由以上分析可以认为导电高分子内部的结构有三种情况(图 2.11):

(1)一部分导电颗粒完全连续地相互接触形成导电回路,相当于电流通过一个电阻。

(2)部分导电颗粒不完全连续接触,其中互不接触的导电颗粒之间由于隧道效应而形成电流通路,相当于一个电阻与一个电容并联后再与电阻串联。

(3)部分导电颗粒完全不连续,导电颗粒间的聚合物隔离层较厚,是电的绝缘层,相当于电容。

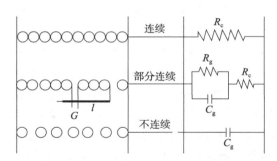

图 2.11 复合型导电高分子的导电原理

从导电机理可以看出,在保证其他性能符合要求时,为了提高导电性,就应增加填料用量。但这种用量与导电性的关系并不呈线性,而是按指数规律变化,这种规律可用下式表示:

$$R = \exp(a/W)^p$$

式中 R——材料的体积电阻;

W——填料的质量分数;

a,p——由填料和橡胶种类决定的常数。

F. Buche 借助于 Flory 体型缩聚凝胶化理论,估算了复合型导电聚合物中无限网链形成时的导电填料的质量分数和体积分数。实验结果表明,导电填料的填充量与导电高分子的电导率之间存在以下关系:

$$\sigma = \sigma_m V_m + \sigma_p V_p W_g$$

式中　　σ——导电材料的电导率；

　　　　σ_m——高分子基质的电导率；

　　　　σ_p——导电填料的电导率；

　　　　V_m——高分子基质的体积分数；

　　　　V_p——导电填料的体积分数；

　　　　W_g——导电填料的无限网链的质量分数。

在实际应用中，为了使导电填料的用量接近理论值，必须使导电颗粒充分分散，若导电颗粒分散不均或在加工过程中发生颗粒凝聚，那样的话，即使颗粒含量达到临界值，无限网链也不会形成。

2.3.2　金属填充型导电高分子材料

金属填充型导电高分子材料是导电高分子中较年轻的成员，始于 20 世纪 70 年代末。它指的是将金属制成粉末、薄片、纤维以及栅网，填充在高分子材料中制成的导电高分子材料。

金属填充型导电高分子材料主要是导电塑料，其次是导电涂料。这类导电塑料具有优良的导电性（体积电阻为 $10^{-3} \sim 1 \; \Omega \cdot cm$），与传统的金属材料相比，质量轻，易成型，生产效率高，总成本低。80 年代后，导电塑料在电子计算机及一些电子设备的壳体材料上获得了飞速发展，成为年轻、最有发展前途的新型电磁波屏蔽材料。

1. 导电金属粉末的品种与性质

如上文所述，导电高分子的金属粉末填料主要有金粉、银粉、铜粉、镍粉、钯粉、钼粉、钴粉、镀银二氧化硅粉、镀银玻璃微珠等。聚合物中掺入金属粉末，可得到比炭黑聚合物更好的导电性。选用适当品种的金属粉末和合适的用量，可以控制电导率为 $10^{-5} \sim 10^4 S \cdot cm^{-1}$。

银粉的导电性和化学稳定性优良，在空气中氧化速度极慢，在聚合物中几乎不被氧化，已经氧化的银粉仍具有良好的导电性。在可靠性要求较高的电器装置和电器元件中，银粉是较为理想和应用最为广泛的导电填料。但它的价格高，相对密度大，易沉淀，在潮湿环境中易发生迁移。所谓的迁移是指银粉颗粒随使用时间的延长而沿着电流方向移动的现象，结果会造成电导率变化，甚至发生短路。银迁移的原因是银以正离子的形式溶于聚合物基质中的水中后，与 OH^- 生成 $AgOH$，$AgOH$ 极不稳定，又生成 Ag_2O，Ag_2O 再遇到水生成 $AgOH$，$AgOH$ 在合适的条件下析出银。最有效和最现实的方法是控制聚合物中的水分含量，也有通过加入混合导电颗粒的方法来实现的。

银粉的制备方法不同，其粒径和形状不同，因而物理性质不同，应用场合也不一样。电解法所制得的针状银粉粒径为 $0.2 \sim 10 \mu m$。化学还原法制得的球状或无定形银粉粒径为 $0.02 \sim 2 \mu m$。银盐热分解制备的是海绵状和鳞片银粉。

金粉是氯化金经化学反应制备的，或由金箔粉碎而成。金粉的化学性质稳定，导电性能好，但价格昂贵，不如银粉应用广泛，在厚膜集成电路的制作中，采用金粉填充。

铜粉、铝粉和镍粉都具有良好的导电性，而且价格较低。由于它们在空气中易氧化，导电性能不稳定。做防氧化处理后，可提高其导电的稳定性。

中空玻璃微珠、炭粉、铝粉、铜粉等颗粒的表面镀银后得到的镀银填料，具有导电性好、成本低、相对密度小的特点。铜粉镀银颗粒的镀层稳定，不易剥落，很有发展前途。这类填料主要用于导电要求不高的导电黏合剂和导电涂料。

2. 金属填充型导电高分子材料导电性的影响因素

金属的性质对电导率起决定性的影响。当金属颗粒的大小、形状、含量及分散状况都相同时，掺入的金属粉末本身的电导率越大，则导电材料的电导率一般也较高。

聚合物中金属粉末的含量必须达到能形成无限网链时才能使材料导电。金属粉末含量越高，导电性能越好。金属粉末导电不可能发生类似炭黑中电子的隧道跃迁，粉末之间必须有连续的接触，故填料用量往往较大。填料颗粒加入过少时，材料可能完全不导电。相反，导电填料过多，金属颗粒不能紧密接触，导电性能不稳定，电导率也会下降，同时会影响材料的力学性能。因此导电颗粒的含量应有一个适当的值，这个比例与导电填料的种类和密度有关。

导电颗粒的形状对导电材料的导电性能也有影响。球状的颗粒易形成点接触，而片状的颗粒易形成面接触。面接触比点接触更容易获得好的导电性。当银粉含量相同时，片状银粉配制的导电材料比球状银粉配制的导电材料电导率高两个数量级。将球状与片状银粉混合使用，可以达到更好的效果。导电颗粒的大小对导电性能也有一定影响：若颗粒大小适当，分散良好，形成最密集的填充状态，导电性能最好；若颗粒太细，会因接触电阻增大，导电性变差。

将顺磁性金属粉末掺入聚合物并在加工时加以外磁场，则材料的电导率变大。

聚合物与金属颗粒的相容性对金属颗粒的分散状况有重要影响。导电颗粒被浸润包覆的程度越大，导电颗粒相互接触的概率就越小，导电性越差。在相容性较差的聚合物中，导电颗粒有自发的凝聚倾向，有利于导电性的提高。例如，聚乙烯与银粉的导电性不如环氧树脂与银粉的相容性好，但当银粉含量相同时，聚乙烯的电导率要比后者高两个数量级。

金属填充型导电高分子材料在成型加工上难度较大，要有严格的工艺条件，才能保证其良好的性能。通常要经过填料的表面处理、与树脂的混合以及造粒等工艺过程。为了得到好的屏蔽制品，在复合过程中应保证纤维的破损量小，并且要使纤维在树脂中得到均匀的分散，既要使每个粒料中的金属纤维分布均匀，又要使每个颗粒中含有的金属纤维比率的分散性小。在复合造粒过程中，考虑到加入金属填料后会降低树脂的流动性，因此要加入相应的助剂来调整黏度以达到加工要求。在塑料成型中，由于添加的黄铜、铝类填料硬度都比较低，因此注射机料筒和螺杆也不需用特殊的材料。但在注射成型过程中为了不使纤维破损，在塑化时应保持螺杆转速较低且背压也小，料筒和模具温度与无金属填料的相比则应稍微提高。为了便于塑化好的熔融料能顺利地、快速地充满模具，一般要求喷嘴孔要大，注射速度慢，注射压力高，主流道和分流道尽可能短，而且喷嘴的位置应使制品难以产生熔接痕。

3. 电磁波屏蔽

采用数字电路的电子计算机等电器近年来得到迅速发展，这些电子设备内使用了大量的集成电路等元器件，由此发生的高频脉冲形成电磁波噪声，电磁波的相互干扰会给电子设备带来一系列的问题，如误动作，图像、声音障碍等。这种相互干扰的电磁波，一般称为电磁波干扰（Electromagnetic Interference，EMI）。在发达国家，这已成为社会公害。随着我国经济发展的需要和电子工业的振兴，电磁波干扰问题已不容忽视。美国联邦通信委员会（Federal Communications Commission，FCC）从 1981 年 10 月开始部分实施电磁波控制规则，1983 年 10 月 1 日以后全面实施。在 FCC 规则中将电子机器按 A 级和 B 级两种分类，对不同频率的机器有不同级的控制规范。其 B 级为家用电器，A 级主要是工业、商业和其他业务用电子机器。德国电气工程师协会（Verband Deutscher Elektrotechniker，VDE）也同 FCC 一样实施电磁波控制规则。

电磁屏蔽主要用来防止高频电磁场的影响，从而有效地控制电磁波从某一区域向另一区域进行辐射传播。其基本原理是采用低电阻值的导体材料，利用电磁波在屏蔽导体表面的反射、在导体内部的吸收及传输过程的损耗而产生屏蔽作用，通常用屏蔽效能（Shielding Effectiveness，SE）表示。所谓屏蔽效能是指没有屏蔽时入射或发射电磁波与在同一地点经屏蔽后反射或透射电磁波的比值，即为屏蔽材料对电磁信号的衰减值，其单位用分贝（dB）表示。通常，屏蔽效能的具体分类为：0～10 dB 几乎没有屏蔽作用；10～30 dB 有较小的屏蔽作用；30～60 dB 中等屏蔽效能，可用于一般工业或商业用电子产品的屏蔽；60～90 dB 屏蔽效能较高，可用于航空航天及军用仪器设备的屏蔽；90 dB 以上的屏蔽材料则具有最好的屏蔽效能，适用于要求苛刻的高精度、高敏感度产品。根据实用需要，对于大多数电子产品的屏蔽材料，当频率为 30～1 000 Hz 时，其屏蔽效能至少要达到 35 dB 以上，才认为是有效的屏蔽。导电塑料代替金属作为电子产品的外壳可以有效地起到电磁屏蔽的作用，且质量轻，耐腐蚀。

电磁波的传递是通过以下两种途径进行的：①从机器中产生的电磁波依靠电源线或信号线传送，易侵害别的设备；②从机器中发生后传播到大气中再侵害别的机器。

电磁波的基本控制方法大致有三种：①在发生源抑制，控制电磁波的产生；②在接收部位提高抗电磁波干扰的能力；③限制电磁波的传递途径为最短。

在这里除了考虑机器接地、噪声过滤、线连接、回路设计等技术外，主要的就是机器壳体的屏蔽技术。作为电子设备壳体的屏蔽材料，以前大量采用金属。但是，金属制品存在生产效率低、二次加工、质量大、成本高等问题，特别是随着电子计算机的小型化、轻量化，金属制品已经不能满足需要。以后逐渐采用了塑料制品，在塑料制品上采用锌喷镀、飞溅镀膜、真空蒸镀、镍涂装等二次加工的办法实现屏蔽化。这种方法的缺点是膜层易剥离，工艺设备复杂昂贵，需要采取防公害措施和生产效率低等，所以采用的比例很小。随着高分子材料成型加工技术的进步，金属填充型导电塑料便成为一种理想的屏蔽材料。

2.3.3　添加炭黑型导电聚合物

炭黑是一种在工业生产中广泛应用的填料，它用于聚合物中主要起四种作用：着色、补强、吸收紫外光、导电。含炭黑聚合物的导电性主要取决于炭黑的结构、形态和浓度。

炭黑是以碳为主要成分，结合少量的氢和氧，吸附少量的水，并含有少量的硫、焦油、灰分等杂质。一般来说，氢含量越低，炭黑的导电性越好。一定数量的氧基团的存在，有利于炭黑在聚合物中的分散，对导电有利。炭黑的比表面积越大，氧的含量越高，则水分的吸附量越大。水分的存在虽有利于导电性能的提高，但通常使电导率不稳定，应加以控制。

炭黑有许多品种，而赋予导电性的炭黑必须具备以下五个基本特性，才能称为理想的导电炭黑：

（1）结构发达；

（2）粒度小；

（3）表面积大（细孔多）；

（4）捕捉 π 电子的不纯物少（杂质少）；

（5）可进一步石墨化。

在上述特性中,尤其值得注意的是粒度、表面积、杂质三项,它们是决定炭黑导电性能好坏的关键。

1. 复合技术

如果把炭黑的结构、用量看成是实现材料导电化的主观因素,那么复合技术就是实现材料导电化的客观条件。

复合技术主要有以下几个方面:

（1）炭黑的表面处理。为提高炭黑的分散性以及与树脂的亲和力,需要采用适当的助剂进行表面处理。

（2）混炼。在选用的高聚物与炭黑及其用量确定以后,材料的导电性能就取决于炭黑的分散状态及链锁的形成情况。在进行混炼时往往最容易破坏炭黑的结构而影响导电性。这就需要选择适当的加工设备和手段。

混炼的目的,除了为保证后续加工的顺利进行外,从导电性来看还应保证炭黑在聚合物中得到充分的分散。一般的混炼都是用密炼机进行,而为达到充分分散的目的,往往容易随意延长混炼时间和转数。因此,应认识到混炼时间与分散程度对导电性的影响,得到一个最佳混炼时间,以保证良好的分散性,从而也就得到良好的导电性。

图 2.12 所示为丁苯橡胶中加入导电炭黑后,其混炼时间与分散性及导电性的关系。

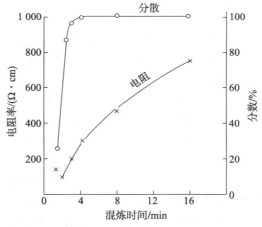

图 2.12　混炼时间与分散性和导电性的关系

（3）熟化。经混炼后的半成品一般并不立即成型制品,而是要经过一定时间存放或高温处理后才能成型,这种混炼后的处理过程称为熟化。不同的熟化条件对导电性的影响有显著不同。即经过熟化以后体积电阻上升,而且这种上升是随着时间的延长而不断增加,温度的影响则并不太大。

（4）成型时间。成型时间不仅是决定导电高分子材料的物理性能的重要工艺因素,而且也是决定其导电性能的因素。添加乙炔炭黑的氯丁橡胶随着硫化时间的延长导电性增加。

（5）成型温度。在高分子材料成型工艺中,成型温度往往与成型时间一起综合考虑。一般升高温度就相应缩短时间,而降低温度则应延长时间。那么当时间一定时,随着温度的升高,导电性变好。

2. 炭黑添加型导电材料的导电性影响因素

炭黑添加型导电材料的导电性能对外电场强度有强烈的依赖性。这种依赖性是由于它们在不同的外电场作用下不同的导电机理所决定的。在低电场强度下，主要是界面极化引起离子导电。这种界面极化发生在炭黑颗粒与聚合物之间的界面上，同时也发生在聚合物晶粒与非晶区之间的界面上。这种极化导电的载流子数目极少，电导率较低。在高电场强度下，炭黑中的载流子获得了足够的能量，能够穿过炭黑颗粒间的聚合物隔离层而使材料导电，隧道效应起了主要作用，本质上是电子导电，电导率较高。

在低电场强度时，电导率随温度降低而降低；高电场强度时，电导率随温度降低而增大。这是由于低电场强度下的导电是由界面极化引起的，温度降低使得载流子动能降低，极化程度减弱，导致电导率降低。相反，在高电场强度下，导电是自由电子的跃迁，相当于金属导电，温度降低有利于自由电子定向运动，电导率增大。

炭黑添加型导电聚合物的导电性能与加工方法和加工条件的关系密切相关。这是与炭黑无限网链建立的动力学密切相关的。高剪切速率作用时，炭黑的无限网链在外力方向受到拉伸，作用力达到一定值后，网链破坏。聚合物的高黏度使得此破坏不能立即恢复，导电性能下降。经粉碎再生后，网链结构重新建立，电导率恢复。加工条件和加工方法对导电材料的性能的影响规律对其应用有重要的意义。

2.4 高分子材料的抗静电

物体之间相互摩擦就会产生静电，物体带上静电之后，在静电体周围就会产生静电场，从而出现力学现象。这些静电力学作用和物理现象是产生生产障碍、火灾、爆炸和电击等灾害的根源。由静电引起的灾害大致可以分为生产障碍、爆炸和火灾、电击和静电感应灾害等。

为了防止静电引起的各种灾害，从静电工程学和安全工程学考虑，应该从控制静电荷的发生、积累以及使产生的静电荷迅速泄漏等方面入手。工业中，消除静电的措施很多，列举如下：

(1) 在控制静电荷的产生方面，可以通过减少摩擦机会，降低摩擦压力和速度以及加入能产生相反电荷的材料。

(2) 在消除静电方面，最为积极也最有效的抗静电方法是把产生的静电迅速向大地泄漏，主要方法有接地、增加环境湿度、增加材料的电导率。例如，在聚合物加工过程中使用导电消除装置；增加塑料制品和使用过程中的空气湿度；通过接枝共聚改变聚合物结构，使其带有较多的极性基团和离子化基团，降低电阻，增加导电性；用强氧化物氧化塑料制品表面和电晕放电处理制品表面；向塑料中添加导电性填料；使用抗静电剂。在这些措施中，最为简单有效的方法是添加抗静电剂。

2.4.1 导电机理

抗静电剂分子是由亲水基与亲油基两部分组成的，一般都是表面活性剂，其结构中都有亲水基团，混入材料中具有导电性。按化学结构区分，有阳离子型、阴离子型、非离子型、两性离子型以及高分子型和半导体型。它具有不断迁移到树脂表面的性质。迁移到树脂表面的抗静电剂分子，其亲油基与高聚物相结合，而亲水基则面向空气排列在树脂表面，形成了肉眼观察不到的"水膜层"(空气湿度所致)，提供了电荷向空气中传导的一层通路，同时因水分的吸收，为离子型表面活性剂提供了电离的条件,从而达到防止和消除静电的目的。

抗静电剂的导电作用,除上述这一主要途径外,还有一种依靠减少摩擦来达到防止静电的效果,不能忽视。电荷的产生与摩擦有关。当材料表面层有抗静电剂分子存在时,可降低表面接触的紧密度,黏附、摩擦的减少可使两摩擦介质的介电常数趋于平衡,或接触间隙中的介电常数提高,从而在某种程度上能够减少在表面上电荷产生的速率。

外加型抗静电剂一般以水、醇或其他有机溶剂作为溶剂,配成一定浓度的溶液。在用溶液浸渍聚合物时,抗静电剂分子中的亲油基吸附在聚合物表面上,亲水基则向外侧均匀取向,吸收环境水分,形成一个单分子的导电层,从而加速电荷的释放。

混炼型抗静电剂在制品加工中与树脂均匀混合,在使用或储存中从制品内部均匀迁移至制品表面。当聚合物配合体系处于熔融状态时,在聚合物熔体与空气、金属(加工机械或模具)的界面会形成抗静电剂分子的取向排列,其中亲水基伸向熔体外部,亲油基固定在熔体上,熔体固化后在制品表面形成一个抗静电剂的单分子层。

理想的抗静电剂既要具有时效性,又要具有持久性,不同情况会有不同的要求,其中最基本的原则是:

(1) 热稳定性。不影响成型加工温度,本身不分解、不发烟、不着色等。抗静电效果好而持久。

(2) 与聚合物基体有合适的相容性。对于混炼型抗静电剂,如果与聚合物基体相容性差,绝大部分就会从聚合物中迁移到基体的表面,抗静电耐久性差。

(3) 不降低成型加工特性和聚合物本身物性以及二次加工性能。不腐蚀成型机械和模具。

(4) 不影响其他添加剂的性能,在聚合物加工过程中往往加入很多助剂,如热稳定剂、抗氧剂、阻燃剂、润滑剂、着色剂等,因而抗静电剂必须与其他助剂有比较好的相容性。

(5) 抗静电剂也不应影响制品的透明度、着色性。

(6) 有高的卫生安全性,无毒,无臭,对皮肤无刺激。

(7) 价格低廉。

2.4.2　制备技术

采用抗静电剂的导电化方法有混入法和涂布法两种。前者是混入到材料中的抗静电剂在材料内部扩散,并以适当的量向材料表面迁移的方法。与后者相比,其抗静电的耐久性好,而且无需增加涂布、干燥等设备及工序,因此被广泛地应用。

抗静电剂添加材料的优点是:

(1) 少量添加即可在材料表面显示出抗静电效果,故对树脂原有的物理机械性能损失较小。

(2) 复合工艺简便易行,可以随其他助剂一起加入到高分子材料中,不需增加辅助设备。

(3) 不会改变材料原有的颜色。

它的缺点是:表面电阻值只限于 $10^8 \sim 10^{10}\ \Omega$,且耐久性差。此外,对材料原有的热变形温度有所降低。

在实用中使用市售的抗静电剂时,往往不单独使用,而是将各种离子性的物质配合使用,这样可发挥其最佳效果。

抗静电剂的混入方法与其他助剂的混入方法基本一样,主要视聚合物本身的形态来决定。当聚合物是粉状或糊状等形态时,可采用一般通用的方法,但要注意加料顺序,其要点是一要注意长期混炼(或混合)时温度的影响,二要注意不同阶段加入时对后续工艺的影响。如果聚合物是粒料时,抗静电剂的混入分散就很困难,就应考虑先将抗静电剂制作成母料,也就是含抗静电剂的树脂粒料,然后将母料依照抗静电剂的浓度进行配制。

2.4.3　抗静电剂的种类

抗静电剂是指涂敷于材料表面或掺和在材料内部,以减少静电积累的助剂。根据使用方式的不同,分为外加型抗静电剂和混炼型抗静电剂。

外加型抗静电剂的主要化学成分是表面活性剂。使用前首先用适当的溶剂配制成质量分数为 $0.5\%\sim2.0\%$ 的溶液,然后通过涂布、喷雾、浸渍等方法使之附着在聚合物制品的表面。应当指出,外加型抗静电剂在制品表面只是简单的物理吸附,擦拭、水洗后极易失去,使制品不再具有抗静电效果,故而属于暂时性抗静电剂。

混炼型抗静电剂是在聚合物的加工过程中将其添加到树脂内,成型后显示良好的抗静电性。混炼型抗静电剂与树脂构成均一体系,抗静电效果持久。同时混炼型抗静电剂具有良好的耐热性,在树脂的加工温度下不分解、不挥发,并且应具有与树脂良好的相容性。

抗静电剂的品种很多(表2.3),主要是一些表面活性剂。其中阳离子型抗静电剂的抗静电性能优异,耐热性较差,一般用于外部涂敷;阴离子型抗静电剂的耐热性和抗静电效果都比较好,但与树脂的相容性较差;非离子型抗静电剂的相容性和耐热性能良好,但用量相对较大;两性型抗静电剂与阳离子型、阴离子型和非离子型抗静电剂具有良好的配伍性,它们对树脂的附着力较强,抗静电效果显著。

高分子型永久抗静电剂是近20年涌现出的一种新型抗静电剂,属于亲水聚合物,主要分为聚醚类、季铵盐类、磺酸盐类和甜菜碱类。高分子型抗静电剂在基体树脂中形成芯壳结构,并以此为通路泄漏静电荷;它主要以细微的层状或芯状形态分布在制品的表面,而在中心部分较少且主要以颗粒状存在。决定该配合体系形态结构的主要因素是成型加工条件和高分子型抗静电剂与聚烯烃的相容性。

表 2.3　塑料抗静电剂的主要种类

阳离子型	季铵盐	(亲油基)单烷基、二烷基、(对离子)卤素、硝酸、过氯酸、有机酸	PVC
阴离子型	磷酸盐、磺酸盐	(亲油基)脂肪醇、聚氧化乙烯附加物、(亲油基)烷基、烷基苯	PS、PE、PP、PVC
非离子型	脂肪酸多元醇酯	(亲油基)单烷基、二烷基、(多元醇)丙三醇、山梨糖醇、聚甘油、聚氧化乙烯、多元醇	ABS、PVC、PE、PP
	聚氧化乙烯附加物	(亲油基)烷基胺、脂肪醇、烷基醛、(亲水基)聚氧化乙烯、聚氧化乙烯/氧化丙烯	
两性型	丙胺盐、丙胺酸盐	(阳离子基)胺、烷基酰胺、烷基间二氮杂环戊烯、(阳离子基)磺酸、碳酸	PS、ABS、PE、PP
高分子型	聚丙烯酸衍生物	(亲水基)季铵、磺酸、碳酸、聚氧化乙烯	

目前国外的趋势是开发高效、耐高温、无毒或低毒、加工性能好的多功能抗静电剂。目前有以下几个重点：

（1）高分子型抗静电剂。高分子型抗静电剂的出现是 20 世纪 80 年代后期抗静电剂领域的重大进展。虽然高分子型抗静电剂能使制品达到永久抗静电，但其价格昂贵，添加量大，一般都在 10％以上，阻碍了它的推广。

（2）复合型抗静电剂。复合型抗静电剂是指利用抗静电剂之间或抗静电剂与导电填料组分间的协同效应，抗静电效果远优于单一组分。

（3）抗静电母料。抗静电母料是指使用一定的分散剂，将抗静电剂按较大的配比添加到树脂基体中，通过一定工艺制备成浓缩母料。

2.5　导电高分子材料的应用

随着电子工业和计算机工业的快速发展，导电高分子材料的应用领域越来越广泛。

2.5.1　光导电性高分子材料

物质在受到光照时，其电子电导载流子数目比热平衡时增多的现象称为光导电现象。即：在物质受到光激发后产生电子、空穴等载流子，它们在外电场作用下移动产生电流，这种现象称为光导电。光激发而产生的电流称为光电流。许多高分子化合物，如苯乙烯、聚卤代乙烯、聚酰胺、热解聚丙烯腈、涤纶树脂等都具有光导电性，研究得较为广泛的是聚乙烯基咔唑（polyvinyl carbazole，PVK）。光导电包括三个基本过程，即光激发、载流子生成和载流子迁移。对光导电材料载流子产生的机理有过不少理论，其中最著名的是 Onsager 离子对理论。该理论认为，材料在受光照后，首先形成离子对（电子-空穴对），整个离子对在电场作用下热解生成载流子。

物质的分子结构中存在共轭结构时，就可能具有光导电性。光导电性聚合物大致可分为五类：①线型 π 共轭聚合物；②平面 π 共轭聚合物；③侧链或主链中含有多环芳烃的聚合物；④侧链或主链中含有杂环基团的聚合物；⑤高分子电荷转移聚合物。最早得到实际应用的高分子光电导体是添加了增感剂的 PVK。与无机光导电相比，光导电型高分子材料具有分子结构容易改变、可以大量生产、可以成膜、可以挠曲、可以通过增感来随意选择光谱响应区、废旧材料易于处理等优点。聚乙烯咔唑大量用于光导静电复制，将它与热塑性薄膜复合，可制得全息记录材料，在充电曝光后再经充电，然后加热显影，由于热塑性树脂加热时软化，受带电放电的压力，产生凹陷而成型。如用激光曝光则制得光导热塑全息记录材料。用光导电材料制作有机太阳能电池也具有很好的前景。

2.5.2　高分子压电材料及高分子热电材料

物质受外力产生电荷，加电压产生形变的性能称为压电性。物质温度改变时产生电荷的性质称为热电性。

压电高分子材料的研究始于生物体，1940 年苏联发现了木材的压电性，相继发现动物的骨、腱、皮等具有压电性。1950 年日本开始研究纤维素和高取向、高结晶度生物体中的压电性，1960 年发现了人工合成的聚合物具有压电性，1967 年发现聚合物都有较高的压电性，现已确认,所有聚合物薄膜都具有压电性。但有实际应用价值的并不多,除了聚偏二氟乙烯(PVDF)及其高聚物之外,还有聚氟乙烯(PVF)、聚氯乙烯(PVC)、聚碳酸酯(PC)等。有实用价值的压电高分子材料有三类:天然高分子压电材料;合成高分子压电材料;复合压电材料,包括结晶高分子与压电陶瓷复合、非晶高分子与压电陶瓷复合。关于压电性的机理目前尚有争议,多数人认为 PVDF 的压电性是晶区的固有特性即体积极化度引起的。

高分子材料产生热电性的原因与压电性基本相同,主要是由于分子中偶极子的取向、杂质电荷分布的改变以及电极注入效应引起材料的自发极化而致。PVDF 本身既是良好的压电体又是良好的热电体。

常见的高分子压电材料及热电材料的应用包括以下几个方面:

(1) 电声换能器。利用聚合物压电薄膜的纵向、横向效应,可制成扬声器、耳机、扩音器、话筒等音响设备。

(2) 双压电晶片。用于制无节点开关、振动传感器、压力检测器。

(3) 超声、水声换能器。用于监测潜艇、鱼群或水下探测。

(4) 医用仪器。

(5) 热电换能器。

(6) 其他应用。

2.5.3 雷达吸波材料

导电聚合物作为新型的吸波材料备受世界各国重视,国际上对导电聚合物雷达吸波材料的研究不仅成了导电聚合物领域的一个新热点,而且是实现导电聚合物技术实用化的突破口。导电聚合物作为吸波材料有以下优点:

(1) 电磁参量可控。对导电聚合物聚吡咯(Polypyrrole,PPY)进行研究发现,其雷达波吸收率与掺杂浓度间关系式在 10 GHz 频率下出现极值,并且聚吡咯对雷达波的透过、反射和吸收强烈依赖于聚吡咯的电导率。聚苯胺的介电损耗则随着阴离子尺寸的增大而增大、随着掺杂度的增加而增加。导电聚合物的电磁参量的频谱特征和吸收率的频谱特征依赖于导电聚合物的主链结构、阴离子的尺寸、掺杂度及制备的条件。因此,人们可以通过改变导电聚合物的主链结构、掺杂度、阴离子的尺寸、制备方法等来调节导电聚合物的电磁参量,以满足实际要求。

(2) 表观密度低。导电聚合物的密度都在 $1.1\sim1.2\text{g/cm}^3$。

(3) 易加工成型。导电聚合物可被加工成粉末、薄膜、涂层等,为其应用提供了便利条件。

但由于导电聚合物属于电损耗的雷达吸波材料,因此在减薄涂层厚度和展宽频带方面存在困难。目前这类材料作为吸收雷达波的应用还未进入实施阶段。随着模块合成、分子沉积法、扫描微探针电化学等制备导电聚合物微管和纳米管的方法相继出现以及计算机模拟分子设计技术的日趋成熟,导电聚合物必将作为舰船和武器装备的吸波材料得到广泛的应用。

2.5.4 显示材料和导电液晶材料

电解合成的导电高分子材料可以进行电化学脱掺杂和再掺杂,发生还原可逆的电化学反应。电化学脱掺杂使导电型高分子材料变为绝缘体,氧化掺杂又使绝缘体变为导电体。并且高分子材料的导电性随脱掺杂与掺杂的程度不同而变化。通过控制电量,高分子材料的导电度可以在导电体、半导体、绝缘体之间任意变动,并且随着导电度的变化,高分子材料的光学特性也发生变化。利用这一特性,高分子材料可以用作显示材料。把有机合成的导电性高分子材料作为电显示材料使用的最大优点是容易得到多种色调,如在盐酸酸性水溶液中,聚苯胺的氧化体为绿色,还原体为淡黄色。

液晶高聚物材料具有高强度、高模量、耐高温、低膨胀系数、低成型收缩率以及良好的介电性和耐化学腐蚀性等一系列优异的综合性能。具有与电子结构相关联的线型聚烯烃和芳杂环等的共轭聚合物通过分子改性可以获得导电液晶聚合物,并且这些材料具有可溶性和可加工性。在 PPP 聚合物分子链上引入对称的侧基烷氧基得到的聚 2,5 -二烷氧基苯可以溶于四氢呋喃中,且该聚合物仍然具有很好的导电性。据此合成出带有液晶基元的二烷氧基苯单体,该单体在催化剂 $FeCl_3$ 作用下和惰性气体保护下,反应得到侧链导电液晶聚合物聚 1,4 -(2 -甲氧基- 5 -正己酸联苯酯醚)苯。

2.5.5　电导体及其他

通用高分子材料与各种导电性物质(如金属粉、炭黑等)通过填充复合、表面复合等方式可以制成导电塑料、导电橡胶、导电纤维织物、导电涂料、导电胶黏剂及透明导电薄膜等。导电材料是当初研究导电高分子的目标之一,从节省资源的角度考虑,希望它能够代替铜(Cu)、铝(Al)那样的金属材料。但是,到目前还没有开发出既稳定又具有与金属相同的电导率的导电高分子。当前导电高分子在这一领域中的应用,主要是导线、电磁波屏蔽材料、抗静电材料、各向异性导电材料等。经过复合得到的导电硅橡胶与金属导体相比具有:①优良的加工性能,可批量生产;②柔软、耐腐蚀、低密度、高弹性;③可选择的电导率范围宽;④价格便宜等特点。因此,在各种发酵用容器加温、冰雪融化、防止盥洗室镜子和复印机的沾露及除湿等方面已得到广泛应用。同时它还具有保存中电阻变化小,混炼后电阻增加少,耐热,耐寒,耐气候,耐永久压缩形变特性等特点。现在它已经成为用量最大的导电橡胶。导电胶黏剂在电气、电子有关的产业部门已广泛应用,如印刷线路板、键盘开关、混合式集成电路、小片黏合等。其导电机制可能是导电粉末的点接触造成的导通和隧道效应。但胶黏剂本身并不导通,可靠性也有限制。因此,今后将期待着出现某些胶黏剂本身有一定导电性的导电胶。导电聚合物还可以作为抗静电材料、二次电池的电极材料、太阳能电池材料、电致变色材料、自然温发热材料等,在此方面的研究已取得了很大程度的进展,且有些已经在生产中得到应用。

导电高分子的应用,是利用了材料诸物性的变化。导电高分子的应用范围很广,利用掺杂后化学电位的变化可将其作为蓄电池电极材料,利用掺杂后光学性质的改变这一特性可将其作为光电材料,还可将其作为半导体材料使用等。

(1)蓄电池电极材料。目前对既轻量又容量大且可充电的蓄电池的需求呼声日益增高,以适用于汽车、轻便式民用机器为目标的研究工作正在进行。研究的初期,是把聚乙炔作为电极材料用于蓄电池上。

(2)光功能元件。随着在导电高分子中进行掺杂,极子能级、偶极子能级可发生在禁止带。它们在禁止带中的能级(或谱带)的形成,有可能从价电子带向禁止带的能级进行光学的迁移。其结果伴随着掺杂,导电高分子吸收的光谱发生变化。例如,聚噻吩从未掺杂时的红色可转变为掺杂状态时的蓝色。利用这一伴随掺杂而发生的颜色改变,可以制成显示元件。

(3)半导体材料。把 π -共轭系的有机材料作为有机半导体的研究很早就开始了,目前正在开发其在光电转换元件领域的应用。有机半导体与无机半导体相比，其缺点是：①有机半导体虽然叫作半导体，但实际上是与绝缘体相近的，电阻值较高；②电子状态取决于使用的材料，不可能从外部控制。与此相对应的优点是：①根据掺杂可使电阻降低；②根据掺杂可控制其化学电位。特别是随着电化学掺杂法的开发，可以很容易地控制掺杂程度。这就大大改善了导电高分子作为有机半导体应用在各种接合元件的特性。如用聚吡咯系导电高分子试制放射型二极管，其理想因子（n 值）为 1.2，与 1 非常接近。这表明导电性高分子是很好的半导体材料。最近又有报道用聚噻吩成功地制作了电场效果型晶体管。有机半导体还可用于有机太阳能电池，这是正在进行研究的另一种新型电池，因其转换效率还比较低，目前尚未进入实用化阶段，但由于它的制作工艺简便，成本低廉，所以是一类颇有前景的电池。

导电材料出现以后，人们开发了一系列具有优异性能的导电聚合物，对这类物质的导电行为有了进一步的了解。近年来，科研工作者又在高强度导电高分子、可加工导电高分子领域开展大量研究工作，并取得了很大的进展。今后导电高分子的发展趋势为：①合成具有高导电率及在空气中长期稳定的导电聚合物，其中特别值得重视的是可加工的非电荷转移（单组分）结构型导电聚合物的研究。②有机聚合物超导体的研究。③对有机材料电子性能的研究，另一重要目标是开发出具有无机材料不可代替的新一代功能材料。导电聚合物的研究使人们对有机固体的电子过程了解得更加深入。今后，人们将在此基础上向有机导电材料的各个领域开展新的研究，为获得更高密度的信息处理材料、更高效率的能量转换和传递材料而努力。

参考文献

[1] Kacriyama K, Masnda H. Study and Preparation of soluble Polypyrrole. Synth. Met, 1991(41/43):389.

[2] 焦冬生,任宗文,等. 乙炔炭黑填充导电硅橡胶的研究. 材料工程,2007(10):11-13,59.

[3] 万影,闻荻江. 炭黑填充导电橡胶电阻率稳定性的研究. 玻璃钢/复合材料,1997(6):27-30.

[4] 耿新玲,刘军,等. 导电硅橡胶研究进展. 航空材料学报,2006,26(3):283-288.

[5] 马晓兵,叶永福. 导电橡胶电阻率稳定性研究. 橡胶工业,1995,42(11):650-654.

[6] Das N C, Chaki T K, Khastgir D. Effect of processing parameters, applied pressure and temperature on t he electrical resistivity of rubber - based conductive composites. Carbon, 2002,40(6):807-816.

[7] 杨波,林聪妹,陈光顺,等. 导电炭黑在聚丙烯/极性聚合物体系中的选择性分散及其对导电性能的影响. 功能高分子学报,2007(3):19-20.

[8] 欧阳玲玉. 铜粉导电胶的研制. 江西理工大学学报,2007,28(4):72-74.

[9] Krupa I. Electrically conductive composites of polyethylene filled with polyamide particles coated with silver. European Polymer Journal, 2007, 43(6): 2401-2413.

[10] 李跟华,米志安,等. 镀银铜粉填充型导电硅橡胶的研究. 有机硅材料,2003,17(3):10-11.

[11] 解娜,焦清介,臧充光,等. LDPF-Ni 多晶铁纤维电磁屏蔽包装材料研究. 包装工程,2006,27(1):10.

[12] Jana P B, et a1. Effects of sample thickness and fiber aspect ratio on EMI shielding effectiveness of carbon fiber filled polychloroprene composites in the X-band frequency range. Transactions on Electromagnetic Compatibility,1992,34(4):478-481.

[13] Jou W S. A novel structure of woven continuous-carbon fiber composites with high electromagnetic shielding.Carbon, 2002, 40(3): 445.

[14] Paligova M, Vilcakova J, Saha P, et al. Electromagnetic shielding of epoxy resin composites

containing carbon fibers coated with polyaniline base. Physics A Statistical Mechanics and It's Applications，2004，335(3/4)：421.

[15] Lee C Y, Lee D E, Jeong C K, et al. Electromagnetic interference shielding by using conductive polypyrrole and metal compound coasted on fibrics. Polym Adv Techn,2002, 13 (8)：577.

[16] Malinauskas A. Chemical deposition of conducting polymers. Polymer, 2001, 42 (9):3957 - 3972.

[17] Chiang C K. The bromine doping of polyacetylene. Physica A, 2003, 321(1/2)：139 - 151.

[18] Kim J Y, et a1. Fabrication and characterization of conductive polypyrrole thin film prepared by in situ vapor phase polymerization. Synt hetic Metals, 2003, 132(3)：309 - 313.

[19] Huang C, Zhang Q M, Jakli A. Electroactive, Polymer Actuators and Devices (EAPAD), 2003 (5051):496.

[20] 蓝立文. 功能高分子材料. 西安:西北工业大学出版社,1995:124.

[21] 潘宝凤,李武光. 导电高分子复合材料的研制. 纤维复合材料,2000,41(4):41 - 44.

[22] 陈玉安. 现代功能材料. 重庆:重庆大学出版社,2008.

[23] 王国建. 功能高分子材料. 上海:同济大学出版社,2010.

[24] 贺丽丽,叶明泉,韩爱军. 共混复合型导电高分子材料研究进展. 塑料工业,2007,35(B06):43.

[25] 时高全,李春,梁映秋. 高性能导电高分子材料. 大学化学,1998,13(1):1.

[26] 万梅香. 导电聚合物隐身材料的研究现状及发展机遇. 隐身技术,1999(3):10.

[27] 郦华兴,王松林,彭少贤,等. 金属填充导电高分子材料研究. 中国塑料,1999(3):10.

[28] 汪济奎. 导电高分子材料在现实材料方面的应用. 辽宁化工,1994(4):43.

[29] 孙业斌,张新民. 填充型导电高分子材料的研究进展. 特种橡胶制品,2009,30(3):73.

[30] Malinauskas A. Chemical deposition of conducting polymers. Polymer, 2001, 42(9): 3957.

[31] Chiang C K. The bromine doping of polyacetylene. Physica A, 2003, 321(1/2): 139.

[32] Kim J Y, et al. Fabrication and characterization of conductive polypyrrole thin film prepared by in situ vapor-phase polymerization. Synthetic Metals, 2003, 132(3): 309.

[33] Krupa I. Electrically conductive composites of polyethylene filled with polyamide particles coated with silver. European Polymer Journal, 2007, 43(6): 2401.

[34] Shemg P, Sichel E K, Gittleman J I. Flutuation induced tunneling conduction in carbon polyvinylchloride composites. Phys Rev Lett, 1978, 40(18):1197.

[35] Jou W S. A novel structure of woven continuous carbon fiber composites with high electromagnetic shielding. Carbon, 2002, 40(3): 445.

[36] Paligova M, Vilcakova J, Saha P, et al. Electromagnetic shielding of epoxy resin composites containing carbon fibers coated with polyaniline base. Physics A Statistical Mechanics and Its Application, 2004, 335(3/4):421.

[37] Lee C Y, Lee D E, Jeong C K, et al. Electromagnetic interference shielding by using conductive polypyrrole and metal compound coasted on fibrics. Polym Adv Techn, 2002, 13(8)：577.

第 3 章　高分子液晶

　　液晶的发现最早可追溯到 1888 年,是由奥地利植物学家莱尼茨尔在做加热胆甾醇苯甲酸酯结晶的实验时发现的。第二年,德国物理学家莱曼通过偏光显微镜发现这种材料具有双折射现象,并提出了"液晶"这一学术用语,现在人们公认这两位科学家是液晶领域的创始人。

　　液晶广泛应用于电子显示器件以及非线性光学方面。对那些研究较早、分子量较小的液晶材料,有人称其为单体液晶,这是为了区别于近年来迅速发展起来的高分子液晶材料。液晶高分子材料发展得较晚,但目前已成为液晶中最令人关注的领域,世界各国都加大投入了研究与开发液晶高分子系列产品的力量。

　　液晶的研究至 1963 年才开始活跃,1968 年美国 RCA 公司等发表了液晶在平面电视和彩色电视等方面有应用前景的报道,由此开启了液晶复兴时代。上述液晶的研究都局限于小分子有机化合物,高分子液晶的大规模研究工作起步得较晚。杜邦公司于 1972 年合成了芳香族聚酰胺,并采用液晶纺丝技术制成了高强高模的有机纤维 Kevlar - 29 和 Kevlar - 49,标志着高分子液晶的研究进入了一个新的时期。目前已经发现很多刚性和半刚性的高分子以及某些柔性高分子和生物高分子都具有液晶行为。高分子液晶在高强高模纤维的制备、液晶自增强材料的开发、光电以及温度显示材料的应用以及生命科学的研究等方面,已经取得了迅速的发展。高分子液晶门类众多,目前尚不能有哪一种理论模型能够解释一切高分子液晶的行为。高分子液晶已经成为功能高分子材料的一个重要组成部分,高分子液晶的研究也成为当今功能材料研究的一个热点。

　　虽然高分子液晶也有单体液晶的一些性质和应用,高分子液晶和单体液晶在结构上也存在着密切联系,但两者在性质和应用方面还是有较大差别。从结构上说,高分子液晶和单体液晶都具有同样的刚性分子结构和晶相结构。不同之处在于小分子单体液晶在外力作用下可以自由旋转,而高分子液晶要受到相连接的聚合物价键的一定束缚。聚合物链的参与使高分子液晶材料具有许多单体液晶所不具备的性质,如主链型高分子液晶具有超强机械性能,梳状高分子液晶在电子器件方面的应用等都使其成为令人瞩目的新型材料。

3.1　高分子液晶概述

　　物质有固、液、气三种相态,固态又可分为晶态和非晶态。在外界条件发生变化时,物质可在三种相态间转换,即发生相变。一般情况下,物质发生相变是从一种相态直接转变成另一种相态,不存在中间过渡阶段,如液态无序状态的水受冷在 0℃ 时转变为有序排列的固态晶体冰。然而,某些物质在受热熔融或溶解后,外观呈现液态的流动性,却仍然保留着晶态物质的分子有序排列,在物理性质上呈现出各向异性,这种兼有晶体和液体部分性质的中间过渡相态称为液晶态,处于这种状态下的物质称为液晶。液晶就是液态晶体,它具有与晶体一样的各向异性,同时又具有液体的流动性。在分子序列中,液晶分子往往具有一维或二维远程有序性,介于理想的液体与晶体之间,这种中间相也称为有序流体相。液晶在分子排列形式上类似晶体呈有序排列,同时液晶又具有一定的流动性类似于各向同性的液体。将这类液晶分子连接成大分子或将液晶分子连接到大分子的骨架之上,使其继续保持液晶特性,这样就形成了高分子液晶。

3.1.1　高分子液晶的化学结构特征

液晶态的形成与分子结构有着内在的关系,液晶的分子结构决定着液晶的相结构和物理化学性质。液晶分子中通常具有近似棒状或片状的刚性部分,这是液晶分子在液态下维持某种有序排列所必需的结构因素,在高分子液晶中这些刚性部分被柔性链以各种方式连接在一起。

从外形上看,刚性部分通常近似棒状或片状,这样有利于分子的有序堆积。刚性部分被柔性部分以各种方式连接在一起。刚性部分通常由两个苯环、脂肪环或芳香杂环通过一个刚性连接单元连接组成。这个刚性连接单元的作用是阻止两个环的旋转,如:反式偶氮基—N=N—,反式乙烯基—C=C—等。在刚性部分的端部可以是各种柔软、易弯曲的极性或非极性基团 R,如:烃基—R,氰基—CN 等。液晶分子结构举例如下:

$$R-\!\!\bigcirc\!\!-N=N-\!\!\bigcirc\!\!-CN$$

表 3.1 是一些液晶化合物的典型结构,由表可见这些刚性结构中通常由两个苯环或芳香杂环通过刚性部件连接组成。这个刚性连接部件形成连接芳环的中心桥键,它与两侧芳环形成共轭体系或部分共轭体系。

表 3.1　液晶化合物的典型结构

结构	取代基
$\textcircled{P}-\!\!\bigcirc\!\!-N=CH-\!\!\bigcirc\!\!-R$ （R' 在环上）	$R=CN,OC_nH_{2n+1},R'=H$ $R=OC_nH_{2n+1},R'=OH$
$\textcircled{P}-\overset{O}{\overset{\|}{C}}O-\!\!\bigcirc\!\!-N=N-\!\!\bigcirc\!\!-OR$	$R=Me,Et,n\text{-}Bu$
$\textcircled{P}-\overset{O}{\overset{\|}{C}}O-\!\!\bigcirc\!\!-N\overset{}{=}\overset{}{N}-\!\!\bigcirc\!\!-R$ （N 下带 O）	$R=H,Me,Et,n\text{-}Bu$ $R=OMe,OEt,OBu$
$\textcircled{P}-COO(CH_2)_mO-\!\!\bigcirc\!\!-CH=CH-\!\!\bigcirc\!\!-CN$	$m=5,6,11$
$\textcircled{Si}-(CH_2)_m-O-\!\!\bigcirc\!\!-\bigcirc\!\!-CN$	$m=3\sim6$

　　中心桥键是构成液晶分子的重要组成部分,主要包括常见的偶氮基、氧化偶氮基、酯基和反式乙烯基、亚氨基,而苯环或其他环状基团对形成液晶态则起了重要的作用,两者相结合形成的有一定刚性的中心骨架称为液晶基元。末端基团是构成液晶分子所不可缺少的柔软、易弯曲的基团。表 3.2 是常见的液晶分子的环状结构、桥键和端基。

表 3.2　常见的液晶分子的环状结构、桥键和端基

名称	常用基团
环状结构	苯环 —[C₆H₄]ₙ— n=1,2,3,…　萘环　取代苯环 R
桥　键	—CH=N—　—N=N—　—N=N(→O)—　C(=O)—C　—N(H)—C(=O)—　—C≡C—　—C(H)=C(H)—　—HC=CH—CH=CH—
端　基	—R, —OR, —COOR, —CN, —OOCR, —Cl　CH=C(CN)—COOR, —NO₂, —COR

　　液晶分子中往往引入极性基团或高度可极化的基团来增大分子间的作用力,如芳香基、双键和三键等。增强分子间的作用力与分子成线性的要求常常发生矛盾。氢键在液晶形成中有相反的两种作用。它在羧酸存在的情况下,通过二聚反应使分子单元变长从而诱发液晶行为。另外,氢键导致非线性分子的缔合,破坏分子间的平行性,固体可以直接成为各向同性的液体。

3.1.2　液晶高分子的分类

　　液晶是一类具有特殊性质的液体,既有液体的流动性又有晶体的各向异性特征。目前研究及应用的液晶主要为有机高分子材料。一般聚合物晶体中原子或分子的取向和平移都有序,将晶体加热,它可沿着两条途径转变为各向异性液体。一条途径是先失去取向有序而成为塑晶,只有球状分子才可能有此表现;另一途径是先失去平移有序而保留取向有序,成为液晶。形成液晶的物质通常具有刚性的分子结构,同时还具有在液态下维持分子的某种有序排列所必需的结构因素,这种结构特征常常与分子中含有对位次苯基、强极性基团和高度可极化基团或氢键相联系。液晶高分子主要的分类方法有多种。例如,根据刚性结构在分子中的相对位置和连接次序可分为主链型和侧链型两类。按照液晶形成的条件可分为热致型和溶致型。这两种分类方法是相互交叉的,即主链型液晶高分子同样具有热致型和溶致型,而热致型液晶高分子又同样存在主链型和侧链型。从液晶高分子在空间排列的有序性不同,液晶高分子又有近晶型、向列型、胆甾型等不同的结构类型。

1. 按照分子在空间的排列顺序分类

1）近晶型液晶

近晶型液晶在结构上最接近固体晶相结构，分子排列成层，层内分子长轴互相平行，但分子重心在层内无序，分子长轴与层面垂直或倾斜排列，分子可在层内前后、左右滑动，但不能在上下层间移动。由于分子运动相当缓慢，近晶型中间相非常黏滞，通常用符号 S 表示，是二维有序的排列，在黏度性质上仍然存在着各向异性。根据晶型的差别还可以分为 Sa、Sb、Sc 直至 Si 共 9 类。

Sa 型液晶分子中刚性部分的长轴垂直于层面且与晶体的长轴平行，在平面内分子的分布无序，层的厚度一般小于计算得到的分子长度。

Sb 型分子刚性部分的重心在层内有序排列，呈六边形排列，具有一定的三维有序性。

Sc 型分子刚性部分的长轴与层面没有垂直关系，倾斜成一定角度，有些具有光学活性。

Sd 型液晶呈现立方对称性。

Se 型液晶与 Sb 型液晶相似，不同的是分子的刚性部分的重心呈正交型排列而不是呈六边形。

Sf 型从与层面垂直的方向看与 Sb 型液晶相同，不同的是分子的刚性部分呈单斜晶型不与层面垂直，而是与六边形的一个边倾斜成一定角度。

Sg 型的分子刚性部分不与层面垂直，而是与六边形的一个顶点倾斜成一定角度。

Sh 型液晶分子的刚性部分与六边形的顶点方向倾斜成一定角度，晶型与 Sf 型相同。

Si 型液晶分子的刚性部分与六边形的顶点方向倾斜成一定角度，其层内结构与 Se 型相同。

2）向列型液晶

向列型液晶结构中分子相互间沿着长轴方向保持平行，但其重心位置是无序的，不能构成层片。因此向列型液晶是一维有序的排列，分子可以上下左右前后滑动，特别是沿着长轴方向相对运动而不影响晶相结构，具有更大的运动性，在外力作用下沿着长轴方向的运动非常容易，是近晶型、向列型、胆甾型这三种液晶中流动性最好的一种液晶。

3）胆甾型液晶

胆甾型液晶是向列型液晶的一种特殊形式。其分子基本是扁平型的，依靠端基的相互作用彼此平行排列成层状结构，在每一个平面层内分子长轴平行排列得和向列型液晶相像，层与层之间的分子长轴逐渐偏转，形成螺旋状。分子的长轴取向在旋转 360°后复原，两个取向度相同的最近层间距称为螺距。螺距的大小取决于分子结构及温度、压力、磁场或电场等外部条件。胆甾型液晶大多是胆甾醇的衍生物，通常是手性分子，因而具有极高的旋光性，其螺旋平面对光有选择性反射，能将白色散射成灿烂的颜色。

以上液晶分子的刚性部分均呈现长棒型，也有的液晶分子刚性部分呈盘型，多个盘型结构叠在一起，形成柱状结构，这些柱状结构再进行一定有序排列形成类似于近晶型的液晶。液晶的物理结构图如图 3.1 所示。

2. 按照液晶形成的条件分类

液晶还可以按照液晶形成的条件分为热致型液晶和溶致型液晶。热致型液晶是固体熔融后在某一温度范围内形成的。在液晶到达熔融温度后成为浑浊的流体，继续升高温度至清亮

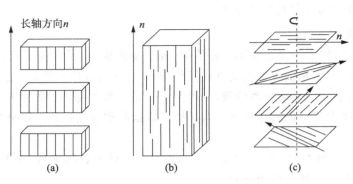

图 3.1　液晶的三种织态结构
(a) 近晶型液晶；(b) 向列型液晶；(c) 胆甾型液晶

点时则变成透明的液体,在熔点与清亮点间的温度区间内呈现液晶相。溶致型液晶只能在临界浓度以上形成,是液晶分子在溶解过程中达到一定浓度时形成的有序排列,产生各向异性特征从而构成液晶。

3. 根据液晶分子特征分类

液晶分子通常是由刚性链段和柔性链段两部分组成,刚性部分多由芳香和脂肪型环状结构通过交联剂连接成长链分子,或者是将上述结构连接到高分子的骨架上实现高分子化。根据刚性结构在分子中的相对位置和连接次序,可以将液晶分为主链型和侧链型高分子液晶,侧链型高分子液晶又称梳形液晶。主链型液晶大多数为高强度、高模量的材料,侧链型液晶大多数为功能性材料。

1) 主链型液晶高分子

主链型液晶高分子是刚性液晶基元位于主链之中的液晶高分子,它可分为热致型和溶致型两类。

溶致型主链液晶高分子主链中有刚性结构,它的分子溶解在溶液中达到一定浓度后,高分子主链在溶液中呈有序排列,具有晶体性能。为了使液晶相在溶液中容易形成,溶致型液晶高分子中一般都会有双亲活性结构。在溶液中,当液晶分子的浓度达到一定时,双亲性分子可在溶液中形成胶束,形成油包水或水包油的胶束结构。当液晶分子浓度进一步增加时,双亲性分子便可聚集形成排列有序的液晶结构。溶致型主链高分子主链上的液晶基元一般含有芳环和杂环结构,可用于制备高强度及高模量的高分子纤维和膜材料。

热致型液晶高分子的刚性结构即液晶基元在聚合物主链上,这些液晶基元多是芳烃和杂环结构的化合物。热致型液晶是指高分子在熔化成熔融态时分子的刚性链仍保持按一定规律排列。刚性分子热稳定性高,有利于高分子的有序排列,但若刚性太大,则很难使其在低于分解温度下熔化。热致型主链高分子液晶制得的材料制品,最大的特点是机械性能好,拉伸强度高,热稳定性好,线性热膨胀系数小,适于制备精度高的制品。另外,这种液晶透气性低,有良好的抗水解和耐有机溶剂的能力。

2) 侧链型液晶高分子

侧链型液晶高分子是刚性液晶基元位于大分子侧链的高分子,又称梳形液晶高分子。其性质在较大程度上取决于支链液晶基元,受聚合物主链性质的影响较小。液晶基元基本上保持在小分子作为液晶基元的尺寸,主链结构的变化对其影响较小,同样,侧链型液晶高分子也可以分为溶致型和热致型两类,但是侧链型按热致和溶致两类进行分类没有什么意义,而是按液晶基元的结构进行分类,即将侧链液晶高分子分成非双亲侧链液晶高分子和双亲侧链液晶高分子,非双亲侧链液晶高分子是聚合物与液晶基元组成的杂化系统,既具有聚合物的性质,又能较好地呈现小分子液晶基元的性质。正由于这种双重特征使其类似小分子液晶被用于光电转换、非线性光学和色谱。

4. 根据刚性部分的形状及所处位置分类

液晶高分子根据刚性部分的形状及所处位置可以进行以下分类:

(1) α 型液晶。它又称为纵向型液晶,其刚性部分位于分子的主链上,其长轴与分子主链平行。

(2) β 型液晶。它又称为垂直型液晶,其刚性部分位于分子的主链上,其长轴与分子主链垂直。

(3) γ 型液晶。它又称为星形液晶,分子的刚性部分呈十字形并位于分子的主链上,常常带有旋光性。

(4) ε 型液晶。它又称为梳状或 E 型液晶,液晶分子的刚性部分处于分子的侧链上,主链和刚性部分之间由柔性链相连接。

(5) ζ 型液晶。它是盘状液晶,即主链的刚性部分呈圆盘状。

(6) φ 型液晶。它是盘型梳状液晶。

(7) κ 型液晶。它是反梳状液晶,其分子主链为刚性链段,而侧链由柔性链段构成,与梳状液晶的分子结构相反。

(8) θ 型液晶。它又称为平行型液晶,刚性链段位于分子的侧链上且长轴与分子的主链保持平行。

(9) λ 型液晶。它是混合液晶。

液晶分子的分类见表 3.3。

表 3.3　液晶分子的分类

分类符号	结构形式	名　称
α		纵向型(longitudinal)
β		垂直型(orthogonal)
γ		星型(star)
ζ_s		软盘型(soft disc)
ζ_r		硬盘型(rigid disc)

续表

分类符号	结构形式	名　称
ζ_m		多盘型（multiple disc）
ε_o		单梳型（one comb）
ε_p		栅状梳型（palisade comb）
ε_d		多重梳型（multiple comb）
φ		盘梳型（disc comb）
κ		反梳型（inverse comb）
θ_1		平行型（parallel）
θ_2		双平行型（biparallel）
λ_1		混合型（mixed）
λ_2		混合型（mixed）
λ_3		混合型（mixed）
ψ_1		结合型（double）

续表

分类符号	结构形式	名　称
ψ_2		结合型（double）
σ		网型（network）
ω		二次曲线型（conic）

高分子液晶与小分子液晶相比普遍具有特殊性:热稳定性大大提高;热致型高分子液晶有较大的相区间温度;流动行为与一般溶液显著不同,黏度较大。从结构上来说,影响高分子液晶行为的因素除了介晶基团、取代基、末端基之外,高分子链的性质、连接基团的性质都会对高分子液晶的性质产生影响。

3.1.3　影响液晶形态与性能的因素

液晶化合物的中心桥键直接影响液晶的稳定性。含有双键、三键的二苯乙烯类、二苯乙炔类液晶的化学稳定性较差,会在紫外光下因聚合或裂解失去液晶的特性。增加中心桥键的稳定性,可以改善液晶的稳定性。

分子中的刚性部分有利于在固相中形成结晶并且在向液相转变后有利于保持晶体的有序度。分子中刚性链段的规整性越好,分子间力越大,链段排列越规整,越有利于形成稳定的液晶相。

对于高分子液晶来讲,刚性部分处于高分子主链上为主链型液晶,如果刚性部分是通过一段柔性链与主链相连构成梳状,则称为侧链液晶。主链液晶与侧链液晶不仅在相态上有差别,往往在物理化学性质方面表现出较大的差异。需要指出的是,并非所有的长型分子都能形成液晶,分子间必须有足够大的相互作用力才能维持液晶性。液晶相的产生不仅与分子形状有关,而且也和分子内的极性基团的强度、位置及总极化度有密切的关系。

对于热致型液晶来说,分子间力和分子构型对液晶的性质影响最大。增加分子间力,提高分子的规整度都有利于液晶的形成,但同时相转变温度升高使得液晶的形成温度升高,给液晶的加工带来困难。溶致型液晶是在溶液中形成的,刚性分子链呈棒状的易于形成向列型或近晶型液晶,刚性分子链呈片状的易于形成胆甾型或盘型的液晶。另外,刚性链段上带有其他性质的基团都会对液晶的性质产生影响。

液晶的热稳定性是指液晶态存在的最高温度,即达到清亮点时的温度。中心桥键的结构对液晶的热稳定性起着重要的作用。降低中心桥键的刚性,在分子链段中引入饱和碳氢链使得分子易于弯曲,从而可以得到低温液晶态。在苯环共轭体系中,增加芳环的数目可以增加液晶的稳定性。用多环或稠环结构取代苯环也可以增加液晶的稳定性。此外,分子线型、刚性大小都对液晶的热稳定性起到重要作用。

在外部因素中,环境温度对热致型液晶的影响比较大。对溶致型液晶来讲,溶剂与分子链段的作用非常重要,溶剂的结构和极性决定了液晶分子之间的亲和力,影响液晶分子在溶液中的构象,从而影响液晶的形态和稳定性。表 3.4 列出了常见高分子液晶的分子结构。

表 3.4　常见的高分子液晶的分子结构

化合物	结构式	介晶结构	T_m /℃	T_c /℃
对氧化偶氮基肉桂酸乙酯（ethyl - p - azoxycinnamate）	$C_2H_5O\,OC-CH=CH-\!\!\!\bigcirc\!\!\!-N=N-\!\!\!\bigcirc\!\!\!-CH_3$ (偶氮氧化结构) $=CH-CH=CH-C\,OC_2H_5$	近晶型	141	264
2,4 -二烯壬酸（nona - 2,4 - aienoic acid）	$CH_3(CH_2)_3CH=CHCH=CHC\,OOH$	向列型	23	49
4,4 -二甲氧基氧化偶氮苯（p - azoxya-nisole）	$H_3CO-\!\!\!\bigcirc\!\!\!-N=N-\!\!\!\bigcirc\!\!\!-OCH_3$ (偶氮氧化结构)	向列型	116	133
亚茴香基 - 4 -氨基偶氮苯（anisal - p - aminazobenzene	$H_3CO-\!\!\!\bigcirc\!\!\!-CH=N-\!\!\!\bigcirc\!\!\!-N=N-\!\!\!\bigcirc$	向列型	151	185
4,4′-（二苯亚甲基氨基）-联苯 [4,4 - di -（ben-zylideneamino）- biphenyl]	$\bigcirc\!\!\!-CH=N-\!\!\!\bigcirc\!\!\!-\!\!\!\bigcirc\!\!\!-N=CH-\!\!\!\bigcirc$	向列型	234	260
4 -对-甲氧基苯亚甲基氨基联苯（4 - p - methoxy-benzylidene-aminobiphenyl）	$\bigcirc\!\!\!-\!\!\!\bigcirc\!\!\!-N=CH-\!\!\!\bigcirc\!\!\!-OCH_3$	向列型	161.5	173.5
2 -对-甲氧基苯亚甲基氨基菲（2 - p - methoxy-benzylideneamino-phenanthrene）	$CH_3O-\!\!\!\bigcirc\!\!\!-CH=N-\!\!\!(菲环)$	向列型	155	213.5

3.2　高分子液晶的相行为

3.2.1　主链型高分子液晶

通过对主链型高分子液晶的化学结构与相行为的关系进行研究,发现高分子链段中柔性链段的含量与分子量分布、分子量、间隔基团的含量和分布、取代基的性质等因素均影响液晶的相行为。

完全由刚性基团连接的分子链由于熔融温度太高而无实用价值,必须引入柔性链段才能出现良好的液晶性。当 PET 与 PHB 的质量比为 40∶60,50∶50,60∶40,70∶30,80∶20 时,均呈现液晶性,其中 40∶60 的相区间温度最宽。柔性链段越长,液晶转化温度越低,相区间温度也越窄。但柔性链段过长,则会失去液晶性。柔性链段的分布显著影响共聚酯的液晶性,交替共聚酯无液晶性,嵌段和无规分布的共聚酯均为液晶。液晶的清亮点与液晶的分子量有关。清亮点随分子量的增大而上升,当分子量增大至一定数值后,清亮点趋于恒定。

在主链型高分子液晶中,两个致晶基团间的间隔基团的柔性越大,液晶的清亮点越低。非进行取代基的引入往往会影响分子链的长径比而削弱了分子间的作用力,会使清亮点降低。极性取代基会使分子间的作用力增大,因此取代基的极性越大,对称程度越高,清亮点越高。

链段中结构单元一般有头–头连接、头–尾连接、顺式连接、反式连接。头–头连接和顺式连接一般会使链段刚性增强,清亮点较高;头–尾连接和反式连接会使分子链柔性增强,清亮点降低。

1. 热致型主链高分子液晶

热致型主链高分子液晶的主要代表是聚酯液晶。1963 年,人们首先制备了对羟基甲酸的均聚物 PHB,希望这种刚性结构的高分子会呈现出良好的液晶性。但 PHB 的熔融温度太高,分子尚未熔融就降解了,没有实用价值。20 世纪 70 年代,人们对 PHB 与聚对苯二甲酸乙二醇酯(PET)进行共聚,成功地获得了热致型高分子液晶。PET/PHB 共聚酯相当于在刚性分子链中嵌段或无规地接入柔性间隔基团,因此改变共聚组成或改变间隔基团的嵌入方式,可以形成系列产品。

PET/PHB 共聚酯的制备包含以下步骤:

(1) 对乙酰氧基苯甲酸(PABA)的制备:

$$HB+CH_3COOH \longrightarrow PABA+H_2O$$

(2) PET 在惰性气氛中于 275℃ PABA 作用下酸解,然后与 PABA 缩合成共聚酯;

(3) PABA 的自缩聚。

以上反应的产物是各种均聚物、共聚物和混合物,此后又成功开发了第二代、第三代热致型主链液晶,除聚酯外,聚甲亚胺、聚芳醚砜、聚氨酯等都有报道。

2. 溶致型主链液晶

溶致型主链液晶主要有芳香族聚酰胺、聚酰胺酰肼、聚苯并噻唑、纤维素等,其分子具有典型的刚性主链结构,见表 3.5。溶致型液晶的分子链段除了要求有一定的刚性之外,还要有良好的溶解性。刚性好的分子结构往往导致溶解性较差,因此这两个条件是对立的。

表3.5　溶致型主链液晶的刚性主链结构

液晶	结构式
聚对氨基苯甲酰胺(PPBA)	
顺式聚双苯并噁唑苯(cis-PBO)	
反式聚双苯并噁唑苯(trans-PBO)	
顺式聚双苯并噻唑苯(cis-PBT)	
反式聚双苯并噻唑苯(trans-PBT)	
聚均苯四甲内酰胺	

　　芳香族聚酰胺中最重要的是聚对苯酰胺(PBA)和聚对苯二甲酰对苯二胺(PPTA),这类液晶是通过酰胺键将单体连接为聚合物的,因此,所有能够形成酰胺键的方法都有可能用于此类液晶的合成。常见的方法如:酰氯或酸酐与芳香胺进行的缩合反应。PBA的合成以对胺基苯甲酸为原料,与过量的亚硫酰氯反应制备亚硫酰胺基苯甲酰氯;然后与氯化氢反应得到PBA。PPTA的合成较为简单,采用1,4-二胺基苯和对苯二酰氯进行缩合反应直接制备PPTA,采用非质子型强极性溶剂,如 N-甲基吡咯烷酮,在溶液中溶有一定量的 $CaCl_2$ 可以促进反应的进行。

　　芳香杂环主链高分子液晶的合成主要是为了开发高温稳定性材料而研制的,此类聚合物在液晶相下处理可以得到高性能的纤维。其中,反式、顺式聚双苯并噻唑苯的合成是用对苯二胺与硫氰胺反应生成对二硫脲基苯,在冰醋酸的存在下与溴反应生成苯并杂环衍生物,经碱性开环和中和反应得到2,5-二巯基-1,4-苯二胺,最后通过与对苯二酸缩合达到预期目标。顺式、反式PBO可以采用对/间苯二酚二乙酯为原料,通过类似的过程制备。另一条更为经济的顺式PBO的合成路线是采用1,2,3-三氯苯为原料,通过硝化、碱性水解、氢化、缩合反应制备。

　　溶致型主链高分子液晶主要用于研究和制备高强、高模纤维和膜材料,而聚合物纤维和膜的机械性能在一定程度上取决于聚合物链的取向度。液晶分子刚性的衡量参数可以用 Mark-Houwink 指数来衡量,当该指数大于1时,称该聚合物为刚性。在溶液中形成液晶相(通常是向列型液晶)的最低浓度称为液晶相的临界浓度,临界浓度与温度、分子量、分子量分布、聚合物结构和使用的溶剂有关。溶致型液晶的最大特点是这种纤维具有很好的拉伸强度和热稳定性。溶致型液晶的纺丝性能也与常规聚合物有较大不同,在纺丝头中纺丝液受到伸长和剪切双重作用而形成纤维,伸长作用使聚合物在拉伸方向的排列更加有序,形成类似于向列型液晶的结构。纺丝中的牵伸比例越高,纤维的有序度就越高,模量也就越大。

3.2.2　侧链型高分子液晶

侧链型高分子液晶可以通过加聚、缩聚和聚合物侧基官能团反应(接枝共聚)等途径合成。用带有液晶基元侧基的烯烃经加工聚合成侧链高分子液晶是常用的方法,主要有聚丙烯酸酯类、聚甲基丙烯酸酯类和聚苯乙烯衍生物。利用大分子的化学反应将低分子液晶结构单元连接到主链上也是一种重要的制备方法,如常见的聚硅氧烷类液晶分子。

侧链型高分子液晶大都由柔性主链、刚性侧链和间隔基团等部分组成,主链多为碳链,也有杂链。影响侧链型高分子液晶相行为的因素有侧链结构、主链结构、聚合度、化学交联等。侧链结构包括致晶单元的结构、末端基和间隔基团。要制备有序程度较高的近晶型液晶,末端基必须达到一定的长度。间隔基团的作用是用于消除或减少主链与侧链间链段运动的耦合性。侧链是由刚性液晶基元构成的,侧链与主链相互作用,侧链力图保持液晶的有序结构,主链的热运动将阻止液晶单元的有序排列,这种作用称为耦合作用。为了消除耦合作用,在主链与侧链之间常常插入由烷基组成的柔性间隔基团,以便使侧链获得相对独立的运动,有利于液晶的形成。

主链结构的柔顺性增加,有利于侧链上致晶单元的取向。对一维有序的向列型液晶和二维有序的近晶型液晶而言,主链柔顺性增加,则液晶相区间增大,清亮点向高温移动。

分子量对侧链型高分子液晶相行为的影响与对主链型液晶的影响基本相同。随着分子量的增大,液晶的相区间温度升高,清亮点也移向高温,最后趋于极值。化学交联使大分子运动受到限制,当交联程度不高时,链段运动基本上不受限制,对液晶行为基本无影响;但当交联程度较高时,致晶基团难以定向排列,会抑制液晶的形成。

3.3　高分子液晶表征

液晶既具有晶体的有序性,又具有液体的流动性,因此对液晶的研究测试有其独特的方法。对组成液晶的分子进行成分和结构的分析可以采用常规的分析方法,如化学分析、光谱分析。此外还有溶液和熔融态性质的分析,特别是液晶形成后的晶体形态的测定以及液晶的晶型分析。常用的测试方法有 X 射线衍射、核磁共振和介电松弛谱图以及热台偏光显微镜法、示差扫描量热计法、相容性判别法。

3.3.1　X 射线衍射法

晶体的空间结构参数的表征通常采用 X 射线衍射法,液晶的晶体形态研究也主要采用 X 射线衍射法。液晶形态结构的研究较为困难,一些分析晶体结构的成熟的经验和方法对于液晶来说不一定适用,液晶属于过渡的中间相态,存在晶体的有序性的同时又属于液体,具有无序的特点,一旦相态发生变化,这些特点就会消失。因此用 X 射线衍射法研究液晶的工作目前大多集中在评价和鉴定液晶的晶相类别,高分子液晶中的非刚性聚合物链段也会给液晶的晶态分析带来困难。X 射线衍射法对液晶相态的研究主要集中在几种有序程度较高的液晶类型,如向列型液晶和近晶型液晶。

1. Debye-Scherrer 法

Debye-Scherrer 法主要用于粉末液晶的研究，又称为 X 射线粉末衍射法。在粉末中包含无数任意取向的晶体，这样就可以得到锥形 X 射线反射，在胶片上形成一系列的同心圆。如果能将液晶的结构特征固化，则在高分子液晶粉末衍射图中就呈现出内环和外环的图形，内环一般给出分子长度的信息，外环给出分子宽度的信息，如图 3.2 所示。

对于热致型液晶来讲，在大角度 X 射线衍射图中若仅仅出现一个宽的扩散型的环，说明晶体缺乏有序性，分子质量中心随机分布。对应于 N、Sa、Sc 型液晶。衍射图中若出现一个或多个清晰的环，则样品的有序度较高，对应于近晶型液晶。若衍射图介于以上两者之间，则可能对应于第三类液晶。

向列型和近晶型液晶主要用小角度衍射区分，向列型晶体常常出现一个扩散型的衍射内环，近晶型液晶常常显示出一个或几个清晰的衍射环。

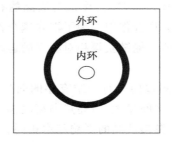

图 3.2　粉末型聚合物样品 X 射线衍射图

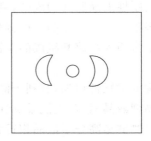

图 3.3　高取向样品旋转 X 射线衍射图

2. 直接 X 射线衍射分析

对于高取向型样品即能够得到分子指向单一的样品，可以采用单晶旋转 X 射线衍射法测定。通常可以采用强磁场或缓慢冷却等方法制备高取向型样品。也可以通过对有序度更高的样品进行拉丝、冷却、固化后进行 X 射线衍射测定，如图 3.3 所示。

3. 小角度散射法

小角度散射法包括小角度中子散射和小角度 X 射线散射，可以用来测定聚合物液晶的有序性以及晶体形状和尺寸等参数。得到的小角度散射图包括连续散射和不连续散射两种。

3.3.2　核磁共振光谱法（NMR）

对于热致型液晶，核磁共振技术是非常有效的方法，溶致型液晶则应用得较少。热致型主链高分子液晶在聚合物熔融时分子仍保持一定有序排列，呈现各向异性特征，在核磁共振谱图上表现为峰的分裂。高分子液晶被加热至各向同性的溶液后逐渐降低温度，经过热致型液晶后进入固化阶段。在核磁共振谱图上可以看出，液晶为各向同性的溶液时，质子峰为尖锐单峰；液晶态形成时，质子峰出现三重分裂，表明溶液的各向异性特征出现；进入固化阶段后，出现宽峰。

NMR 技术还应用于研究液晶聚合物局部动力学。采用核磁共振技术对聚合物液晶局部动力学进行研究的主要目的是研究相转变过程中分子移动的规律，分子动力学信息可以通过测定磁弛豫时间得到。[1] H NMR 测定时的偶机峰变宽效应可以应用于测定弛豫时间，[2] H NMR 适用于对频率为 $10^{-10} \sim 10^{-1}$ Hz 的分子动力学现象进行研究。

3.3.3　介电松弛谱法

高分子液晶是分子按照特定规律排列的聚集态，这种有序排列方式可以通过介电松弛谱的形状得到反映。

在溶致型高分子液晶中，在电场作用下聚合物在溶液中沿着分子长轴的尾-尾的重新取向过程进行得较慢，在介电松弛谱图中几乎看不到，在介电松弛谱图中可以看到棒状分子绕着分子取向方向的转动松弛过程。在各向同性的溶液中，松弛时间分布较宽，损耗因子峰为一个宽峰；而在形成向列型液晶时，损耗因子峰向低频方向移动，作出浓度-平均松弛率关系图以及浓度-损耗因子关系图，在液晶态出现前后亦有较大差异。

对于热致型高分子液晶材料，从各向同性的液体状态开始降温，聚合物将出现液晶态、半晶态固体、固体几个过程，与各向同性液体相比，液晶态的形成一定会对分子运动状态产生影响。在介电松弛谱图中，这种影响对主链型液晶和侧链型液晶是有较大差异的。主链型液晶刚性部分成为聚合物的骨架，重新取向较为困难，而绕长轴的旋转运动在各向同性时与各向异性时没有明显差别，因此介电松弛谱中难以反映出来，除非在液晶态出现时，分子链内和分子链间的相互作用有很大变化。侧链型液晶聚合物受骨架影响较小，在电场作用下长轴重新取向和绕长轴松弛转动都会发生，因此侧链型聚合物液晶的介电松弛谱与同类型的小分子液晶非常相似。

3.3.4　热台偏光显微镜法

用带有热台的偏光显微镜观察高分子液晶的各种织态结构，是常用的较为简便的方法。

向列型液晶具有细丝状织态结构，高分子向列型液晶由于黏度较大，常常呈现大理石花纹或短的细丝状织态结构。

胆甾型液晶因为具有手性，可以形成一种扭转的向列型结构，在热台显微镜下出现油状纹理图案，当它呈现非平面织态结构时，则为扇状图案。

3.3.5　差热扫描量热法以及其他方法

除此之外，还可以用示差扫描量热计(DSC)法。DSC 曲线可以反映晶态结构。将加热和冷却的两条 DSC 曲线对比，液晶的松弛时间较长，快速冷却时，仍保持原结构不变，而结晶至快速冷却时结构会消失。DSC 可以测得转变点的热焓，近晶型液晶的有序性较高，热焓值较大(6.3～21 kJ/mol)；向列型液晶的热焓值较低(1.3～3.6 kJ/mol)；胆甾型液晶的层片内结构类似于向列型，热焓值与向列型相近。由此可判定液晶的类型。

相容性判别法用来判别液晶的原理是：将一个含有液晶结构的已知样品与未知样品混合，若混合物在组成范围内呈现为一种液晶，则可以判定未知样品也是液晶。这一方法十分简单，对相容样品判定其为液晶的结论是相当可靠的。若不相容，则还需要用其他方法加以判别，不能说明样品就不是液晶。

3.4　液晶的性质及应用

液晶是具有广泛用途的功能材料,主要用来制作电、光显示器件,其应用范围包括各种类型的显示器和光阀、生命过程、生物膜及信息传递等。液晶已被广泛应用到高新技术领域中,在电子工业中作为显示材料,液晶显示与其他显示相比,有低耗能、准确性高、灵敏度高、色调柔和、无 X 射线、安全可靠的特点,由于消耗功率极小,不需要庞大的电源就可制造出显示面积大而体积小的器件,可实现大屏幕显示,也可制造微型器件。液晶已经被广泛地应用到人们的日常生活中,如计算器的显示屏、笔记本电脑的显示屏、液晶电视等。液晶主要用于制造具有高强度、高模量的纤维材料,制备分子复合材料、液晶显示材料以及用作精密温度指示材料和痕量化学药品指示剂。高分子液晶由于其黏性高、松弛时间长、响应时间长,在类似小分子液晶的应用方面受到限制,但高分子液晶也因其结构特征而具有易固定性、聚集态结构多样性等特点,从而具有很好的功能性。

3.4.1　独特的力学性能

高分子液晶,特别是热致型主链液晶最突出的特点是在外力场中容易发生分子链取向,在取向方向上呈现高拉伸强度和高模量,特别适于作为高性能工程材料。高分子液晶在其相区间温度的黏度较低,而且高度取向,利用这一特性进行纺丝,不仅可以节省能耗,而且可以获得高强度、高模量的纤维。

液晶聚合物的机械强度随材料取向度的提高而增加。在拉制过程中,材料的横向尺寸越小,取向度越高。高分子液晶最重要的应用领域还包括高性能合成纤维的研究与制备。聚合物纤维的强度主要取决于分子的取向度,同时还受分子的刚性、分子间力、结晶度和密度的影响,材料的化学组成决定了纤维的使用温度。纤维的机械性能随着牵伸比的增大而提高,牵伸后的热处理可以进一步增强其机械性能,同时改善化学和热稳定性,纤维的拉伸强度和抗蠕变性随着聚合度的增加而增加。芳族聚酰胺型 Kevlar 纤维的比强度和比模量均达到钢的 10倍;阿波罗登月飞船软着陆降落伞带就是用 Kevlar 29 制备的;Kevlar 纤维可用于制造防弹背心,还可用作飞机、火箭外壳材料和雷达天线罩等。

此外,还有一些液晶弹性体作为人工肌肉的设想:通过温度变化使其发生向列相到各向同性态之间的相变,引起弹性体薄膜沿指向矢方向单轴收缩,因此可以用来模拟肌肉的行为等应用,但目前还存在相应时间缓慢等问题。通过改变偏振光的波长和方向能使液晶弹性体在不同方向上进行可逆的卷缩和舒展的机械效应,可望用于微米或纳米尺寸的高速操控器,如微型机器人和光学微型镊子。

近晶型(Sc 型)液晶弹性体的形状记忆效应与传统形状记忆聚合物相比,具有恢复精度高(99.1%)、在低温下(−120℃)仍能保持橡胶结构等优点,可在低于室温的条件下应用。这种液晶弹性体可以通过不同单体组成复合,来定制所需的转变恢复温度。

3.4.2　突出的耐热性与阻燃性

由于高分子液晶的刚性部分大多由芳环构成,其耐热性相对比较突出。例如,聚芳酯型Xydar 纤维的熔点为 421℃,空气中的分解温度达到 560℃,其热变形温度也可达 350℃,明显高于绝大多数塑料。同时,由于大量芳香环的存在,除了含有酰肼键的纤维外,都特别难以燃烧。例如,Kevlar 在火焰中有很好的尺寸稳定性,若在其中添加少量磷等,高分子液晶的阻燃性能更好。

3.4.3　优异的电性能和成型加工性

高分子液晶的绝缘强度、介电常数低,两者都很少随温度的变化而变化,导热和导电性能低。由于分子链中柔性部分的存在,其流动性能好,成型压力低,因此可用普通的塑料加工设备来注射或挤出成型,所得成品的尺寸很精确。

1973 年,Shibayer 等从理论上预料 Sc 型液晶可能具有铁电性,并于 1984 年首次合成了具有铁电性的手性液晶聚合物。Brehmer 等合成了第一个毫秒级短开关时间的铁电性液晶弹性体。通过铁电性液晶弹性体的大的侧向电收缩来实现电能转化为机械能,可以改变目前纳米尺寸的制动,主要用某种晶体(如石英)和智能陶瓷中的线性压电效应来实现。

3.4.4　精密温度指示材料

向列型液晶和胆甾型液晶的混合物呈平行并顺次扭转的螺旋结构,而且其螺距随温度变化而发生显著变化。被测物体的表面温度若有变化,液晶分子排列的螺距就发生变化,偏振光的旋转角度也随之发生变化,因而返回光的强度也会发生变化。人们利用此现象制造出微温传感器。

3.4.5　在显示材料方面的应用

目前只发现侧链型高分子液晶具有显示功能。聚合物液晶在电场作用下从无序透明态到有序非透明态的转变,可以用来制备显示器件。这主要是利用向列型液晶在电场作用下的快速相变反应及其所表现出的光学特点制成的。透明的各向同性液晶置于透明电极之间,当施加电压时,液晶发生相变,分子有序排列为液晶态(常常是排列为向列型液晶相),液晶态部分失去透明性,产生与电极形状相同的图像。液晶显示器耗电量低,可以实现微型化和超薄化。一般情况下,高分子液晶对外场的刺激表现出极慢的反应,若强化高分子液晶的结构以及调整温度、电压、频率等外界条件,就可以克服其响应速度慢的缺点。用于图形显示方面的高分子液晶主要为侧链高分子液晶,其他类型的高分子液晶或者由于含有溶剂而缺乏聚合物液晶的特点,或者由于液晶化温度太高而失去使用价值。与小分子液晶相比,高分子液晶在开发大面积、平面、超薄以及直接沉积在控制电极表面的显示器方面的应用更具有优势。

液晶平板显示是液晶在工业生产中的实际应用,显示技术随着计算机技术的进步而得以迅速发展。液晶显示(LCD)在目前的发展过程中扮演着重要的角色。所有的信息显示器都是利用控制光的能力,通过控制显示器变亮部分和变暗部分,把信息传递给使用者。

液晶显示器的早期产品属扭曲向列型(TN - LCD),后期产品属超扭曲向列型(STN - LCD)。目前广泛应用的 LCD 产品被称为像素点阵型,它又分为两类:无源型和带开关晶体管的有源型。后者又有多个品种,其中以非晶硅 T 作有源开关元件类(TFT - LCD)应用得最为广泛。TFT - LCD 的性能明显优于 STN - LCD,常被称作真彩液晶显示器,而 STN - LCD 则被称作伪彩液晶显示器。

3.4.6　作为信息储存介质

带有信息的激光束照射液晶存储介质时,局部温度升高,液晶聚合物熔融成各向同性的液体,从而失去有序度。激光束消失以后,又凝结成不透光的固体,信号被记录。液晶高分子用于存储时具有显示寿命长、对比度高、存储可靠、擦除方便等优点,因此有极为广阔的发展前景。

3.4.7　作为分离材料

聚二甲基硅烷和聚甲基苯基硅烷作为气液色谱的固定相应用已经有很长的历史,在这些固定相中加入液晶材料后,材料变成了有序排列的固定相。这对于分离沸点和极性相近而结构不同的混合物有良好的效果,因为液晶材料参与了分离过程。以硅氧烷为骨架的侧链高分子液晶可以单独作为固定相使用,高分子化的液晶材料避免了小分子液晶的流失现象,高分子液晶固定相正日益广泛地出现在毛细管气相色谱和高效液相色谱中。

3.4.8　高分子液晶的发展方向

高分子液晶在其相区间温度时的黏度较低,而且高度取向利用这一点,可以制备高强度、高模量的纤维。将具有刚性棒状结构的高分子液晶材料分散在无规线团结构的柔性高分子材料中,即可获得增强的高分子复合材料。研究表明,液晶在共混物中形成微纤,对基体起到显著的增强作用。侧链型高分子液晶在本质上属于分子级的复合。这种在分子级水平上的复合材料又称为自增强材料。侧链型液晶高分子液晶具有较高的玻璃化温度,利用这一特性,可使其在室温下保存信息,因此用液晶来制备信息记录材料的前景十分广阔。胆甾型液晶层片具有扭转的结构,对入射光具有偏振作用,可用来作精密温度指示材料和痕量化学药品指示剂,高分子液晶在这方面的应用也有待开发。

高分子液晶作为一种新型功能高分子材料,人们对它的认识还远远不足,在不远的将来,高分子液晶的应用会越来越广泛,将会对人类的生存和发展做出新的贡献。

参考文献

[1] 孙作鹏. 聚酰亚胺和聚炔高分子液晶的合成及性质研究[D]. 四川师范大学,2009.

[2] 陈小芳,范星河,宛新华,等. 甲壳型液晶高分子研究进展与展望. 高等化学学报,2008,29(1):1－12.

[3] McArdle C B. Side-Chain Liquid Crystal Polymer, Blackie:Glasgow,1989.

[4] Doninio B, Werter H, Finkelmann H. A Simple and Versa-tile Route for the Preparation of Main-chain Liquid Crystalline Elastomer. Macromolecules,2000,33(21):7724－7729.

[5] 郭卫红,汪济奎. 现代功能材料及其应用. 北京:化学工业出版社,2002.

[6] 王锦成,李光,江建明. 高分子液晶的应用. 东华大学学报(自然科学版),2001(4):114－118,124.

[7] 孟勇,翁志学,黄志明,等. 有机硅侧链液晶研究进展. 功能高分子学报,2003(4):575－584.

[8] 朱鸣岗,张其震,侯昭升,等. 侧链聚硅氧烷液晶高分子的合成与表征及应用研究. 高分子学报,2003(2):298－301.

[9] 张其锦. 聚合物液晶导论. 合肥:中国科学技术大学出版社,1994.

[10] Jo B W, Jin J I, Lenz R W. Liquid Crystal Polymers VI, Synthesis and Properties of Main Chain

Thermotropic Polyesters with Disiloxane Spacer. European Polymer Journal，1982，18 （3）：233 - 239.

[11] 罗朝晖，卓仁禧，张先亮. 偶氮苯和氧化偶氮苯液晶基元侧链聚硅氧烷液晶的合成和性能研究. 高等学校化学学报，1993，14 (7):1028 - 1032.

[12] 郑志，杭德余，章于川，等. 铁电性液晶高分子的研究进展. 高分子通报，2003(1):1 - 7.

[13] 付东升，张康助，张强. 液晶高聚物的合成及应用研究最近进展. 化学推进剂与高分子材料，2003，1(3):18 - 22.

[14] 何向东，贾叙东，丁霞，等. 主链型液晶聚硅氧烷聚氨酯的合成与性质. 高分子学报，1996(3):304 - 309.

[15] 周其凤，王新久. 液晶高分子. 北京:科学出版社，1994.

[16] 董炎明，张京. 壳聚糖的液晶行为研究. 高等学校化学学报，1996，17(6):973 - 979.

[17] Ujiie S, Limurau K. Thermol properties and orientational behavior of a liquid-crystalline ion complex polymer. Macromolecules，1992，25(12):3174 - 3178.

[18] Hvilsted S, Andruzzi F, Kulinna C，et al. Novel side-chain liquid crystalline polyester architecture for reversible optical storage. Macromolecules，1995，28(7):2177 - 2181.

[19] Inoue A, Maniwa S，et al. Electroheologcal effect of liquid crystalline polymers. International Journal of Modern Plastics B，1996,10(23 - 24):3191 - 3200.

[20] 陈建定，李大芬，吴叙勤，等. 液晶聚合物. 高分子材料科学与工程，1992(3):22 - 28.

[21] 郭玉国，张亚利，赵文元，等. 高分子液晶材料的研究现状及开发前景. 青岛大学学报，2000，15 (3)：24 - 28.

[22] 袁清，董炎明，汪键伟. 甲壳素类液晶高分子的研究. 高分子学报，2000 (1)：5 - 7.

[23] Clark N A, Largerwall S T. Submicrosecond bistable electro-optic switching in liquid crystal. Applied Physics Letters,1980,36(11)：899 - 901.

[24] 张莉，梁伯润. 甲壳素及其衍生物溶致液晶的研究进展. 东华大学学报，2002，28 (1)：119 - 125.

[25] 杭德余，郑志，陈闯，等. 我国铁电液晶材料研究进展. 液晶与显示，2002，17 (2)：98 - 103.

[26] 丛越华，张宝砚，王宏光. 液晶高聚物——分子设计与热性能. 高分子通报，2000，(1)：61 - 65.

[27] 王金花，朱光明，张龙彬，等. 聚硅氧烷类液晶高分子的研究进展. 中国塑料，2005,19(4):6 - 11.

[28] Belfild K D, Chinna C，NAjjar O. Synthesis of Novel Polysiloxanes Containing Charge Transporting and Second Order on Linear Optical Functionalities with Atom Economical. Macromolecules，1998，31(9)：2918 - 2924.

[29] Price G J, Shillcock I M. Study of Polymer Liquid Crystals by Gas Chromatography. Polymer，1993，34(1):85 - 89.

[30] Dai R J, Ye L, Luo A Q, et al. The Py - GC and Py - GC/ MS Investigation of Liquid Crystalline Polysiloxanes Containing Benzyl Ether and Biphenyl Mesogen. Journal of Analytical and Applied Pyrolysis,1997，42(2):103 - 111.

[31] Li X G, Huang M R, Guang G H, et al. Synthesis and characterization of liquid crystalline polymer from p-hydroxbenzonic acid poly(ethyle terephthalate) and third monomers. Journal of Applied Polymer Science，1997，66(1):2129 - 2138.

[32] 杨振，陈佑宁. 五种新型高分子液晶研究进展及应用前景. 应用化工，2006，35(1):4 - 6.

[33] 王宏刚，简令奇，杨生荣. 液晶高分子及其原位复合材料研究进展. 高分子材料科学与工程，2003，19(5)：10 - 13.

[34] Brehmer M, Zentel R. Ferroelectric liquid crystalline elastomers with short switching times. Macromolecular Rapid Communications，1995,16(9):659 - 662.

[35] Shenoy D K，Thomsell D，Amritha S，et al.Carbon coated liquid crystal elastomer film for artificial mugcle applications.Sensors and Actuators A：Physical,2002,96(2):184－188.

[36] Chirst T，Stllmpflcn V，Wendorff J H. Light emitting diodes based on a diseotic main chain polymer.Macromolecular rapid communications,1997,18(2):93－98.

[37] 汤慧，宛新华，范星河.甲壳型液晶高分子研究进展.高分子通报，2005(8):58－68.

[38] 韩相恩，阳岑，等.偶氮苯液晶聚合物的研究进展.材料科学与工程学报,2008,26(3):485－488.

[39] 崔树茂，梁永仁，曹钰华，等.无机液晶的研究进展.材料导报，2007,21(5):10－13.

[40] Davidson P，Gabriel J C P，Patrick D. New trends in colloidal liquid crystals based on mineral moieties. Advanced Materials，2000，12:9－20.

[41] 关荣华，康文秀.生物液晶物理研究及其进展.现代物理知识，2003(2):22－23.

[42] 周建莉，杨海珉，吴杰，等.生物胆汁液晶光学性质.昆明医学院学报，2000,21(2):1－4.

[43] Blanco A，Chomski E，Grabtchak S，et al. Large-scale synthesis of a silicon photonic crystal with a complete three-dimensional bandgap near 1.5 micrometres.Nature，2000,405(6785):437－440.

[44] Gardner E，Huntoon K M，Pinnavaia T J. Direct synthesis of alkoxide-intercalated derivatives of hydrocalcite-like layered double hydroxides：precursors for the formation of colloidal layered double hydroxide suspensions and transparent thin film.Advanced Materials，2001，13(16):1263－1266.

[45] 李兰英，武长城，姚康德.生物液晶.化学通报，2005,68(10):745－750.

[46] 徐孝旭，王宝环.生物液晶的研究进展.辽宁丝绸，2007(1):15，21.

[47] Cowin S C. Do liquid crystal-like flow processes occur in the supramolecular assembly of biological tissues? Journal of Non-Newtonian Fluid Mechanics,2004，119(1－3):155－162.

[48] Bouligand Y，Norris V. Chromosome separation and segregation in dinoflagellates and bacteria may depend on liquid crystalline states.Biochimie，2001 (83):187－190.

[49] 孙润广，张静，王永昌.化学物质与生物膜相互作用的液晶态构象研究.中国科学：B辑,1997，27(3):261－270.

第4章 具有化学功能的高分子材料

具有化学功能的高分子材料是以高分子链为骨架并连接有化学活性的基团而构成的。

4.1 光功能高分子材料

光功能高分子材料在光的作用下能够表现出特殊性能，是功能高分子材料中的重要一类，是指能够对光能进行传输、吸收、储存、转换的一类聚合物材料，其范围很广，如光致抗蚀剂、高分子光敏剂、光致变色高分子、光导电高分子、光导高分子、高分子光稳定剂和高分子光电子器件等功能材料。此外，某些高分子材料的光聚合、光交联、光降解反应等与光敏高分子材料的应用也密切相关。光敏高分子材料的研究是光化学和光物理科学的重要组成部分，在功能材料领域占有越来越重要的地位。为适应各种不同需要，当前研究开发的光功能高分子材料有以下几种：

（1）感光性树脂（光致抗蚀剂）：可以发生光化学反应。

（2）光记录、光显示材料（光致变色材料、光致发光材料等）：可以进行能量转换。

（3）光导电和光电转换材料：可以进行能量转换。

（4）光能存储材料（蓄热、光学机械）。

（5）光感应性化学材料（通过离子输送和分子识别，进行分离和分析）。

（6）高分子光敏剂和紫外线吸收剂等。

（7）光盘：进行信息储存。

4.1.1 感光高分子材料

早期印刷工业的制版，由雕刻师手工进行，费时费力。19世纪初，法国人利用具有抗酸性的沥青感光膜涂在印刷用铜板上，制作图像后，浸入溶解有铜的酸中，成功地制出了凹凸图像，把制版时间由几天缩短至几小时，这就是照相制版术。直到20世纪40年代美国柯达公司首次把以聚乙烯醇肉桂酸酯为代表的合成感光高分子应用到照相制版上。感光高分子材料就是在光作用下，短时间发生化学反应并使其溶解性发生变化的高分子。也就是说高分子吸收光能量后，借助吸收的能量，使得分子内或分子间产生化学的或者结构的变化。吸收光的过程可由具有感光基团的高分子本身完成，也可由与高分子共存的感光化合物（光敏型、吸收光能引发反应。在印刷制版中采用光敏高分子材料代替银盐的照相法，称为非银盐照相法，这种应用中的感光高分子材料应具有一定的感光速度和分辨力、显影性能和图像耐久性。

所谓感光功能,是指材料吸收光能之后,在分子内或分子间迅速发生化学或物理变化而显示出的功能。

吸收光的过程可由具有感光基团的高分子本身来完成,也可由加入感光材料的感光性化合物(光敏剂/光引发剂)吸收光能后引发反应。感光性高分子材料的研究和应用已有很长的历史,主要有光刻胶、光固化黏合剂、感光油墨、感光涂料等。光刻胶又叫作光致抗蚀剂。在其受到光照后即发生交联或分解反应,溶解性发生改变。光致抗蚀剂最早应用于印刷制版。在印刷工业中,用感光树脂版代替金属版,不但节省了金属,而且工艺简单,易实现自动化操作。此后,光致抗蚀剂又被广泛应用于电子工业。在电子器件或集成电路的制造中,需要在硅晶体或金属等表面进行选择性的腐蚀,为此,必须将不需腐蚀的部分保护起来。将光刻胶均匀涂布在被加工物体表面,通过所需加工的图形进行曝光,由于受光与未受光部分的溶解度不同,曝光后用适当的溶剂显影,就可得到由光刻胶组成的图形,再用适当的腐蚀液除去被加工表面的暴露部分,就形成了所需要的图形。如果光刻胶受光部分发生交联反应,溶解度变小,用溶剂把未曝光的部分显影后去除,则在被加工表面上形成与曝光掩膜(一般是照相复制或其复制品)相反的负图像。这类光刻胶被称为负性光致抗蚀剂。相反,如果光刻波的受光部分分解,溶解度增大,用适当的溶剂除去的是曝光部分,这时形成的图像与掩膜是一致的,这类光刻胶被称为正性光致抗蚀剂,其作用原理如图 4.1 所示。感光性油墨、涂料是近年来发展较快的产品。这些产品具有固化速度快、涂膜强度高、不易剥落、印迹清晰、节能、污染小等特点,便于大规模工业生产。感光性高分子材料应具有一些基本性质,如对光的敏感性、成像性、显影性、成膜性等。不同的用途对这些性能的要求是不同的,如作为电子材料及印刷制版材料,要求有良好的成像性与显影性;而作为涂料和油墨,固化速度和成膜性则更为重要。

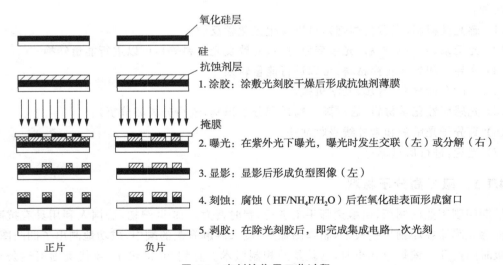

图 4.1　光刻蚀作用工艺过程

1. 感光高分子的分类

感光高分子品种繁多,应用很广。目前常用的分类方法有以下几种:

(1)根据光反应的类型分为光交联型、光聚合型、光氧化还原型等。

(2)根据感光基团的种类分为重氮型、叠氮型、肉桂酰型等。

（3）根据物性变化分为光致不溶型、光致溶解型、光降解型等。

（4）根据聚合物骨架种类分为聚乙烯醇型（PVA）、尼龙型、氨基甲酸酯型等。

（5）根据聚合物组分可分为感光性化合物和聚合物混合型、具有感光基团的聚合物型、光聚合组成型等。

2. 光化学反应

在实际材料中，把光吸收时直接参与吸收的单元——发挥作用的原子团，称为光发色团（chromophores）。光发色团一方面是吸收光能的窗口，同时在多数情况下，也可以说是参与下一步光反应的光功能材料的核心部分，在这种场合，也被称为光感应基或感光基。在感光高分子材料中，光感应基的导入大致可以分为主链导入型、侧链导入型和混合型，如图 4.2 所示。低分子的光感应基在高分子中将如何发生反应，表现出何种物性和功能，最重要的在于要抓住高分子场和高分子效应的特点，按照功能材料的要求，灵活运用这些物质的组成进行分子设计。

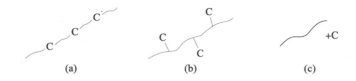

图 4.2　光敏高分子材料中光感应基的导入方式

（a）主链导入型；（b）侧链导入型；（c）混合型

对有机化合物的光化学反应进行的大量研究，是从 20 世纪五六十年代开始的，其后便迅速发展起来，现在对于许多有机化合物的详细反应机理已经弄清楚，并实现了系统化。开展光功能材料的研究，当然应该首先掌握有机光化学反应。典型的光化学反应如图 4.3 所示，重要的感光基团见表 4.1。

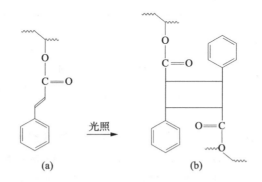

图 4.3　光刻胶的环化加成二聚反应

（a）可溶性胶；（b）不溶性胶

表 4.1　重要的感光基团

基团名称	结构式
烯基	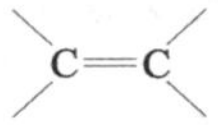
肉桂酰基	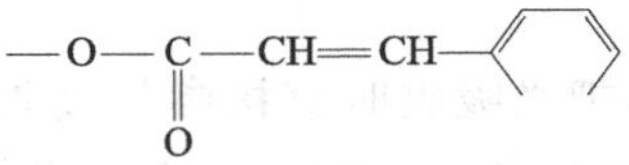
肉桂叉乙酰基	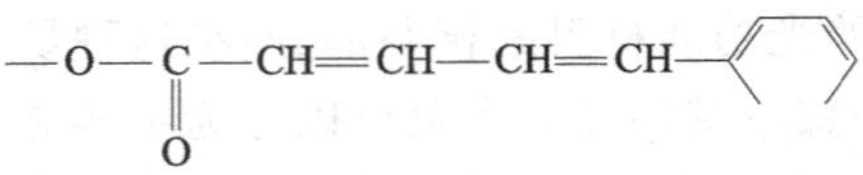
苄叉苯乙酮基	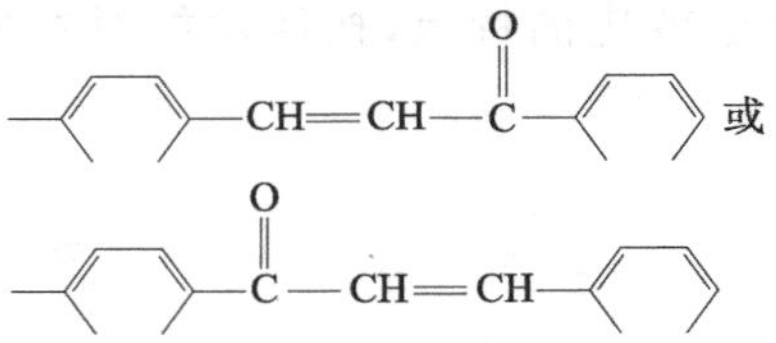
苯乙烯基吡啶基	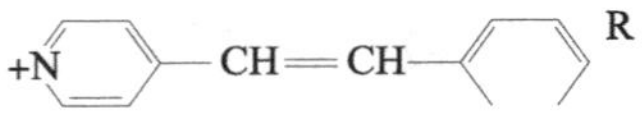
α-苯基马来酰亚氨基	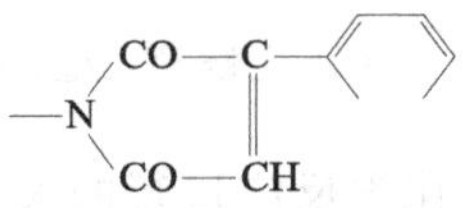
叠氮基	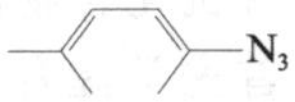
重氮基	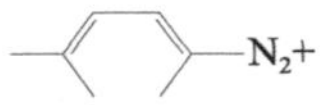

1) 环化加成二聚反应

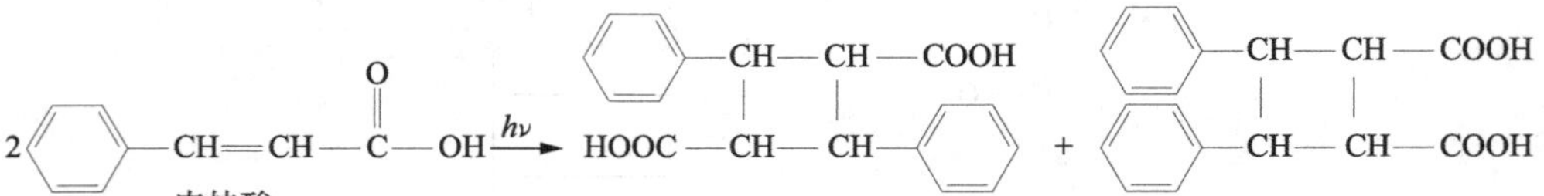

用光照射肉桂酸结晶则生成二聚物,将肉桂酸导入可溶性线型高聚物(如聚乙烯醇)的侧链。将生成的聚乙烯醇肉桂酸酯用光照射,则由于向不同主链导入的肉桂酰基的二聚反应,引起高聚物交联化,使其溶解度下降。经光照射使得特定图像成像,再用溶剂显像,就可以形成有高分子被膜的图像。因此,在集成电路或印刷电路线路板等精细加工技术上,光敏高分子材料担任了重要的角色,对其后许多光敏高分子材料的开发起了推动作用。

2) 消去反应

由于重氮盐是离子型的,这类感光高分子具有水溶性。受光照后,重氮盐基分解,生成以极性较小的共价键相连的基团,从而使这类高分子变成水不溶的。例如,聚丙烯酰胺重氮树脂的光化反应过程如下：

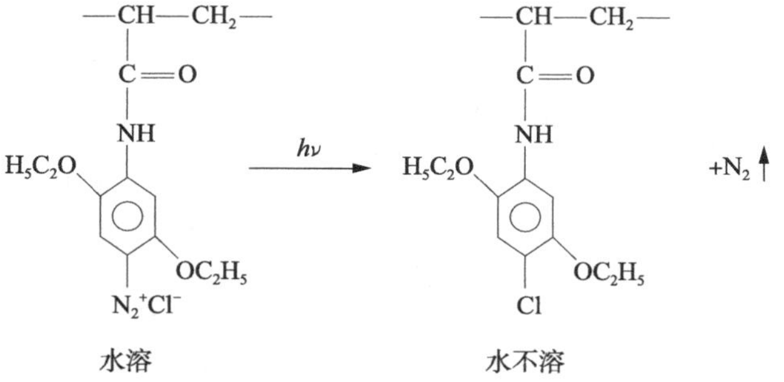

用光照射高分子侧链上导入重氮醌的化合物,则重氮醌基与水反应最后生成羧酸基,可溶于碱性水溶液。也就是说,只让被光照射的部分溶解并生成图像被膜,成为正性感光树脂,这种产品目前已进入实际应用阶段。

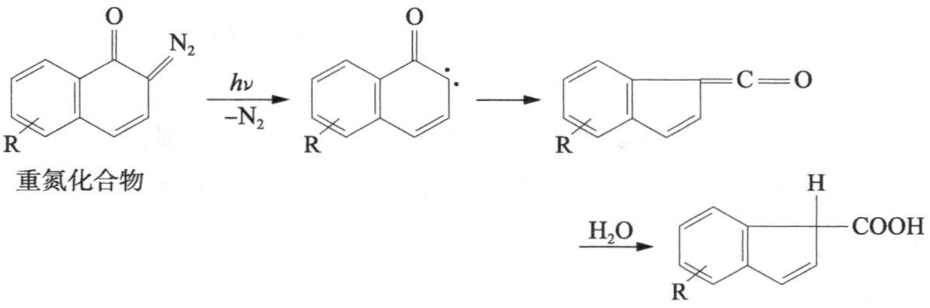

在可溶性高聚物中加入双叠氮化合物,经过光照射使叠氮基(N_3)分解,产生的活泼中间体氮烯[①]与高聚物反应并交联化,则成为与聚乙烯醇肉桂酸酯相同的感光性树脂。卡宾[②]可以发生重结合、插入 C—H 键等反应。

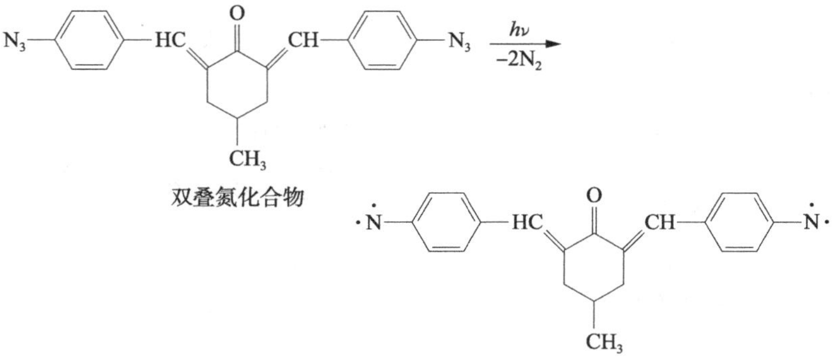

---

① 氮烯,又称乃春或氮宾,是含有一个共价单键的氮原子组成的活泼中间体,是碳烯的类似物。

② 卡宾,即碳烯。

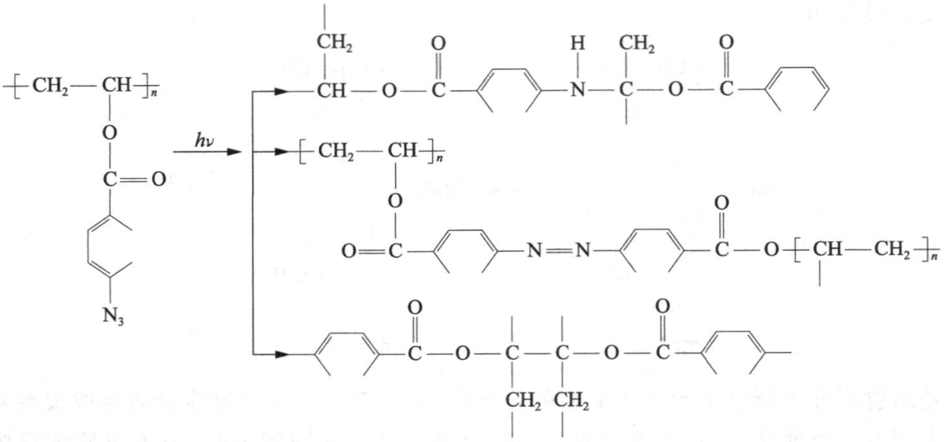

3）断链反应

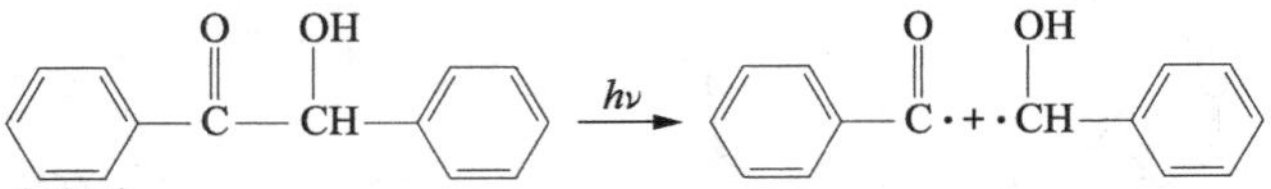

安息香

安息香是经光照射能生成游离基而被称为光聚合引发剂的一例,是在带不饱和基的高分子或光聚合性单体中混入低聚物,从而引起光聚合的物质。除感光树脂之外,安息香还应用于光固化性油墨和涂料等。

4）异构化反应

（1）顺反异构体

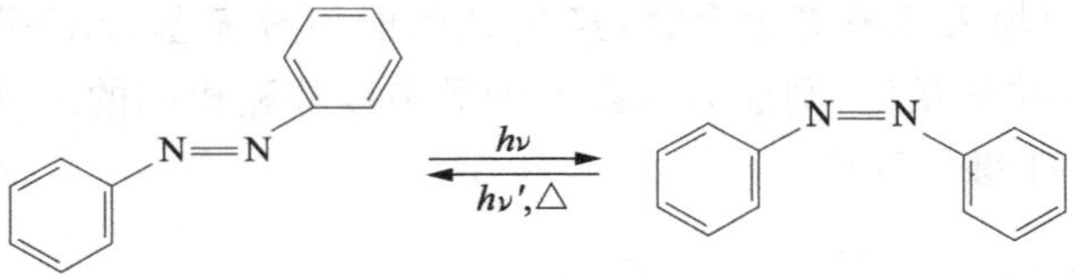

反式偶氮苯　　　　　　　　　顺式

（2）离子化反应

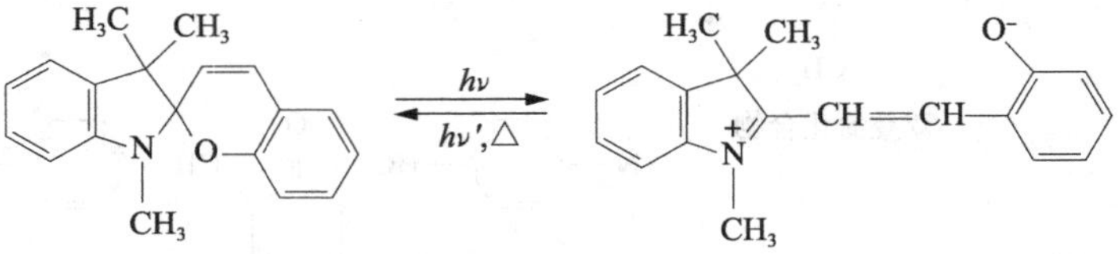

螺吡喃化合物

（3）氢的移位

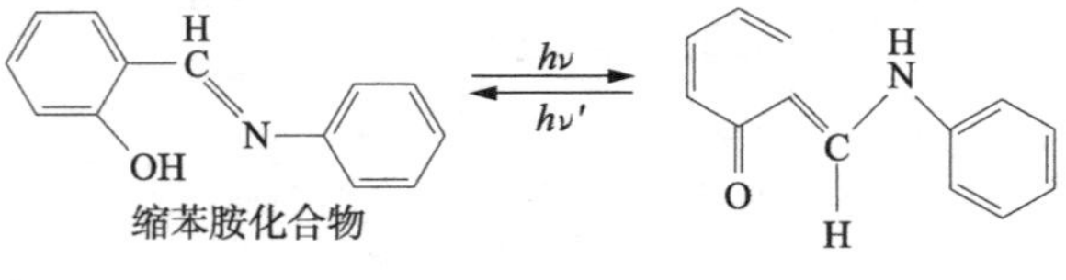

缩苯胺化合物

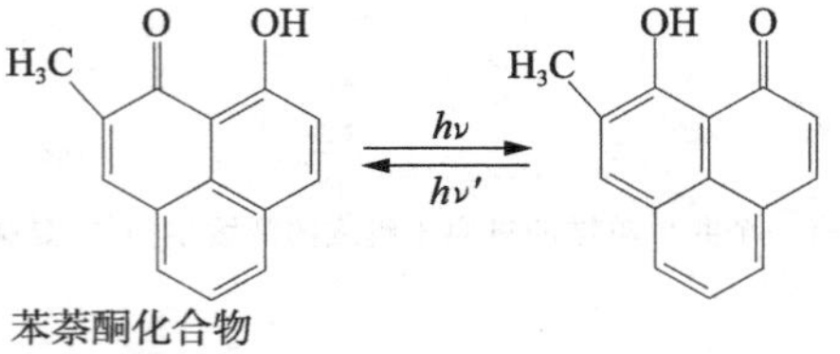

苯萘酮化合物

（4）环化、开环

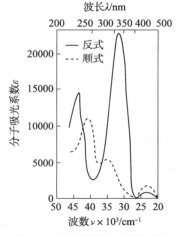

俘精酸酐化合物

所谓异构化反应，是指组成反应物和生成物的原子不变，而只生成结构不同的物质（异构体）的反应。由光或热的作用引起的异构化反应，其逆反应也有很多实例。特别是利用可逆的光异构化反应，可以设计出各种光功能性材料。首先考虑的是光敏材料。所谓光致变色现象（photochromism），是经光照射而发生的一种可逆的变色现象，可用下式表示：

$$A \underset{h\gamma(\lambda_2)\text{或热}}{\overset{h\gamma(\lambda_1)}{\rightleftarrows}} B$$

在 A 和 B 中，至少有一方在可见光区是具有吸收谱带的有色物，并经波长 λ_1 和 λ_2 的光照射（或热），能发生可逆性变化。这种物质具有光记录和显示材料的功能。

对光致变色现象主要应该着眼在可见光部分的变色上，但也不一定局限于可见光，只要能进行光谱的识别，也就可以考虑功能化的问题。苯萘酮化合物的光可逆反应，是在相邻位置的氧原子上通过氢的转移进行的。着色性变化少到可以忽略不计的程度，只在吸收光谱上稍有差异。但是如果借助高分辨率的单色光照射和吸收光谱，就可以识别，并且有可能得到良好的响应速度。因此，有人提出将此化合物用在分子电子学的光存储器上。

3. 光功能材料的分子设计

为考察对光功能材料进行分子设计的指导原则，现举出在光化学反应和化合物的结构以及物性等方面，材料是如何显示出功能的一个具体实例进行探讨。如图 4.4 所示，偶氮苯的顺反式结构异构化，是有机光化学的基本反应实例，包括多种衍生物在内，对这些光化学机理，人们正进行仔细的研究。有关这种光反应的化学和物理变化的主要内容，可举出以下几种：

（1）顺式体内能只比反式体内能大 48.9 kJ/mol；

（2）吸收光谱不同，如图 4.4 所示；

（3）键角和分子的长度等构象明显不同，如图 4.5 所示；

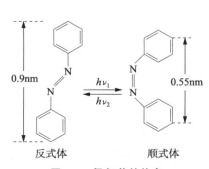

图 4.4　偶氮苯吸收光谱不同　　　　图 4.5　偶氮苯的构象

（4）偶极矩顺式为 0，而反式则为 3.0D。

针对以上特性变化，人们探讨了发展下述光功能材料的问题。

（1）太阳能存储（蓄热）材料：常温下使稳定的反式体吸收阳光，转换成蓄积内能的顺式体，在添加催化剂之后，使顺式结构体发生逆反应并放出热能。

（2）从吸收光谱考虑，则有光致变色材料。偶氮苯本身虽然未显示出明显的着色变化，但在高分子链上导入偶氮苯，就能合成出光致变色高聚物。

（3）将具有各种离子形式或分子识别功能的冠醚与偶氮苯的不同构型相结合，如图 4.6 所示。以这种化合物作为光敏性分离和分析用功能材料的研究正在进行。

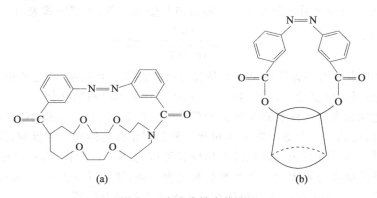

图 4.6　光感应性主体分子

（a）冠醚；（b）环糊精

（4）以偶氮苯为交联剂合成的聚丙烯酸乙酯，如图 4.7 所示，制成膜后用紫外光照射则收缩；相反如用可见光照射，则能看到伸长。这是一种光化学反应。因此，这种化合物可能会成为今后将光能直接转换成机械能的材料。

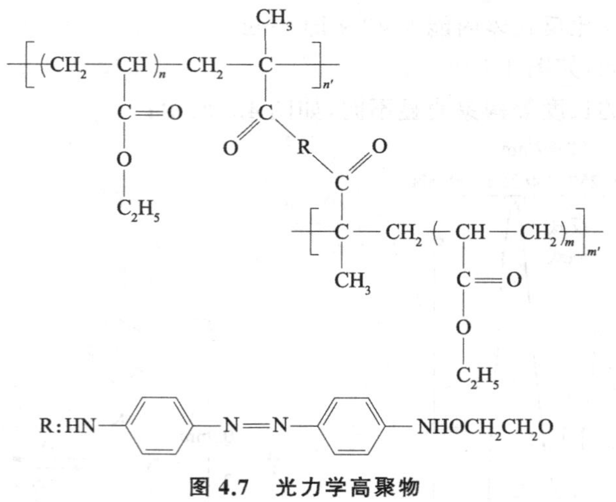

$$\left[(CH_2-CH)_n-CH_2-\overset{\underset{\displaystyle CH_3}{|}}{C} \right]_{n'}$$

R:HN—⬡—N＝N—⬡—NHOCH₂CH₂O

图 4.7　光力学高聚物

（5）将偶氮苯导入高分子主链，如图 4.8 所示，在溶液中用紫外光照射，可将此高聚物异构化为顺式结构，溶液的黏度减少 60%～70%。根据受光感应所引起的黏度变化，可考虑将此化合物用作控制材料。

（6）从偶极矩变化的角度考虑,目前正在高分子侧链上导入偶氮苯的高聚物如图 4.9 所示。薄膜表面上,可进行亲水性光控制的研究。

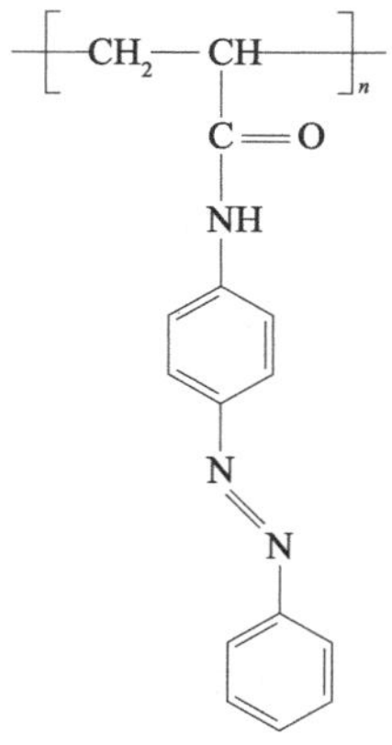

图 4.8　光感应性-黏性效应聚合物 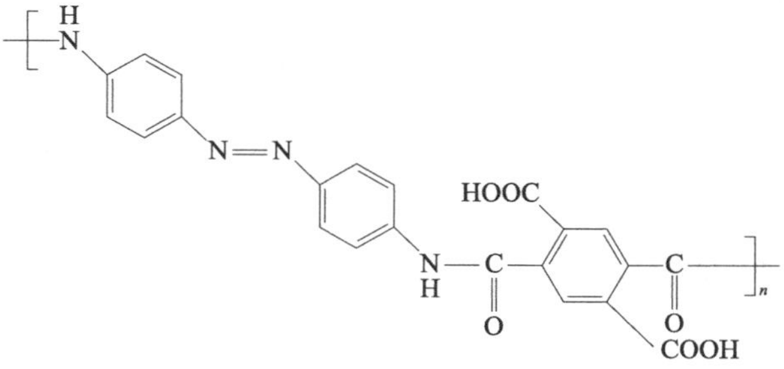　　　　图 4.9　亲水性控制光感应性聚合物

人们通过从不同角度对光化学反应进行多方面的观察,萌生了创造新功能材料的设想。光感应性是在生物体中的光合成系统或视觉系统中发现的,通过人工的重现可产生新材料,例如,希望能开发出分子敏感元件等新材料。光功能材料的另一特点是光最容易控制,即光的点熄、强度大小和波长(能量)选择等都容易掌握。从光源来看,预计今后各种激光装置将会迅速发展,对开发高效光功能材料的要求将更加迫切。

4.1.2　光致变色高分子材料

在光作用下能够可逆地发生颜色变化的化合物叫作光致变色化合物或光致变色体。光致变色高分子材料是指高分子材料在光的作用下,化学结构会发生某种可逆性变化,因而对可见光的吸收波长也发生变化、从外观上看是相应地产生颜色变化。光致变色高分子材料是近年来备受瞩目的一种新型功能高分子材料,它适于制造光致变色器件,可以广泛应用于图像显示、光信息存储、可变化密度的滤光、摄影膜板、光转换器件和光开关等领域。光致变色高分子的研究已经成为高分子前沿的一个热点。由于这类材料可用来制造各种护目镜、能自动调节室内光线的窗玻璃、密写信息记录材料等,故引起了人们的广泛关注。光致变色高分子的种类很多,如偶氮苯类、三苯基甲烷类等。表 4.2 是典型的光致变色聚合物的类型。

制备光致变色高分子材料一般有三种途径:

（1）把小分子光致变色物质与聚合物共混,使共混后的聚合物具有光致变色功能。

（2）通过共聚或者接枝反应以共价键将光致变色结构单元连接在聚合物的主链或者侧链上,这种材料是真正意义上的光致变色高分子。

（3）先制备某种高分子,然后让其与光致变色体反应,使其接在侧链上,从而得到侧基含有光致变色体的高分子链。由于高分子链的极性和空间因素以及基质黏度的影响,光致变色高分子体系显示出特殊的光致变色行为。

光致变色高分子的光致变色过程可分成两步,即成色和消色。成色是指材料经一定波长的光照射后显色相变色的过程;消色则指已变色的材料经加热或用另一波长光照射,恢复原来的颜色。

71

表 4.2　典型的光致变色聚合物的类型

类型	代表物结构式
聚甲亚胺类（光色基团在主链上）	
三苯基甲烷类	
偶氮苯类	侧链上带偶氮基团 主链上带偶氮基团
螺吡喃类	
双硫腙类	
聚噻嗪类	

光致变色高分子的变色机理一般可归纳为七种类型：键的异裂、键的均裂、顺反互变异构、氢转移互变异构、价键互变异构、氧化还原反应、三线态-三线态吸收。其中主要包括：

（1）含甲亚胺结构类型的光致变色高分子；

（2）含硫卡巴腙结构型的光致变色高分子；

（3）含偶氮苯型的光致变色高分子；

（4）含螺结构的光致变色高分子；

（5）苯氧基萘并萘醌类光致变色高分子；

（6）含二芳基乙烯型光致变色高分子。

光致变色高分子材料同光致变色无机物和小分子有机物相比,具有低褪色速率常数、易成型等优点,其应用范围可归纳为以下几个主要方面:

（1）感光材料。这类材料可应用于印刷工业,如制版。

（2）信息储存元件。光致变色材料的显色和消色的循环变换可用来建立信息储存元件。

（3）光的控制和调变。用这种材料制成的光色玻璃可以自动控制建筑物及汽车内的光线。

（4）信号显示系统。用作宇航指挥控制的显示屏、计算机末端输出的大屏幕显示。

4.1.3　塑料光导纤维

光导纤维是一种能够传导光波和各种光信号的纤维。光导纤维是由高度透明且折射率较大的芯材及其周围被覆着的折射率较低的皮层材料两部分组成的。当光线从光学密介质（高折射率）射入光学疏介质（低折射率）时,光线会在界面向光学密介质内反射,根据此原理,光在光纤芯内通过反复反射而向前传播。利用光纤构成的光缆通信可以大幅度提高信息传输容量,且保密性好、体积小、质量轻、能节省大量有色金属和能源,目前发展得非常快。塑料光导纤维不仅能在弯曲状态下传光,而且有可控性好、加工容易、使用方便、价格低廉等优点。塑料光纤除了在科研、生产、医疗、教学等领域广泛应用之外,还大量应用于装饰、装潢,将其与声、光、电结合可以制成各种各样的工艺装潢制品,具有极好的装饰效果,可广泛应用于宾馆、饭店、舞厅、展览厅、橱窗及家庭装潢,从而美化生活。

光导纤维按其芯材不同可分为石英光纤、多组分玻璃光纤、塑料光纤三类。石英光纤由于其传输损耗小,在长距离通信方面已有应用。玻璃光纤在医疗方面（如胃镜）已得到应用。但是这两种光纤价格高,易断线,加工性能不好,故在一些通用领域内的应用进展不大。而塑料光纤由于价廉、轻便等特点,在短距离通信、传感器以及显示方面已得到应用,且发展较快。各种光纤的比较见表 4.3。

表 4.3　各种光纤的比较

性能\种类	传输损耗	光波范围	机械特性	加工性	价格
石英光纤	0.2 dB/km	可见～红外	弯曲及冲击时易折	需特殊设备	高
多组分玻璃光纤	20 dB/km	可见～红外	弯曲及冲击时易折	需特殊设备	较低
塑料光纤	100 dB/km	可见～部分近红外	柔软,耐弯曲及冲击	切断及断面研磨容易	低

聚合物光纤自 20 世纪 60 年代美国杜邦公司首次发明以来,取得了很大的发展。1968年,杜邦公司研制的聚甲基丙烯酸甲酯(PMMA)阶跃型塑料光纤,其损耗为 1 000 dB/km。1983 年,全氟化 PMMA 塑料光纤在 650nm 波长处的损耗降低到 20 dB/km。全氟化渐变型 PMMA 光纤损耗的理论极限在 1 300 nm 处为 0.25 dB/km,在 1 500 nm 处为 0.1 dB/km,有很大的潜力以待挖掘。

近年来,以 MMA 单体与 TFP－MA(四氟丙基丙烯酸甲酯)为主要原材料,采用离心技术制成了渐变折射率聚合物预制棒,然后拉制成 GIPOF(渐变折射率聚合物光纤),具有极宽的带宽(＞1 GHz•km),衰减在 688nm 波长处为 56 dB/km,适合短距离通信。国内有人以 MMA 及 BB(溴苯)、BP(联苯)为主要原材料,采用 IGP 技术成功地制备了渐变型塑料光纤。氟化聚酰亚胺材料在近红外光内有较高的透射性,同时还具有折射率可调、耐热及耐湿的优点,解决了聚酰亚胺透光性差的问题,现已经用于光的传输。聚碳酸酯(PC)、聚苯乙烯(PS)的研究也在不断发展。从国外的研究发展来看,塑料光纤的研究重点主要集中在以下三个方面:降低光损耗;提高带宽(由 SI 型转为 GI 型);提高耐热性,聚碳酸酯、硅树脂、交联丙烯酸和共聚物可使耐热性提高到 125~150℃。随着塑料光纤的技术日益成熟,在照明光传输、局域网(LAN)、汽车工业、医疗设备、光传感器、数字化音响等领域,塑料光纤得到了广泛的应用。

1. 塑料光纤材料的组成及其制备

由于光在光纤中是在芯－皮界面通过反复全反射而传播的,因此塑料光纤的芯层聚合物和包层聚合物都必须高度透明,且芯层聚合物的折射率必须适当高于包层聚合物的折射率。芯材应具有较好的成纤性,拉伸时不产生双折射和偏光,与皮层有良好的黏结性能。

1) 阶跃型塑料光纤

(1) 塑料光纤纤芯采用含氟自由基作为引发剂,以本体法聚合甲基丙烯酸甲酯,得到大分子链端不含引发剂端基的聚甲基丙烯酸甲酯,从而在以此为纤芯材料的塑料光纤中避免了端基所引起的光学损耗。

(2) 塑料光纤包层。以安息香乙醚作为光引发剂,引发聚合甲基丙烯酸甲酯(MMA)及丙烯酸甲酯(MA)涂层分别作为塑料光纤的包层,在相同的引发剂含量下,紫外光引发聚合 MMA 的涂层所需时间比 MA 长,由于 MMA 的 $1,1'$-二取代的作用,在形成大分子链时取代基之间相互作用引起的聚合体空间张力使得聚合反应的 ΔH 值降低,从而降低了 MMA 光引发聚合反应速率。随着光引发剂浓度的提高,涂层材料的光透过率明显下降,塑料光纤的衰减没有随之而显著上升。这是因为塑料光纤在传输光时,大部分的光由塑料光纤的纤芯传输,光纤的包层中只传输几百分之几的光,所以光纤包层的光透过率对塑料光纤的衰减影响不大。

2) 梯度型塑料光纤

一些专家采用界面-凝胶共聚法,制备掺杂型和共聚型的梯度型塑料光纤棒。利用 MMA 和 BB 作为单体 M_1 和 M_2,再加入引发剂和链转移剂,混合均匀后加入聚甲基丙烯酸甲酯细管中,于适当的温度下反应,并在较高的温度下进行固化。BB 的折射率、分子体积均大于 MMA,在 PM－MA 管内壁凝胶层中,MMA 因为其分子体积小,与 PMMA 溶度参数相近,比 BB 容易进入凝胶层。在起始形成的凝胶层中,MMA 比 BB 扩散得多,因而溶液中的 MMA 浓度比 BB 降低得快;在后期形成的凝胶层中,BB 的含量增加,在管的中心点达到最大值。由于 BB 的折射率比 MMA 大,根据折射率的加和性原理,可以认为沿 PMMA 管的径向分布,由外向里,逐渐增加。

2. 材料与制造

目前,常常选作塑料光纤纤芯材料的有:聚甲基丙烯酸甲酯、聚苯丙烯、聚碳酸酯、氟化聚甲基丙烯酸酯(FPMMA)和全氟树脂等。常选作塑料光纤包层材料的有:聚甲基丙烯酸甲酯、氟塑料、硅树脂等。根据光线从光密介质(高折射率)射入光疏介质(低折射率)时在界面处向光密介质内反射的原理,光线通过光纤时经反复反射向前输送。由于制造方法的不同,全反射型光导纤维又分为多模光纤和单模光纤。塑料光纤制备的工艺流程包括单体精制、聚合、纺丝、包层和拉伸、光缆加工。

在众多的透明塑料中,只有那些拉伸时不产生双折射和偏光的品种才适合制造光纤。用于生产芯子的塑料主要有聚甲基丙烯酸甲酯、聚苯乙烯、重氢化聚甲基丙烯酸甲酯、聚碳酸酯等。用于生产包层的塑料主要有多氟烷基侧链的聚甲基丙烯酸酯类、偏氟乙烯-四氟乙烯共聚物、有机硅树脂、尼龙以及液晶。各种不同类型的光纤成型方法又各有差异。全反射型光导纤维目前有棒管法、沉积法和复合纺丝法三种加工方法。

与石英玻璃光纤制造方法完全不同,通信塑料光纤的制造方法有挤压法和界面凝胶法。挤压法主要用于制造阶跃型塑料光纤。该工艺步骤大致如下:首先,将作为纤芯的聚甲基丙烯酸甲酯的单体甲基丙烯酸甲酯通过减压蒸馏提纯后,连同聚合引发剂和链转移剂一并送入聚合容器中;接着再将该容器放入烘箱中加热,放置一定时间,以使单体完全聚合;最后,将盛有完全聚合的聚甲基丙烯酸甲酯的容器加热至拉丝温度,并用干燥的氮气从容器的上端对已熔融的聚合物加压,该容器底部小嘴便挤出一根塑料光纤芯,再在挤出的纤芯外包覆一层低折射率的聚合物,就制成了阶跃型塑料光纤。

梯度型塑料光纤的制造方法为界面凝胶法。界面凝胶法的工艺步骤大致如下:首先将高折射率掺杂剂置于芯单体中制成芯混合溶液;其次把控制聚合速度、聚合物分子量大小的引发剂和链转移剂放入芯混合溶液中;再将该溶液倒入一根选作包层材料聚甲基丙烯酸甲酯的空心管内;然后将装有芯混合溶液的 PMMA 管子放入一烘箱内,在一定的温度和时间条件下聚合。在聚合过程中,PMMA 管内逐渐被混合溶液溶胀,从而在 PMMA 管内壁形成凝胶相。在凝胶相中分子运动速度减慢,聚合反应由于凝胶作用而加速,聚合物的厚度逐渐增厚。聚合终止于 PMMA 管子中心,从而获得一根折射率沿径向呈梯度分布的光纤预制棒;最后再将塑料光纤预制棒送入加热炉内加热拉制成梯度型塑料光纤。

3. 塑料光纤的性能

(1)衰减。塑料光纤的衰减主要取决于所选用的材料的散射损耗和吸收损耗。通过选用低折射率且等温压缩率低的高分子材料可获得低的散射损耗,而吸收损耗则是分子键(碳氢 C—H,碳氘 C—D,碳氟 C—F 等)伸缩振动吸收和电子跃迁吸收所致。在考虑近红外时,电子跃迁吸收作用可忽略不计。

(2)带宽。梯度型塑料光纤是折射率呈梯度分布的光纤,其折射率由芯至包层逐渐降低。只要所形成的梯度折射率分布适宜,便可获得抑制模色散,保持大的数值孔径,控制折射光波与入射光波的展宽效果。如果折射率分布妥当,那么材料色散就成为决定传输带宽的主要因素。只要在选择时充分注意材料色散,欲制得带宽为几十 Hz·km 是完全可行的。

(3)耐热性。通常,塑料光纤在高湿环境中会发生氧化降解,且损耗增大。氧化降解是由于构成光纤芯材中的双键和交联的形成所致。氧化降解促使电子跃迁加快,进而引起光纤的损耗增大。通过实验发现,经老化处理后的光纤,其工作波长为 760nm 的衰减增大要比其在 680nm 的衰减增大得小。另外,只要选用的光源工作波长大于 660nm,塑料光纤的耐热性是长期可靠的。

4. 塑料光纤的优势

塑料光纤(POF)相比于石英光纤,具有柔韧性能好、数值孔径大、易耦合、数字脉冲的传播距离长、质量轻、制造简单、成本低等优点。塑料光纤对电磁干扰不敏感,也不发生辐射,不同速率下的衰减恒定、误码率可预测,能在电噪声环境中使用;尺寸较长,可降低接头设计中公差控制的要求,故成网成本较低等。随着塑料光纤制造技术和原材料制备技术的不断进步,塑料光纤的生产成本还会不断地降低;从目前的激光器、光电子集成器件、连接器的发展情况看,国内及国际的相关技术发展很快,随着生产规模的不断扩大,相信发送接收器件的成本会有较大幅度的下降,使塑料光纤在接入通信中更具优势。塑料光纤最大的不足是光传输的衰减大,因此,降低衰减是塑料光纤发展的首要问题,为弥补此不足,亦可探索其放大器的制作。

4.2 高分子催化剂

4.2.1 高分子配位化合物催化剂

高分子配位化合物催化剂是一种将有机或无机高分子与均相配位化合物以有机的间隔基及内层配位体为中介而结合成的催化剂。

高分子配位化合物催化剂的原理与一般均相配位化合物催化剂相同。与非均相催化剂相比,因为能在低温下反应,所以生成物的选择性高。由于使用不溶性高分子配位体,高分子配位化合物催化剂可以使催化剂与反应生成物容易分离而得到回收。根据高分子主链及侧链可以使催化剂中心金属及配位体具有立体效应以及协同作用来看,高分子配位化合物催化剂有可能得到在一般均相配位化合物催化剂情况下得不到的新功能(提高反应速率、反应的选择性及催化剂使用寿命)。图 4.10 是高分子配位化合物催化剂模式图。

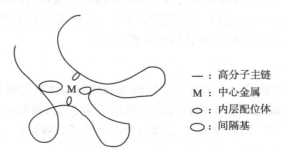

　—　：高分子主链
M：中心金属
○：内层配位体
◯：间隔基

图 4.10　高分子配位化合物催化剂模式图

1. 高分子配位化合物催化剂的合成方法

高分子配位体所用的载体有无机物(硅石、氧化铝等)和有机物(聚苯乙烯和聚吡啶等)两类,前者的特点是耐热性高(＞300℃),配位体的负载量为每 1 g 载体 1～2 mEq①,约为有机物

---

① 毫克当量(mEq)表示某物质和 1 mg 氢的化学活性或化合力相当的量。

的 1/10。后者的耐热性低（＜160℃），但配位体的负载量大，载体种类多，而且高分子配位体的合成也容易，在有机溶剂中可以溶胀，所以适于在有机溶剂的反应中使用。其中使用聚苯乙烯系膦配位体的研究实例较多，有一部分已进入市场。

利用金属给高分子配位体配位，从而形成配位化合物的方法，对均相配位化合物，可用光或热进行，如 $RHCl(P{-}Ph_3)_3$ 及 $Fe(CO)_5$，也可以使用如 $Co_2(CO)_8$ 或 $Ir_4(CO)_{12}$ 等双核或多核的群集配位化合物。

2. 高分子配位化合物催化剂的特点

使用高分子配位化合物催化剂进行反应的种类很多，其特点主要包括以下几点。

1）催化剂的回收与分离

将均相配位化合物催化剂固定在高聚物上的首要目的，是提高催化剂的操作效率。因此，许多研究目标是使催化剂和生成物容易分离，并在催化剂回收工艺上达到节能的要求。另外，利用分离方便的优点，可以随意控制反应条件。例如，有人提出用太阳能与降冰片二烯（①）起光化学反应，使之异构化为四环烯（②），可积蓄化学键能。在此情况下，积蓄于四环烯的化学能，由于四环烯的溶液中含有的高聚物附载 $Co(II)$ 血卟啉催化剂能任意地加入和取出，所以能很容易放出热能。

①　$(\Delta H={-}88kJ/mol)$　②
Co（II）血卟啉

2）通过稳定活性中间体提高活性

在使用钛罗烯催化剂进行烯烃的氢化反应时，高分子附载 $CpTiCl_2$（③）的活性为低分子 Cp_2TiCl_2（④）的 20～120 倍。其原因是，由于 $CpTiCl_2$ 的二聚作用，利用高分子链可动性小的特性，钛的配位部分被占用而使 Cp_2TiCl_2 的生成受到限制。

③
活性

④　非活性

3）借助立体效应提高选择性

在利用 Pd 配位化合物的烯丙胺化反应中，如用 $Pd(PPh_3)_4$ 作催化剂使⑤反应，则生成⑥和⑦（⑥和⑦分子式相同，具有不同的空间伸展方向，生成物中，⑥和⑦的质量分数分别是65％和35％）。但若改用—$(C_6H_4{-}CH_2PPh_2)_xPd$ 为催化剂，则可以全部得到完全立体选择性的⑥。

⑤　⑥　⑦

高分子配位化合物在具有以上优点的同时，也存在一些缺点。如高分子配位体和金属间的键结合有时不是很牢固，金属容易脱出。将低分子的均相配位化合物催化剂载于高聚物上，根据高聚物基体溶胀的程度，将出现扩散速度减慢及活性点可动性下降等情况。

如前所述,高分子配位化合物催化剂的问题之一是活性下降。为控制活性下降,可采用以下方法:利用未交联的可溶性高分子配位化合物,借助反应后半透膜的反渗透作用分离催化剂;只交联必要的最少限度的一部分上述配位化合物,用滤过法加以分离;也可利用热水再生型离子交换树脂,通过加热将配位化合物由反应液中溶出,使之发生与均相配位化合物催化剂完全相同的作用后冷却,并将配位化合物结合在树脂上,经滤过再行分离。为提高高分子配位化合物催化剂的活性,还需要高分子研究人员多加努力,以便合成出新的载体。

4.2.2 固定化酶

日本是从 20 世纪 50 年代开始酶的应用的。如纤维工业上用作去浆剂的 α-淀粉酶及葡萄糖生产工艺上使用的糖化酶(葡萄糖淀粉酶)。近年来,用在冷饮等方面的白糖代用品异构糖(葡萄糖和果糖的等物质的量混合物),就是用酶法以淀粉为原料制成的,日本每年约生产 60 万吨异构糖(换算成干品)。用淀粉制取葡萄糖,以前是用酸化水解法,但此法成品中葡萄糖含量低而且会产生副产品(一种叫作龙胆二糖的苦味糖),所以自酶法出现以来,该法已经停止使用。异构糖的生产工艺如图 4.11 所示。葡萄糖的生产工艺,最后可得到 95%(质量分数)左右的葡萄糖液。

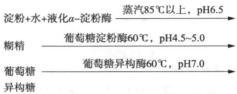

图 4.11 异构糖的生产工艺

但是,酶与一般所用无机催化剂不同,因为它是水溶性物质,反应后很难从溶液中回收。因此,反应后尽管酶还有相当的活性,也不得不舍弃。所以反应过程也不能连续进行,只能采用间歇式工艺。于是就出现一种以不溶于水的形态出现且容易处理,并能反复利用以节约经费的酶——固定化酶。这种设想在 1963 年就已经由 Grubhofer 等所证实,其后由 Katchalski 等全力进行了研究,这种酶一直沿用至今。图 4.11 中的葡萄糖异构酶已被固定化,并作为固定化酶应用在工业上。固定化酶的应用,使过去的间歇式反应实现了连续化和反应器的小型化,节约了成本;因反应过程实现连续化、自动化,而减少了支出;因缩短了反应时间而防止了着色等。总之,通过固定化酶的应用,使得大幅度提高酶反应过程的效率成为可能。

1. 酶的固定方法

固定化酶的调制法如图 4.12 所示,大致可分为载体结合法、包埋法和交联法。

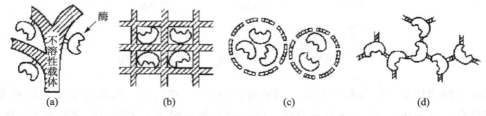

图 4.12 固定化酶的调制法

(a)载体结合法;(b)方格型包埋法;(c)微囊型包埋法;(d)交联法

1) 载体结合法

载体结合法中载体的选择很重要。首先,酶的结合量受载体表面积大小的影响。要达到充分的结合量,也就是要使酶结合量提高到载体质量的 5% 以上,每 1 g 载体应有 100 m² 左右的表面积。因此载体只能是多孔的。此外,为使 10～15 nm 的酶能自由扩散,细孔径必须为 50～100 nm。像这种多孔性载体,细孔的深度越深,产生的扩散阻力越大,所以载体的粒度也受到限制,一般应在 50 目以下,最好在 100 目以下。能满足上述要求的载体,有玻璃珠、离子交换树脂和纤维素球等。其次,将酶结合在载体上的方法,最近多用双官能性试剂——戊二醛或甲苯二异氰酸酯,使酶与载体结合。这是一种将酶表面上存在的—NH₂ 用双官能性试剂夹住并固定在载体表面的—NH₂ 基或—OH 上的方法。例如,玻璃珠经与末端有—NH₂ 的硅烷偶联剂反应,导入—NH₂;离子交换树脂最好采用伯胺型的;纤维素球则是纤维素的—OH 直接参与结合。还有一种结合力虽然弱,但可以很简便地与酶结合,并且可以反复多次使用载体的方法,即用离子吸附的固定化法。这是利用酶在多数情况下为酸性蛋白质的特性,使离子吸附在阴离子交换树脂上的方法。阴离子交换树脂采用季胺型或叔胺型树脂。日本田边制药株式会社在世界上首先开发的酰化氨基酸水解酶的固定方法,采用了二乙氨基乙酯衍生物。预计今后高分子材料作为这些载体的基体材料,将日趋重要。

2) 包埋法

包埋法又称凝胶固定法,是用丙烯酰胺单体及亚甲基二丙烯酰胺进行凝胶固定化的方法。最近则采用如图 4.13(a)所示的交联剂进行光固化性凝胶固定化法,或从食品卫生上考虑,用 2-羟乙基丙烯酸酯及如图 4.13(b)所示的交联剂固定化的方法。此外,还可对聚乙烯醇或聚乙烯吡咯烷酮水溶液用 γ 射线照射,引起交联,从而使酶固定化。

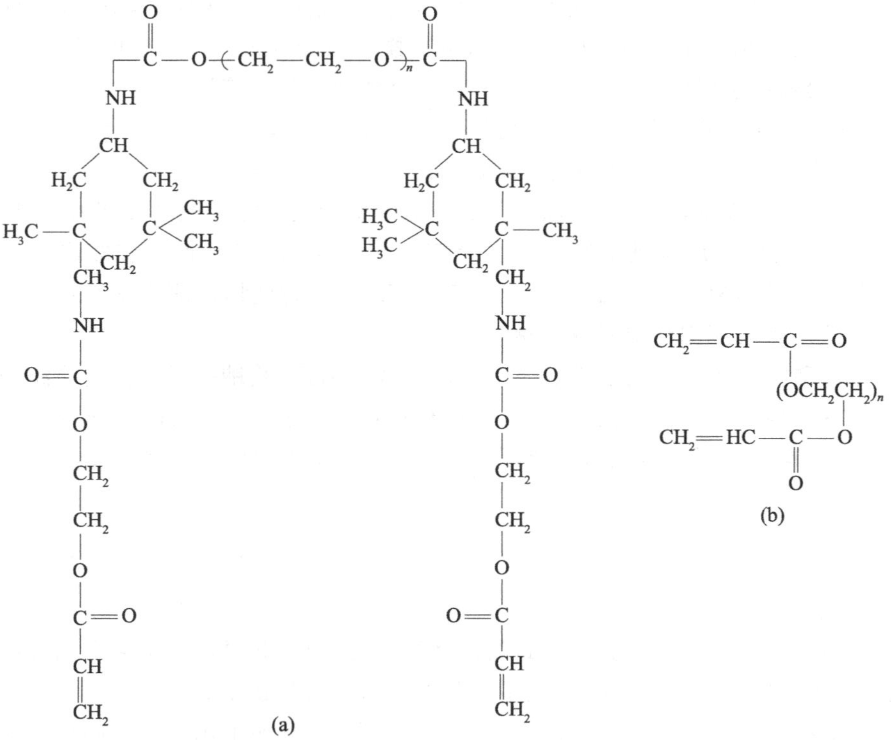

图 4.13　凝胶包埋用交联剂

微胶囊法分为界面聚合、溶液中干燥和相分离三种方法。界面聚合法是用 1,6-己二胺和癸二酰氯在界面聚合，将酶溶液胶囊化的方法。溶液中干燥法是在溶解聚苯乙烯等高聚物的有机溶剂中，将酶溶液乳化分散，然后悬浮在水溶液中再干燥除去酶液滴周围的有机溶剂，使酶溶液胶囊化的方法。相分离法是将酶溶液乳化分散在溶解有高分子混合物的有机溶剂中，然后在搅拌下缓慢加入能引起相分离的非溶剂，从包在酶液滴周围的高分子化合物浓溶液中使高分子化合物析出并形成被膜，将酶制成胶囊的方法。

3）交联法

交联法是用具有两个或两个以上官能团的试剂，将酶与酶或酶与白蛋白一类非活性蛋白质，通过交联达到固定化的方法。近来又有在酶、含酶菌体以及胶原蛋白的混合液中，加入戊二醛进行包埋固定化的方法。

2. 固定化酶的应用

固定化酶在世界上首先达到实用化的实例，是用酰化氨基酸水解酶进行氨基酸的光学拆分。即从化学合成法所生产的 DL 氨基酸混合物中，只分离出 L 体时使用的酶。首先将 DL 体的—NH$_2$ 酰化，然后用只与 L 体作用的酰化氨基酸水解酶进行水解，释放出氨基，最后用离子交换树脂分离、精制。日本田边制药株式会社已在 1969 年将此法应用于生产。固定化方法是采用把从线状菌里提取的酰化氨基酸水解酶，固定在二乙氨基乙基交联葡聚糖上的方法。固定化酰化氨基酸水解酶主要用在化学合成法生产的 L-蛋氨酸、L-苯丙氨酸及 L-缬氨酸等光学活性氨基酸的生产上。所生产的氨基酸用于食品、饲料添加剂以及人体输液等方面。

上述固定化葡糖异构酶，在日本国内使用的共有三种。一种是由长濑产业株式会社和电气化学工业株式会社合作开发的，另两种是分别由诺沃工业（Novo Industry）株式会社和合同酒精株式会社开发的。其中，电气化学工业株式会社的固定化方法如下：取季碳化的苯乙烯-2-乙烯基吡啶-二乙烯基苯无规共聚物（阴离子交换容量为 3.2 mmol/g）的悬浮分散液，加入含葡糖异构酶的链霉菌属菌体搅拌，脱水后造粒，得到固定化葡糖异构酶。诺沃工业株式会社的方法是在含葡糖异构酶的芽孢杆菌属凝固酶（Bacillus coagulans）菌体及其菌体破碎物中，加入戊二醛制成凝聚菌体，然后经脱水、成型制成固定化葡糖异构酶。

在抗生素生产过程中，适于使用固定化酶的最好实例是青霉素酰基转移酶，国内外已有若干实例报道。固定化青霉素酰基转移酶在青霉素 G 制取 6-氨基青霉烷酸或从苯乙酰-7-ADCA（7-氨基脱乙酰氧基头孢霉烷酸）制取 7-AD-CA 时使用。前者是使用大肠杆菌提取的酶，后者是使用巨大芽孢杆菌提取的酶。

L-天冬氨酸盐在医药上用于心脏病及其他疾病的治疗，其钠盐可当作食品添加剂用来改善果汁等饮料的风味。另外，它也是一种工业原料，用作各种肽，特别是用作带甜味的肽以及医药品生产的原料。L-天冬氨酸是用富马酸和氨，加一种叫天冬酶的酶，经过以下化学反应制成的：

$$HOOC-CH=CH-COOH + NH_3 \rightleftharpoons HOOC-CH_2-\underset{\underset{NH_2}{|}}{CH}-COOH$$

这种酶是产生于大肠杆菌的菌体酶，与菌体结合得很牢固。因此，多采用丙烯酰胺将菌体用凝胶包埋法加以固定。现在也有的使用藻朊酸或角叉胶等物质。

L-苹果酸在生物体内的代谢上发挥着重要的作用，在医药上用于治疗高血压症及肝功能不全,或用作氨基酸输液的成分之一。在工业规模的生产工艺上,也是将富马酸和水用富马酸酶转换成 L-苹果酸。富马酸酶是从短颈细菌属氨基因(Brevibacterium ammoniagenes)中提取的,采用的也是用丙烯酰胺或角叉胶将菌体包埋的方法,有人认为这种固定化方法能提高苹果酸的生产率。

在有色人种的成年人当中,由于不能吸收和消化牛奶中的乳糖而引起腹泻的乳糖不适症,是常见的病症。如果将这种病原物——乳糖用酶水解转换成葡萄糖和半乳糖,加工成容易消化的牛奶则便于饮用。在此情况下,如从微生物中提取活性最高的中性 β-半乳糖苷酶(乳糖分解酶),然后在乙酰纤维素中包埋固定化,就可以连续分解牛奶中的乳糖。

在医疗方面,可利用固定化酶进行诊断。这种酶分别用于诊断用分析检测器和编入连续自动分析系统。诊断用分析检测器用于定量分析血和尿中的葡萄糖、尿酸和尿素,近来已经改进为小型而且每一检体使用时间仅 30 s 的高灵敏性检测器。

3. 人工酶

在生物体内,酶是化学反应的催化剂,具有高催化活性和高选择性以及无公害等特点。这种催化剂如果能应用在化学工业上,一直需要的高温、高压的生产过程,就可以改在常温、常压下进行,并且可以实现无公害工艺。但是,在反应过程中经常采用有机溶剂类的化工工艺,如果直接使用酶,是很难使其发挥功能作用的,而且耐久性也差,多数场合效果不大。因此,需要合成一种功能与酶相类似,在非水相里又能表现出活性,并具有耐久性的化合物——人工酶。人工酶的研究,并不单纯是用人工方法重现生物酶的功能,其意义在于要生产出具有超越生物酶功能的人工酶。

对所研究的人工酶,如按其功能进行分类,则如表 4.4 所示。在生物体内酶不仅进行物质的合成和转换,还能参与物质的输送和电子传递等。对人工酶的研究,首先是以用人工方法重现这些酶的功能作为目标,因此要在酶以外的生物体中寻找具有酶的功能或者间接与产生酶的功能有关的物质,这些都会成为研究的对象。因此,具有这些功能的酶,不仅可作为化学反应的催化剂使用,还可用来开发各种功能性材料。例如,作为典型输氧体的血红蛋白,除用于人造血液之外,还可用于酶富集膜,而电子输送体的细胞色素 C_3 的典型化合物,可用作超导材料。

表 4.4　人工酶的分类与应用

	功能	应用
物质输送	氧、一氧化碳、二氧化碳、离子和有机物	人造血液、气体、离子及有机物的分离膜、分离用吸附体
物质转换与合成	水解、氧化、脱氢、氢氧化、还原、加成、异构化、固氮、固定碳酸	各种有机合成催化剂、敏感元件、医药、人工脏器
电子输送	能量转换、光化学反应、电导性	生产氢、光催化、超导材料、分子元件

对天然酶的修饰,如果修饰幅度很大,就会使之成为与原来的酶截然不同的物质。根据所用修饰方法,既可以克服酶原来的缺点,也可以改性为比原来活性更高的酶。其研究的顺序也与人工酶的情况相同,修饰天然酶也可以看成是制取人工酶的方法之一。

在开发人工酶时,首先应该厘清准备开发的酶的结构及作用机理,但人工酶的开发方法因使用目的的不同而异,并不一定要求具备酶的所有功能。对人工酶的开发,有以下三种方法。

1) 重现酶的活性中心结构

首先要弄清天然酶活性中心的立体结构,再以此结构为基础,寻找活性且具有经过长时间应用仍能继续保持其必要的最低限度的结构的化合物,就可以作为人工酶加以合成。但是实际上,想把某种酶的所有功能用一种人工酶来重现,是一件极为困难的事。例如,我们知道血红蛋白是一种输氧体,人们对其血红素的结构、珠蛋白的氨基酸排列及立体结构,都做了充分的研究,与氧的结合状态也基本弄清。因此就合成了多种和血红蛋白相比具有同等与氧结合能力的模型化合物。然而,尽管它们在与氧的结合上相同,但在与一氧化碳的结合上却与血红蛋白完全不同。因此就算是弄清了结构,也很难同时重现几种功能;更何况对一般的酶而言,多数连一级结构也未弄清,若想重现其所有功能就更加困难。但是,根据使用目的,也有只重现一种功能就可满足需要的情况。例如,上述血红蛋白的模型化合物,如果用作富氧膜的载体,只要与氧的结合功能即可,甚至对载体的适应性问题都可另作考虑。

2) 利用与酶作用机理相同,而结构不同的化合物

如找到结构与酶完全不同,而作用机理与酶相同的化合物,这种化合物可以当作人工酶使用。当前多从现有化合物中寻找与酶具有相同功能的化合物,把这种化合物作为人工酶来进行研究。例如,正在用双(水杨醛)乙二亚胺钴(Ⅱ)配位化合物及四亚乙基五胺铜(Ⅰ)配位化合物取代上述血红蛋白作输氧体。但是,预计将来在弄清楚酶与基体间相互作用的机理之后,结合催化化学,就会合成出具有与酶的功能类似的新化合物。这种人工酶有可能比天然酶的功能还要好。

3) 利用与酶的作用机理不同的化合物

某种化合物即使作用机理与酶完全不同,如果所要求的反应(现象)能与天然酶相同,则这种化合物也可当作人工酶来使用。如在人造血液上,已经用氟碳化物取代血红蛋白作输氧体。血液中氧的输送机理是利用血红蛋白与氧的结合作用,而氟碳化物则是利用对氧的溶解性。这是因为血液本身即使不用血红蛋白来输氧,正如在高压氧气疗法时所看到的一样,只要能提高氧的溶解性,也可以起到与血红蛋白相同的输氧作用。氟碳化物正是着眼于这一点而开发出来的。但是,若将这种与生物体完全无关的化合物应用于人体,在输氧功能之外,还必须探讨该化合物对人体的毒性和体外排出性等与人体的适应性问题。

参考文献

[1] 刘力行,曹瑞军,白龙腾,等. 纳米压印技术与感光树脂应用的发展. 信息记录材料,2011(12):45-49.

[2] 冯宗财,王跃川,赵凌. 含光敏剂的高支化碱溶性感光聚合物的合成及性能. 高分子材料科学与工程,2001,17(3):65-70.

[3] 王斋民,程江,文秀芳,等. 印制电路板用液态 UV 感光成像油墨的研究进展. 合成材料老化与应用,2004(3):28-33.

[4] Feng Z C,Liu M H,Wang Y C. Preparation of hyperbranched polyester photoresists for miniaturized optics. Journal of Appliecl Polymer Science, 2004, 92(2): 1259-1263.

[5] Gauthier M, Moeller M. Uniform highly branched polymers by anionic grafting, arborescent graft polymers. Macromolecules, 1991,24(6): 4548-4553.

［6］ Frechet J M J. Functional polymers and dendrimers：reactivity，molecular architecture，and interracial energy. Science，1994，263(5154)：1710.

［7］ Johansson M，Malmstroem E，Hult A. Synthesis，characterization，and curing of hyperbranched allyl ether maleate functional ester resins. J. Polym. Sci.，Part A，Polym. Chem.，1993，31(3)：619.

［8］ Shi W F，Ranby B. Photopolyrnerization of dendritic methacrylated polyesters. Ⅰ. Synthesis and properties. J. Appl. Polym. Sci.，1996，59(12)：1937 – 1944.

［9］ Reichmanis E，Thompson L F. Polymer materials for microlithography. Chem. Rev.，1989，89(6)：1273 – 1289.

［10］ 蔡弘华，罗仲宽. 光致变色材料的发展现状及其在建筑上的应用前景. 广东建材，2007(7)：22 – 23.

［11］ 沈庆月，陆春华，许仲梓. 电致变色材料的变色机理及其研究进展. 材料导报，2007，5(21)：284 – 288.

［12］ 梁小蕊，张勇，张立春. 可逆热致变色材料的变色机理及应用. 化学工程师，2009(5)：56 – 58.

［13］ 董子尧，李昕. 电致变色材料、器件及应用研究进展. 材料导报，2012，7(6)：50 – 56.

［14］ 史辰君，张一烽，沈之荃. 环烷酸镧催化体系合成高反式聚丁二烯. 高分子学报，2001(3)：333.

［15］ 吴小伟，王艳华，赵玉亮. 温控相分离催化三聚丙烯氢甲酰化反应的研究. 催化学报，2002，23(4)：388 – 390.

［16］ 尹艳镇，王亮，张伟，等. 人工硒酶设计新策略. 中国科学：化学，2011(2)：205 – 215.

［17］ Fenon L G，Penver M J，Rodriguez-lopez J N，et al. Tyrosinase kinetics：discrimination between two models to explain the oxidation mechanism of monophenol and diphenol substrates. The International J of Biochemistry & Biology，2004，36(2)：235 – 246.

［18］ 彭思远，刘轩，柯红梅. 木贼活性成分对蘑菇酪氨酸酶的抑制研究. 厦门大学学报：自然科学版，2008，7(2)：115 – 117.

［19］ 姚日生，董明辉，朱慧霞. 酶法合成有旋糖苷相对分子质量的控制. 精细化工，2007，24(10)：964 – 967.

［20］ Zheng Z P，Cheng K W，Chao J F，et al. Tyrosinase inhibitors from paper mulberry (Broussonetia papyrifera). Food Chemistry，2008，106(2)：529 – 535.

［21］ 陈业，罗祖友，向东山. 藤茶黄酮类化合物的提取分离与定量方法研究进展. 湖北民族学院学报：自然科学版，2008，26(3)：277 – 281.

［22］ Guncheva M，Zhiryakova D，Radchenkova N，et al. Properties of immobilized lipase from Bacillus stearothermophilus MC7. Acidolysis of triolein with caprylic acid. World J Microbiol Biotechnol，2009，25(4)：727 – 731.

［23］ Mu H，Xu X. Production of specific structured triacylglycerols by lipase catalyzed interesterification in a laboratory scale continuous reactor. J Am Oil Chem Soc.，1998，75(9)：1187 – 1193.

［24］ Garcia H S，Arcos J A，Keough K J，et al. Immobilized lipase mediated acidolysis of butter oil with conjugated linoleic acid：batch reactor and packed bed reactor studies. Journal of Molecular Catalysis B：Enzymatic，2001，11(4)：623 – 632.

第 5 章　医用药用生物功能材料

　　生物医用药用功能材料的应用从高分子医疗器械到具有人体功能的人工器官,从整形材料到现代医疗仪器设备,几乎涉及医学的各个领域。生物医用药用功能材料即医药用仿生材料,又称为生物医药材料,这类材料是用于与生命系统接触并发生相互作用,能够对细胞、组织和器官进行诊断治疗、替换修复或诱导再生的天然或人工合成的特殊功能材料。生物医用药用功能材料作为一类新兴材料发展得很快,每年以 20%～30% 的速度递增。医用高分子材料大量用于医疗器具和器械,而且用作人体器官或肌体组织的代用品,短期或长期植入人体内,起到人体某种功能的作用。近年来,这类生物医用药用功能材料的人工器官发展得更为迅速。

　　人类利用天然材料治病的历史已有数千年,公元前 2500 年在中国及埃及人的墓穴中已发现有假手、假耳等人工假体,我国隋唐时代就有了补牙用的银膏(图 5.1)。金、银、铂等贵重金属最先用于临床实践,它们都有良好的化学稳定性和易加工性能。1926 年,不锈钢材料用于骨科治疗,20 世纪 50 年代用纯钛制作的骨丁、骨板已用于临床,70 年代后期以 Ti - Ni 系为代表的形状记忆合金成为骨科、口腔科医用金属材料的重要组成部分。高分子生物材料的发展略晚于金属材料,20 世纪 60 年代初,聚甲基丙烯酸甲酯开始用于髋关节的修复,促进了医用高分子材料的发展。生物陶瓷的开发研究开始于 60 年代初,首先是用于骨校正和牙种植的多晶氧化铝陶瓷,1967 年低温各向同性碳用于临床,1971 年羟基磷灰石陶瓷获得临床应用,从此,生物陶瓷复合材料成为一个重要的研究领域。在生物陶瓷的骨架结构中引入生长因子,使陶瓷具有生物学功能是目前较为活跃的研究领域之一。

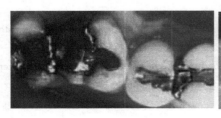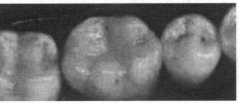

图 5.1　补牙用材料的演变(补牙银膏和现代植牙)

　　生物医用药用功能材料按其应用大体可分为不直接与人体接触的、与人体组织接触的和进入人体内的三大类。与人体接触的和进入体内的材料虽然是一小部分,但它决定了近几十年来医学上的许多重大成就。它们中的绝大多数属功能高分子范畴,有的具有人体组织或器官的某些功能;有的利用其物理化学性能阻止或疏通某些功能障碍,使之恢复其正常功能;有的只作为医疗器械使用,由于它与人体表面或体内或长或短时间的接触,对其生物学性能仍有一定的要求。

生物医用药用功能材料从原料、助剂、材料合成到制品结构设计加工，从生物学性能的检验到临床验证，涉及的学科很多。生物医用药用功能材料作为一门边缘学科，结合了化学、物理、生物化学、合成材料工艺学、病理学、药理学、解剖学以及临床医学等多方面的知识，涉及许多工程学的问题。这些学科相互渗透、相互交融，促使生物医用药用功能材料的品种日益丰富，性能逐渐完善，功能日益齐全。

5.1　生物医用药用功能材料概述

5.1.1　生物医用药用功能材料的基本性能要求

生物医用药用功能材料在使用的过程中常常与生物肌体、体液、血液等相接触，有些还长期在体内放置，因此要求其性能较为出色。生物医用药用功能材料的要求比普通工业用材料的要求要高得多，尤其对植入性材料的要求更高。对于在人体内应用的高分子材料一般要求如下：

1) 化学性能稳定，对人体的血液、体液等无影响，不形成血栓等不良现象。人体是一个相当复杂的环境，血液在正常环境下呈微碱性，胃液呈酸性，且体液与血液中含有大量的钾、钠、镁离子，含有多种生物酶、蛋白质。人体的环境易引起聚合物的降解、交联及氧化反应，生物酶会引起聚合物的解聚；体液会引起高分子材料中的添加剂析出，血液中的酯类、类固醇以及脂肪等会引起聚合物的溶胀，使得材料的强度降低。例如聚氨酯中所含的酰氨基团极易水解，在体内会降解而失去强度，经嵌段改性后，化学稳定性提高。而硅橡胶、聚乙烯、聚四氟乙烯等分子链中不含可降解的基团，化学稳定性则更为优异。另外，需在体内降解的骨丁、骨板、手术缝合线等则要求材料在体内在一定的时间降解，尽快地被组织分解吸收，而不应在体内产生对人体有毒、有害的副产物。

2) 材料与人体的组织相容性良好，不会引起炎症或其他排异反应。一些含有对人体有毒、有害的基团是不能用作生物医用药用功能材料的，有些添加剂对人体有害或有些残留单体对人体有不良影响，都应引起高度的警惕。有些添加剂会随时间的变化，而从材料内部逐渐迁移到表面与体液及组织发生作用，引起各种急性和慢性的反应。例如，急性局部的炎症、坏死、形成血栓以及异物排斥反应；急性全身反应，如急性毒性感染、发热、循环障碍等；慢性局部炎症，组织增生或组织粘连溃疡；慢性全身反应，如慢性中毒、脏器功能障碍等。

3) 无致癌性，耐生物老化，长期放置体内的材料的物理机械性能不发生明显变化。生物医用药用功能材料植入人体时，应考虑材料的物理性质和化学性质，另外还应考虑其形状因素。引起癌变的因素是多方面的，有化学因素、物理因素以及病毒等。医用高分子材料植入人体后，其本身的性能以及它所包含的杂质、残余单体等都有可能引起各种副反应的发生。研究表明，高分子材料对人体并不存在更多的致癌因素，当植入材料是粉末、海绵、纤维状时，不会产生肿瘤，组织细胞会围绕它们生长，不会由于氧和营养不足而产生变异，致癌的危险性很小；而当植入的是片状时，大体积的薄片出现肿瘤的可能性要比在薄片上穿孔时高出一倍左右，其原因可能是由于植入的高分子材料影响了周围细胞的代谢，细胞营养不充分，长期受到异物刺激而产生变形所致。

有些材料需要植入体内长期存放,因此这类材料应选用化学稳定性好、不含降解基团、机械性能稳定的材料。例如,在体内短期放置、机械性能明显下降的材料(如尼龙)一般不宜选作长期植入体内的材料。有些材料植入体内后,还要承受一定的负荷及动态应力,如人工骨关节。材料机械性能的降低,不会使材料本身被破坏而丧失其使用功能。

4)不因高压蒸煮、干燥灭菌、药液等消毒措施而发生质变。生物医用药用功能材料在植入体内之前都必须经过严格的消毒处理,具体如下:

(1)蒸汽灭菌的温度一般在120~140℃,不能选用软化点低于此温度的材料。

(2)化学灭菌通常使用环氧乙烷、碘化合物、甲醛、戊二醛等,采用化学灭菌可以进行低温消毒,而避免了材料产生变形。但应避免材料与灭菌剂发生副反应,除了化学反应外,还应避免材料吸附灭菌剂,应用时,必须除去灭菌剂之后才可植入体内。

(3)γ射线灭菌的优点是穿透力强,灭菌效果好,可连续操作,可靠性高。但γ射线辐射能量大,会使机械强度下降。具有灭菌作用的γ射线要在0.003 rad以上,如此剂量的辐射足以对材料的性能产生影响。

除上述一般要求外,根据用途的不同和植入部位的不同还有各自的特殊要求:例如,与血液接触不得产生凝血,眼科材料应对角膜无刺激;注射整形材料要求注射前流动性好,注射后固化要快等;作为体外使用的材料,要求对皮肤无害,不导致皮肤过敏,耐汗水等浸蚀,耐消毒而不变质;人工脏器还要求材料应具有良好的加工性能,易于加工成需要的各种复杂的形状。可见,不同的用途有许多特殊的要求。

5.1.2 生物相容性

生物材料在与人体组织接触时会产生有损肌体的宿主反应和有损材料性能的材料反应,在生物体方面往往出现毒性反应、炎症和形成血栓等。这就要求所生产的生物材料在生理环境中具有生物相容性(biocompatibility),这是生物医用药用功能材料区别于其他材料的最基本的特征。材料所引起的宿主反应应能够控制在一定的可以接受的水平,同时材料反应应控制使其不至于使材料本身发生破坏。材料与机体组织相互作用,生物活体对材料系统的反应称为宿主反应,主要有过敏、致癌、致畸形以及局部组织反应、全身毒性反应和适应性反应等。材料反应通常包括生理腐蚀、吸收、降解与失效等。

生物相容性是指材料在特定的生理环境中引起的宿主反应和产生有效作用的综合能力,主要包括血液相容性以及组织相容性。

血液相容性主要是指生物医用药用功能材料与血液接触时,不引起凝血及血小板黏着凝聚,不产生破坏血液中有形成分的溶血现象,即溶血和凝血。医用材料与体液、血液的接触主要是在材料的表面,所以在考虑机械性能之外,在材料表面结构的合成与设计中,应考虑材料的抗凝血性,该工作主要包括惰性表面、亲水性表面、亲水-疏水微相分离结构表面及其表面修饰。表面修饰除了化学官能团修饰,还应有溶解或分解血栓的线熔体、透明质酸等生理活性物质的固定。用来改善材料的亲水性的单体有丙烯酰胺及其衍生物、甲基丙烯酸-β-羟乙酯等。在侧链上具有寡聚乙二醇的丙烯酸酯类可以防止血浆蛋白的沉积,负电荷型聚离子复合物能有效地降低血小板的黏着和凝聚。

由于牛肺或猪肠黏膜中提取的天然大分子生物制品是天然的抗凝血剂,把肝素牢固地结合在高分子材料表面,就能够制造抗凝血的高分子材料,但是由于肝素的结构式中不存在双键,故很难直接以自由基的方式进行接枝,有人采用化学方法的共价键、离子键和 γ 射线照射进行接枝共聚以及光引发接枝等。除上述用肝素固定化来提高抗凝血效果外,还有等离子体聚合和等离子体表面处理技术等。

组织相容性是指活体与材料接触时,材料不发生钙沉积附着,组织不发生排拒反应。组织相容性也是基于亲水性、疏水性以及微相分离的高分子的表面修饰,特别是细胞黏附增殖材料更为引人注目。材料与组织能浑然成为一体是当今组织相容性研究的热点课题。对于细胞培养来说,黏附增殖是我们所期望的,但在组织相容性中材料的黏附增殖还有另外的意义,如白内障手术后植入的人工晶体应是组织相容而又能排斥纤维细胞在晶面上的黏附增殖,以避免白内障复发。硅橡胶(聚二甲基硅氧烷)是使用得最多的组织相容性材料,常常用作导管、填充材料等。但在长期动态下使用时,会引起异物反应,其机械性能仍不能满足要求。

研究评价生物相容性标准与标准方法一直是生物医用药用功能材料研究的重要组成部分。临床使用前对生物医用药用功能材料进行严格的测试与评价以确保生物医用药用功能材料的临床使用的安全性是十分必要的。国际标准化组织 ISO/TC194 制定了生物医用药用功能材料的检验测试项目。其标准实验是可重复性实验,其程序一般由简到繁,从体外到体内,先动物,后人体。

5.1.3 生物降解吸收材料

有些外科内植用的材料作为永久性材料植入体内时,希望材料的组织相容性良好,在体内保持稳定,耐生物老化性良好。但有些材料期望它能在发挥作用后降解,被组织吸收,通过正常的循环被排出体外。如可降解的手术缝合线,被用来缝合内脏的手术口,避免了二次手术拆线;可降解的骨丁、骨板经过一定的时间后被正常的组织所填充覆盖吸收,避免了拆除的痛苦。

目前主要采用的医用高分子材料的种类有脂肪聚酯、聚丙交酯、聚内酯、聚酸酐、聚原酸酯、聚乳酸(图 5.2)等。生物降解吸收医用材料在体内的降解大致有水解与酶解两类。水解产物应无毒副作用,分子量较小,能够经肾脏排出;酶解产物应能够参与正常的代谢。生物降解

生物可吸收性PLGA原料

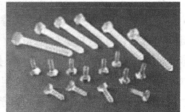
生物可吸收性PLGA骨螺丝成品

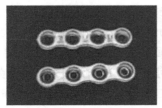
生物可吸收性PLGA骨板成品

生物可吸收性PLGA多孔性基材

PLGA—聚乳酸-羟基乙酸共聚物

图 5.2 生物降解吸收的聚乳酸材料

医用高分子的研究目前主要集中在以下几个方面：

(1) 以形状、表面积以及不同的链节比例等控制合适的降解速度，以保证材料在正常的使用期限中具有良好的性能而在活体康复后尽快降解。

(2) 在大分子链上引进功能基团，引进抗体、药物活性物质，进行官能团修饰以增进材料的亲水性，加快材料的水解速度。

(3) 通过嵌段共聚控制缓释药物的释放速度，改善药物通过膜的透过性。

由于可降解高分子材料不需二次手术移出，因此其特别适合于一些需暂时性存在的植入场合。根据其临床中的应用，可分为以下几类：①外科手术缝合线；②骨固定材料；③人造皮肤；④药物释放体系。

5.2 医用功能材料的分类与应用

迄今为止人们研究过的医用功能材料已有 1 000 多种，在临床上广泛应用的也有几十种，涉及材料学科的各个领域。根据材料的属性，它可以分为以下几类：

(1) 医用金属材料(biomedical metallic materials)。

(2) 医用无机非金属材料(或称为医用陶瓷)(biomedical ceramics)。

(3) 医用复合材料(biomedical composites)。

(4) 医用高分子材料(biomedical polymer)。

其中金属材料部分因其不属于无机非金属材料内容，故不再叙述。

5.2.1 医用陶瓷

医用陶瓷是陶瓷材料的一个重要分支，是用于生物医学及生物化工中的各种陶瓷材料，其总产值约占特种陶瓷的 5%。目前，约有 40 种生物陶瓷材料在医学、整形外科方面制成了 50 余种复制和代用品。

陶瓷植入体内不被排斥，具有优良的生物相容性和化学稳定性，不会被体液腐蚀，自身也不老化。为了使植入材料的物理化学性质与被替代的组织相匹配，生物陶瓷中的复合材料便应运而生，且发展迅速。医用陶瓷主要是用于人体硬组织修复和重建的陶瓷材料，与传统的陶瓷材料不同，它不但指多晶体，而且包括单晶体、非晶体生物玻璃和微晶玻璃、涂层材料、梯度材料、无机与金属的复合等材料。它不是药物，但它可作为药物的缓释载体；它们的生物相容性和磁性或放射性，能有效地治疗肿瘤。医用陶瓷在临床上已用于髋、膝关节，人造牙根，牙嵴增高和加固，心脏瓣膜，中耳听骨等。

应用于临床的医用陶瓷必须是安全无毒的，根据它们与组织的效应，分为三类：①惰性陶瓷，在生物体内与组织几乎不发生反应或反应很小，如氧化铝陶瓷和蓝宝石、氧化锆陶瓷、氮化硅陶瓷等。②活性陶瓷，在生理环境下与组织界面发生作用，形成化学键结合，如羟基磷灰石等陶瓷及生物活性玻璃、生物活性微晶玻璃。③可被吸收的陶瓷，这类陶瓷在生物体内逐渐降解，被骨组织吸收，是一种骨的重建材料，如磷酸三钙等。各种医用陶瓷在临床上有如下应用：

(1) 能承受负载的矫形材料，用于骨科、牙科：Al_2O_3 陶瓷，稳定 ZrO_2 陶瓷，具有生物活性表面涂层(生物活性玻璃、生物微晶玻璃)的相应材料。

(2) 人工心脏瓣膜：热解碳涂层(抗凝血，摩擦因数小)。

（3）骨的充填料：磷酸钙及磷酸钙盐粉末或颗粒。

（4）种植齿：Al_2O_3 陶瓷，HAP 陶瓷，生物活性玻璃，活性涂层材料。

（5）耳鼻喉科：Al_2O_3 陶瓷，HAP 陶瓷，生物活性玻璃及生物活性微晶玻璃，磷酸盐陶瓷。

（6）可供组织附着并长入的涂层：多孔 Al_2O_3 陶瓷。

（7）牙槽增高：Al_2O_3 陶瓷，生物活性玻璃，自固化磷酸盐水泥和玻璃水泥。

（8）径皮端子（腹透）：生物活性玻璃及生物活性微晶玻璃，HAP 陶瓷。

（9）眼科：生物玻璃，多孔羟基磷灰石。

（10）脊椎外科：生物活性玻璃，HAP 陶瓷。

1. 惰性陶瓷

1）氧化铝（Al_2O_3）陶瓷

1933 年，Rock 首先建议将 Al_2O_3 陶瓷用于临床医学。1963 年，Smith 将其用于矫形外科。由此以后，Al_2O_3 陶瓷用于人造牙根、髋关节、膝关节、中耳听骨，在临床上逐渐应用，成为医用陶瓷的一种重要材料。

经多年临床实践和研究，只有高纯度（>99.5%）、高密度（>3.9 g/cm³）、晶粒小而均匀（平均晶粒<7 μm）的 Al_2O_3 陶瓷，才能显示出 Al_2O_3 作为医用陶瓷的优越性，即优良的生物相容性、摩擦因数小、耐磨损、抗疲劳、耐腐蚀等特性。高纯度和高致密性保证了 Al_2O_3 陶瓷的硬度，因而耐磨，并且抗腐蚀。Al_2O_3 陶瓷的抗疲劳和机械强度，除与纯度和致密性有关外，与晶粒大小的关系更为密切。当纯度大于 99.7%、平均晶粒小于 4 μm 时，其抗疲劳性和耐腐蚀性更佳。因为 Al_2O_3 陶瓷是沿晶界断裂的，晶粒越小，断裂的路程越长，它的机械强度和抗疲劳性能就越好，所以用于承受负载的 Al_2O_3 陶瓷必须是晶粒小而均匀的。由于髋关节在生理环境下处于负重状态，因此，材料在负重条件下的寿命预测就很重要，成为医用材料性能及临床应用可行性和安全性判断的条件之一。老化和疲劳实验是医用陶瓷人工关节寿命预测的依据。高纯度、高致密 Al_2O_3 髋关节在 12 000 N 的应力下，寿命预测为 30 年，对年轻患者来说具有很重要的价值。Al_2O_3 陶瓷应用于关节的主要问题在于 Al_2O_3 陶瓷的弹性模量和骨相差大，Christol 等认为，Al_2O_3 陶瓷的高弹性模量，可能引起骨组织的应力，从而引起骨组织的萎缩和关节松动。对于老年病和患有风湿性关节炎的病人尤其如此。因此应根据患者情况作全面考虑。

同多晶 Al_2O_3 陶瓷相比，单晶 Al_2O_3 陶瓷的机械性能更为突出，在临床上应用于负重大、耐磨要求高的部位，如高强度的螺钉等。但加工更加困难。

多孔 Al_2O_3 陶瓷可使骨组织附着并长入其孔隙而使植入体固定。多孔 Al_2O_3 陶瓷的强度随孔隙率的增加而急剧下降，因此，只能用于不负重或负重轻的部位。孔隙大小对于骨长入十分重要，当孔径为 10~40 μm 时，只有少量组织长入，而没有骨质长入；当孔径为 75~100 μm 时，则连接组织长入；骨质完全长入的孔径为 100~200 μm。

2）碳材

根据生产工艺不同，可得到不同结构的碳材。

（1）玻璃碳。加热聚合态碳，使易挥发组分失去，剩下的就是玻璃碳。

（2）热解碳（LTI 碳）。由甲烷等碳氢化合物在 1 000~2 400℃热解、沉积而得。

（3）低温气相沉积碳（ULTI 碳）。在低压常温下，用催化剂使碳在含碳浓度高的气相中沉积而得到一种各向同性的碳。

碳材在 1967 年由 Bokros 开发并应用于医用材料。因其独特的优点,发展迅速。碳的优点在于:①生物相容性好。特别是抗凝血性能佳,与血细胞中的元素相容性极好,不影响血浆中的蛋白质,也不会改变血浆中酶的活性。②碳的弹性模量不高,LTI 碳的弹性模量为 20 GPa,抗弯强度高达 275～620 MPa,且韧性好。与 Al_2O_3 陶瓷相比,LTI 碳具有高的韧性,其断裂能约为 5.5 MJ/m^3,Al_2O_3 陶瓷仅为 0.18 MJ/m^3,也就是说碳的韧性比 Al_2O_3 陶瓷高 25 倍。LTI 碳的断裂应变大于 5%,因此可用作有机聚合物纤维的涂层材料,当基体弯曲时,涂层不会断裂。③耐磨性好,并且抗疲劳,能承受大的弹性应变,本身不致擦伤或损伤。碳不具有其他晶态固体的可移动缺陷,因此其强度也不会因周期性承载而破坏,故抗疲劳性能好。

不同碳的制备工艺不同,机械性能不同。玻璃碳是低密度碳,只能用于机械性能要求不高的场合。LTI 碳涂层作心脏瓣膜用于临床,从 1969 年 Debakey 首次应用,至今已有几十万例。鉴于碳具有平滑而耐磨的表面,可用作血管移植和心脏瓣膜的缝合环、碳制人工关节等。此外,碳还可用于制造耳窝听力激发器,碳纤维还可用作人工腱和韧带等。

2. 活性陶瓷

医用活性陶瓷的突出优点在于随修复时间的延长,种植体表面发生动态变化,表面形成与骨组织能够通过化学键结合的生物性羟基磷灰石(HCA),这种羟基磷灰石中的部分 PO_4^{3-} 被 CO_3^{2-} 取代,还含有其他矿物和微量元素。在种植体上形成的 HCA,在化学组成和微观结构上与骨的无机组成相同,在与骨的界面结合中发挥作用。在生理环境下,与骨组织形成紧密的化学键结合层,这种键结合层能阻止种植体材料被腐蚀,具有极好的抗应力性能,从而增强了材料的耐久力和抗疲劳性能。

医用活性材料包括各种生物活性玻璃及羟基磷灰石等磷酸盐材料。羟基磷灰石的分子式为 $Ca_{10}(PO_4)_6(OH)_2$,简称为 HAP,因为 HAP 占人体骨组成的 70%～97%(质量分数),所以修复骨组织 HAP 较金属和聚合物具有更好的效果。Jarch 研究了 HAP 和骨的结合过程,发现 HAP 植入骨组织后,通过外延生长和骨产生牢固的化学键结合,即骨性结合。

HAP 抗酸性能差,因此在其中加入适当 F 元素,以提高它的抗骨伤能力。在临床上应用得相当广泛,可用作牙根植体、中耳植体;脊椎外科、肾病患者腹透时用致密 HAP 作径皮端子,因 HAP 能与皮肤之间密封,不易出现感染。HAP 的强度不高,尤其是抗疲劳性能差,尚不能用于可承受负载的骨修复。

Hench 等在 20 世纪 70 年代发现,$Na_2O - CaO - SiO_2 - P_2O_5$ 系列玻璃与自然骨形成化学键结合,这是首次发现人造材料能与自然骨形成键结合。在临床上,生物玻璃已成功地用作听骨、牙嵴修复、胯骨、脊椎及骨的填充物。生物玻璃在临床修复中具有高的生物活性,既能与硬组织结合,又能和软组织结合;不仅有引导成骨的性能,并能在界面上通过细胞内和细胞外的反应,产生有丝分裂,具有产骨性;而 HAP 在界面上,只在细胞外发生反应,仅为骨的迁移提供了生物相容的界面,即具有引导成骨的性能。

羟基磷灰石和生物玻璃 45S5 等均已有商品,但其机械强度不够高,限制了它们的应用。磷灰石-硅灰石(A-W)和 Cerabone 是含有磷灰石晶体的微晶玻璃,其机械强度和生物活性均较 HAP 好,它们在体液中承受屈服应力 65MPa 达 10 年以上,而 HAP 在同样条件下 1 min 就断裂。将 Cerabone 和 A-W 颗粒植入老鼠胫骨,4 周内骨生长面达 90% 以上,而 HAP 颗粒经 16 周后骨生长面才只有 60%。当张力施加在 A-W 与骨的界面时,断裂发生在骨组织内,而不是界面,表明其界面结合强度高,在临床上用于胯骨、假肢和脊椎。由于 A-W 微晶玻璃的断裂韧性最高只有 $6\ \mathrm{MPa} \cdot \mathrm{m}^{\frac{1}{2}}$，较人的皮质骨低，且它的弹性模量比人体骨的高，因此不能用于高负载的人体胫骨和股骨。

3. 可吸收陶瓷

生物吸收材料是一种暂时性的骨替代材料。植入体内后材料逐渐被吸收，同时新生骨逐渐长入而替代。可吸收陶瓷在临床上主要用作治疗脸部的骨缺损，填补牙周的空洞及与有机或无机物复合制作人造肌腱及复合骨板，还可作为药物的载体。

最早应用的降解材料是石膏。1892 年 Dreesman 第一次用石膏作骨填充材料。石膏的生物相容性较好，但吸收速度太快，通常在新骨未长成就消耗殆尽，造成塌陷，因此在许多情况下是不成功的。目前广泛应用的生物降解陶瓷为 β-三磷酸钙（β-TCP）。从 1920 年开始应用以来，发展较快。β-TCP 的降解过程与材料的溶解和生物体内细胞的新陈代谢过程相联系，一般来说取决于以下几方面：①材料的晶界被浸蚀，使其变成粒子被吸收。②材料的天然溶解，形成新的表面相。③新陈代谢的因素，如吞噬细胞的作用，导致材料降解。

控制 β-TCP 的微观结构及组成，可以制备出不同降解速度的材料。虽然目前尚无该方面的反应动力学数据，但对影响 β-TCP 降解速度的因素，还是有所了解的。例如，随表面积增大，结晶度降低、晶体结晶完整性下降、晶粒减小等使降解加快。通过控制降解速度，可制得适应于不同人体及人体不同部位的修复材料。

4. 可治疗癌症的陶瓷

医用陶瓷不仅可用来替代受损伤的组织，还可通过原位杀死癌细胞，消除被损害的组织使其康复，而不用切除受损害的组织。医用陶瓷的生物相容性与铁磁性，可作为治疗癌症的热源。例如，由 $\mathrm{LiFe_3O_5}$ 和 α-$\mathrm{Fe_2O_3}$ 与 $\mathrm{Al_2O_3}$-$\mathrm{SiO_2}$-$\mathrm{P_2O_5}$ 玻璃体复合物，制得致密的玻璃，具有热磁性。将上述玻璃微珠注射在肿瘤周围，并置于频率为 10 kHz，磁场强度达 5 000 高斯的交变磁场中，通过磁滞损失，使肿瘤部位加热到 43℃ 以上，达到有效治疗癌症的目的，并且骨组织的功能和形状均得到恢复。

耐腐蚀又能发射 β 射线的陶瓷，也可用于治疗癌症。例如 $\mathrm{Y_2O_3}$-$\mathrm{Al_2O_3}$-$\mathrm{SiO_2}$ 玻璃，它可被激发或发射 β 射线，半衰期为 64.1 h。将直径为 $20 \sim 30\ \mu m$ 的这种玻璃微珠注射入活动肿瘤中，产生局部大剂量射线辐照，几乎不对周围组织辐射，从而达到局部有效杀死癌细胞的作用。因该玻璃的化学稳定性好，放射性元素几乎不溶出。这种玻璃已经受临床考察，其不足之处是半衰期太短。

医用陶瓷是用于人体从脚趾到头盖骨的骨骼硬组织修复的重要原料，并且还可用作原位杀死受癌细胞伤害的组织，不用手术达到组织康复。医用陶瓷对于骨骼修复和重建，是不可缺少的材料。但是生物陶瓷材料研究较之其他陶瓷材料，需要更为广泛的基础和合作。较之其他材料，除本身的物理、化学性能之外，还必须经过生物安全测试、形态设计和临床应用研究后，才能进入产业化。

5.2.2　医用复合材料

医用复合材料是由两种或两种以上不同材料复合而成的生物医学材料。不同于一般的复合材料，医用复合材料除应具有预期的物理化学性质以外，还必须满足生物相容性的要求。为此，不仅要求组分材料自身必须满足生物相容性的要求。而且复合之后不允许出现有损材料生物学性能的性质。人和动物体中绝大多数组织均可视为复合材料。人工骨中,其头部经常是陶瓷的,其杆部为钴合金,结合的臼窝则为高密度聚乙烯。复合材料由基体材料(高分子基、陶瓷基、金属基等)和增强剂或填料(纤维增强、颗粒增强、相变增韧、生物活性物质填充等)复合而成。医用高分子材料、医用金属和合金以及医用陶瓷均既可作为基材,又可作为增强剂或填料,它们互相搭配或组合形成了大量性质各异的医用复合材料。如全世界几乎每十人中就有一人患关节炎。目前各种药物对关节炎还不能根治。最理想的办法就是像调换机器上的零件那样,用人造关节将人体上患病的关节换下来。用金属做骨架,再在外面包覆超高分子量聚乙烯,不仅能跟骨骼牢固地连接在一起,而且弹性适中,耐磨性好,有自润滑作用,有类似于软骨的特性,植入效果非常好。

医学领域长期以来广泛使用的金属、有机高分子等生物医学材料,其成分与自然骨不同,作为骨替代材料、骨缺损填补材料,其生物相容性、人体适应性以及与自然骨之间的力学相容性尚不能令人满意。近年来,羟基磷灰石(HAP)因其组成成分、结构性质与人骨组织中的无机质一致,以及良好的生物学特性(生物相容性、骨引导作用、可与自然骨键合)而成为极其活跃的研究领域。但这种材料也存在一些不足,例如,不具骨诱导活性、脆性大、聚形较差等缺点。制备具有生物相容性、力学相容性以及生物活性的硬、软组织材料是当今国际生物材料研究中的前沿课题,磷灰石组成的复合材料已向此类人体组织材料迈出了重要的一步。HAP复合材料属于第二代医用生物材料,它模仿自然骨的结构和功能,具有HAP的生物活性,有特殊的医用价值。综观国内外研究,HAP复合材料大致分为以下三类:①HAP与天然生物材料的复合;②HAP与非天然生物材料的复合;③HAP与多种生物材料的复合。

1. HAP与天然生物材料的复合

天然生物材料主要指从动物组织中提取的,经过特殊化学处理的具有某些活性或特殊性能的物质。比如骨形成蛋白(BMP)、胶原、纤维蛋白黏合剂、细胞因子、成骨细胞等。HAP具有良好的生物相容性,多孔的HAP因具有与正常骨组织相似的多孔结构和成分、宽大的内部空间、能容纳较多的细胞和各种细胞因子等,以及其生物化学槽的功能,较适合作为天然生物载体。组织工程学是近20年来随着细胞生物学及生物材料学技术的发展而出现的一门边缘学科,它是应用生物学和工程学的原理,研究开发能够修复、维持或改善损伤组织功能的生物替代物的一门学科。方法是将体外培养的高浓度的活细胞种植于天然或人工的细胞外基质载体上,然后将它们移植到体内,达到形成新的有功能的组织的目的。通过干细胞开发分化的组织材料是目前组织工程研究的中心,例如,位于成人骨髓中间质干细胞,可以通过特定培养基的引导,最终分化成软骨细胞。Kazuhito等利用此方法,将软骨细胞种植于HAP人工骨块上培养,然后植入体内桥接获得成功。郭昭庆等将骨髓基质细胞在多孔状的HAP上培养,发现生成的新骨具有成骨细胞及类似于正常骨的骨髓腔样的腔隙组织。骨是由有机胶原纤维和无机磷灰石构成的复合材料,其中胶原占20%,磷灰石占69%,水占9%,其他有机成分占极小部分。

2. HAP与非天然生物材料的复合

非天然生物材料主要包括两类:无机生物材料和有机生物材料。HAP涂层材料最常用的基底是医用钛和钛合金,以及医用钴基合金和不锈钢。这种材料兼具HAP的表面生物活性和金属材料的强度和韧性。不锈钢的物理性能和综合力学性能稳定良好,被作为人体硬组织的修复和植入的主要金属材料之一,但它不具有生物活性和组织相容性,HAP 涂层的应用解决了这一问题。高家诚等利用激光涂覆技术在奥氏体不锈钢材表面制备性能优良的 HAP 涂层,得到的材料界面结合良好,表面成分均匀,呈网状颗粒结构。经等离子喷雾 HAP 涂层的 Ti－6Al－4V 圆柱体植入人体四周后形成骨样组织,一年后形成骨小梁,薄层骨片两年后切片可见涂层被吸收,细胞内未发现 Ti、Al、V 金属,证明该材料具有良好的骨形成和骨进化。HAP－碳纤维增强体韧化复合材料是一种新型材料,K. Park 等合成的碳纤维含量为 5％(质量分数)的此种复合材料具有多孔结构,HAP 的可塑性得到增强。HAP－Ag 复合材料是金属复合材料的一种,Ag 颗粒弥补了 HAP 脆性大的不足,提高了其韧性,并且 Ag 颗粒增强体有抗菌效果。有机生物材料是指具有一定生物相容性的高分子材料,如涤纶、聚乳酸、尼龙、聚乙烯醇、聚氨酯等。聚合物具有良好的韧性和接近人骨的弹性模量,但缺乏生物活性。成熟骨的主要部分是由 HAP 晶体紧密地嵌入胶原基体中构成的,因此可被看作在基体中含有晶体的双相复合材料,其中 HAP 晶体被认为有增强作用。将 HAP 与高分子复合,将两者性能充分结合起来,可望得到力学性能好(强度高、韧性好),弹性模量与人骨近似且具有良好的生物相容性和生物活性的骨性材料。

有人进行了纳米针晶与高分子复合材料的研究。纳米晶体因尺寸小、比表面积大、表面能高而具有较多不同于常规材料的新性质(化学活性高、硬度大、可塑性强、增强的均相性),纳米复合材料是指分散相尺寸至少小于 100 nm 的复合材料,由于分散性与基体之间的界面面积大,能把分散相和基体的性能更充分地结合起来,因而具有良好的综合性能(力学性能、耐溶剂性、热稳定性等)。

3. HAP 与多种生物材料的复合

HAP 具有极好的生物相容性,但 HAP 降解得较慢,限制了其应用。现已发现 HAP 可以与多种不同含量的生物材料复合,得到具有不同降解速度的医用材料,从而可对降解速度进行人为控制,并且降解的产物无任何毒副作用,可成为体内正常离子库的一部分。多孔的三体结构可使细胞三维方向长入,并且这种材料可作为生长因子载体,克服其在体内吸收较快而作用较低的缺点。

5.2.3　医用高分子材料

按照功能分类,医用高分子材料主要应用于人造器官和治疗用材料。第一类能长期植入体内、完全或部分替代组织或脏器的功能,如人工食道、人工关节、人工血管等。第二类是整容修复材料,这些材料不具备特殊的生理功能,但能修复人体的残缺部分,如假肢等。第三类是功能比较单一、部分替代人体功能的人工脏器,如人造肝脏,这些材料的功能尚有待进一步多样化。第四类是体外使用的较大型的人工脏器,可以在手术过程中部分替代人体脏器的功能。另外还有一些性能极为复杂的脏器的研究,这些研究一旦成功将引起现代医学的重大飞跃。

1. 高分子人造器官

高分子人造器官主要包括人造心脏、人造肺、人造肾脏等内脏器官,人造血管、人造骨骼等体内器官,人造假肢等。由于这些人造器官需要长时间与人体细胞、体液和血液接触,因此要求该类材料除了具备特殊的功能外,还要求材料安全、无毒、稳定性良好、具备良好的生物相容性。大多数的高分子本身对生物体并无毒副作用,不产生不良影响,毒副作用往往来自高分子生产时加入的添加剂（如抗氧剂、增塑剂、催化剂）以及聚合不完全产生的低分子聚合物。因此对材料的添加剂需要仔细选择，对高分子人造器官应进行生物体测定。人造器官在使用前的灭菌也是重要的一个环节。另外，人造器官在使用条件下材料不能发生水解、降解和氧化反应等。优良的生物相容性对于人造器官非常重要，特别是用于人造内脏和人造代血浆等与生理活性关系密切的材料的相容性更为重要。如图 5.3 和图 5.4 所示，分别是视网膜代用品和人工皮肤。

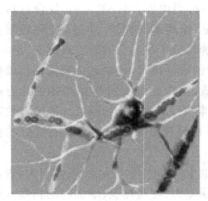

图 5.3　视网膜代用品　　　　　图 5.4　培养皿中的人工皮肤

1）人工心脏以及与心脏相关的材料

人工心脏的研究有体内埋藏式人工心脏、完全人工心脏以及辅助人工心脏。对于人工心脏来说，优良的抗血栓性是十分重要的。改进材料的抗凝血性能常常采用的方法如下：

（1）增加材料表面的光洁度，减少血小板等血液成分在材料表面的凝聚，以防止血栓的形成。

（2）在材料中引入带负电的基团，利用静电排斥，防止带有负电荷的血小板的凝聚。聚离子络合物（Polyion Complex）是由带有相反电荷的两种水溶性聚电解质制成的。例如，美国的 Amoco 公司研制的离子型水凝胶 Ioplex 是由聚乙烯苄三甲基铵氯化物与聚苯乙烯磺酸钠通过离子键结合得到的。这种聚合物水凝胶的含水量与正常血管一致，通过调节这两种聚电解质的比例，可制得中性的正离子型的或负离子型的产品。其中负离子型的材料可以排斥带负电的血小板，有利于抗凝血，是一类优良的人工心脏、人工血管的材料。

（3）适当引入亲水基团，改善材料的亲水性，可以提高材料的血液相容性。

（4）在材料中引入肝素结构可以防止血液凝聚。

（5）使用微相分离的高分子材料，促使人造器官内表面生成具有抗凝血能力伪内膜。例如，在聚苯乙烯、聚甲基丙烯酸甲酯的结构中接枝上亲水性的甲基丙烯酸-β-羟乙酯，当接枝共聚物的微区尺寸为 20～30 nm 时，具有良好的抗凝血性能。

在微相分离高分子材料中，国内外研究得最为活跃的是聚醚型聚氨酯，或称聚醚氨酯。聚醚氨酯嵌段共聚热塑性弹性体具有优良的生物相容性和力学性能，因而引起人们广泛的重视。作为医用高分子材料的嵌段聚醚氨酯 SPEU、Biomer、Pellethane、Tecoflex 和 Cardiothane 基本上都属于这一类聚合物。微相分离的高分子材料的微相分离程度、微区大小、分散性的形态与聚合物化学组成、软硬段的长度、相对含量、聚合方法及成膜条件等关系密切。这些材料中聚醚为软段形成连续相，而由聚氨酯、聚脲组成的硬段聚集成分散相微区，因此材料具有良好的弹性。

人工心脏植入体内在世界上成功的病例不多,而人工心脏瓣膜置换的应用却十分广泛,人工心脏瓣膜的种类在临床上已得到应用的主要有生物瓣膜和机械瓣膜两种。生物瓣膜是动物的心脏瓣膜经化学处理后,再与覆盖有聚四氟乙烯织物的金属轮圈配合组成的。机械瓣膜的活门材料可以使用聚四氟乙烯、聚乙烯硅橡胶等。硅橡胶内部常常加入涤纶或聚四氟乙烯等网状金属织物以提高强度,而机械瓣膜的支架材料和底部轮座一般使用金属,之后用涤纶、聚四氟乙烯等纤维织物覆盖以改善其抗凝血性。与生物体连接的瓣环,常常采用涤纶长丝织物,织物的孔隙度要适宜组织生长,随着瓣环植入人体时间的增长,逐渐被组织包埋后牢固地固定在体内。另外,心脏起搏器中的起搏电极必须用高分子材料来作包覆层,内藏电池式起搏器的电池、电线也应用硅橡胶或环氧树脂包覆。

2）人工肺、人工肾以及选择透过膜材料

人工肺需要使用氧气富化技术,使人体保持氧气供应。空气中氧气的富化包括吸附-解吸法和膜富集法,在人造肺中主要采用膜富集法。血液通过薄膜与血液进行氧气和二氧化碳气体的交换。人工肺根据其形状可分为层积式、螺管式和中空式三类。人工肺用的分离膜要求氧气透过系数要大,血液相容性要好,机械强度要高。

目前已作为人工富氧膜面市的高分子材料很多,其中较重要的有硅橡胶、聚烷基砜、硅酮-聚碳酸酯等。硅橡胶、聚烷基砜、硅酮和硅酮-聚碳酸酯富氧膜使用得最多,其中硅橡胶可用聚酯、无纺布等来增强其机械性能。硅橡胶具有较好的氧气与二氧化碳的透过性以及良好的抗血栓性,在硅橡胶中加入二氧化硅后再硫化制成的含硅橡胶 SSR 具有较高的机械强度,但血液相容性降低。聚烷基砜的氧气与二氧化碳的透过系数都较大,抗血栓性良好。将微孔聚丙烯膜与聚烷基砜膜复合,可制得厚度为 25 μm 的膜,聚烷基砜的膜层厚度减小,它的氧气透过系数为硅橡胶膜的 8 倍,二氧化碳透过系数为硅橡胶膜的 6 倍。

聚（硅氧烷-碳酸酯）是硅氧烷、碳酸酯的共聚物,该膜能够将氧气富集为含氧量为 40％（质量分数）的空气。此外,聚丙烯膜、聚四氟乙烯膜利用其微孔性使得空气富氧化,都可以用来作为人工肺的膜材料。

肾脏是人体的排泄器官,主要用于过滤和排泄代谢产物。人工肾脏是以高分子材料制成的具有透析过滤功能的膜,根据其原理可分为透析型人工肾脏、过滤型和吸附型人工肾脏。透析型人工肾脏主要采用半透膜,使血液中的低分子物质可以透过透析膜扩散到透析液中,而高分子物质则不能透过。透析半透膜所用的材料主要有聚甲基丙烯酸甲酯、聚砜、聚碳酸酯等。过滤型人工肾脏采用过滤膜,依靠液体净压差作为推动力,使血液中的水和要清除的代谢产物透过。过滤膜的材料主要有丙烯腈-氯乙烯共聚物、聚甲基丙烯酸甲酯、聚砜、聚醋酸乙酯等。吸附型人工肾的吸附材料为高分子材料所覆盖的活性炭。活性炭可以用椰壳、石油树脂等造粒而成,覆盖材料则可以是硝化纤维素、聚丙烯酰胺水凝胶等。

3）其他人造器官

模拟肝脏的功能是将肝代谢功能障碍患者的血液进行透析,除去异常代谢物以达到解毒的目的。所用的透析膜一般采用高分子材料,所用的过滤介质一般以多孔的聚苯乙烯离子交换树脂来取代活性炭。日本东京大学和旭化成公司以一个醋酸纤维素制成的中空纤维过滤器,使血液细胞和血浆分离,然后把血浆抽送到活性炭圆柱中过滤,重新形成新的血液送回人体。人工肝脏是一个具有解毒功能的辅助型急救装置,只能在体外应用。

人工胰脏是以移植异体的胰岛为基础而展开的。将活体胰岛覆盖一层高分子膜可以控制排异反应，这层膜可以防范淋巴及抗体的排异伤害，还要能透过胰岛分泌物。制造人工胰脏的材料通常有氯乙烯、丙烯腈、甲氧基丙二醇的共聚体、聚乙烯醇以及嵌段聚酯型聚氨酯。

此外，用硅橡胶做的人工喉发音膜已经在临床上使用，能达到发音、吃饭、呼吸通畅的正常功能。人工气管、人工食道、人工血管等都得到了广泛的应用。人工脏器的研究目前已经涉及人体脏器的绝大部分领域，研制的方向正向着体内化、小型化和与人体长期适应的方面发展，功能高分子正日益广泛地应用于人工脏器的研究与应用。

2. 高分子治疗材料

用于治疗用的功能高分子材料主要包括牙科材料、眼科材料以及美容用材料和外用治疗用材料。对这种材料的基本要求也是稳定性和相容性好，无毒副作用，其次才是机械性能和使用性能要好。

1）眼科材料

用于眼科的功能高分子材料主要有人工角膜、人工晶状体、人工玻璃体、人工眼球、人工视网膜、人工泪道以及接触式隐形眼镜。

制作人工角膜和接触式隐形眼镜主要以高分子材料为主，因为眼睛的条件较为特殊，所以对制造人工角膜、接触式隐形眼镜的材料要求非常严格。人的角膜上没有血管组织，需要通过泪液从空气中吸入氧气进行新陈代谢，因而需要人工角膜和接触式隐形眼镜具有良好的透气性。聚甲基丙烯酸甲酯、聚甲基丙烯酸硅烷酯和乙酸丁酸纤维素是制作硬式镜片的主要材料，聚甲基丙烯酸-β-羟乙酯、聚丙甲基硅氧烷和聚乙烯吡啶是制备软式镜片的主要材料。

人工晶状体以前多用硅玻璃水晶体，后采用硅橡胶球，也可以用甲基丙烯酸环己酯和甲基丙烯酸丁酯的共聚物，以提高其折光性和韧性。20世纪80年代初聚乙烯醇水凝胶被用来制造人工玻璃体，PVA水凝胶的特性与玻璃体比较接近，注入后可以与玻璃体完全融合。

2）牙齿的黏合和修补

用于牙科材料的功能性高分子有假牙与人工牙根、填补用树脂以及人工齿冠材料和牙托软衬垫。

牙齿的黏合和修补需要使用多种功能高分子材料，其中α-氰基丙烯酸丁酯是常用的医用黏合剂，除应用于牙科外，还用于骨折的黏合和人工关节的固定，聚甲基丙烯酸甲酯与其相应单体混合也可以作为生物黏合剂。齿科黏合剂在口腔中应用，环境比较苛刻。口腔内的唾液使得黏结时难以使牙齿表面完全干燥，即使有微量水分存在，也会使黏结界面夹有水膜，黏结后黏结剂始终处于100％浸润状态；牙齿表面常常被齿垢等有机膜所覆盖，呈疏水性，不易获得良好的黏结效果；此外口腔温度的变化以及机械应力的变化，都易使得黏结表面发生破坏。因此牙科的黏合和修补存在许多困难。

用于齿龈或口腔黏膜等软组织的黏合剂称为软组织黏合剂。软组织黏合剂用于软组织的黏合速度快、无痛苦，而且能够促进肌体组织的自愈能力。最早应用的软组织黏合剂是α-氰基丙烯酸烷基酯，后来被EDH替代。EDH含有α-氰基丙烯酸甲酯、丁腈橡胶和聚异氰酸酯（按100：100：20的质量比配成），再制成质量分数为6％～7％的硝基甲烷溶液。这种黏合剂具有较好的与活体组织的黏结性，挠曲性较好，除被用作牙科软组织的黏合，也用于牙槽手术创面的黏合以及牙根切除手术中牙根断端部分的包覆。

用于牙齿硬组织黏合用的黏合剂有硫酸锌黏固剂、羟基化黏固剂以及玻璃离子键聚合物黏固剂、聚甲基丙烯酸酯黏固剂等。

3）人工关节、人工骨

当植入物表面附有丝绒或毛毡时就可以构成凹凸不平或带有微孔的结构，能使人体组织向内生长，人工关节就是采用这种结构，这样一方面可以使关节假体比较稳定，另一方面可以分散机械负荷，减少局部压力过大。用于人工关节的多孔材料是由碳纤维和聚四氟乙烯组成的各向同性碳。把人工关节端头涂上一层这样的材料，就可以使骨关节固定好。制作人工骨的材料有发泡氧化铝陶瓷浸在环氧树脂中制成的增强复合材料、磷酸钙和聚砜复合制成的材料等。超高分子量聚乙烯是很好的人工关节材料，其耐磨性、抗冲击性、人体适应性良好，但其成型性差；作为人工关节材料的还有聚甲醛、PMMA、聚四氟乙烯、碳纤维复合材料；用作骨丁、骨板、永久性植入人体的人工肢体材料有聚砜、碳纤维复合材料、聚乳酸和聚乙烯醇复合材料，尼龙和聚酯丝也可以永久性植入人体。

骨水泥自 1940 年应用于脑外科手术后，一直受到医学界和化学界的重视。骨水泥是由单体、聚合物微粒、阻聚剂、促进剂以及便于 X 射线造影的造影剂组成的。为了提高骨水泥与骨表面的亲和力，并且增加材料的强度，近来出现了以聚丙烯酸与磷酸盐为基本原料，压缩强度高、无毒并有促进骨骼生长作用的生物活性的 BC 骨水泥。用于医治骨折的接骨材料还有甲基丙烯酸甲酯硫化的硅橡胶。

4）人工皮肤

人工皮肤是治疗过程中一种暂时性的创面覆盖保护材料，其作用是防止体液的损耗和盐分的流失，从而达到保护创面的目的。人工皮肤不仅要求透过水蒸气、蛋白质和电解质，而且要求有良好的弹性、耐久性、抗菌性以及生物相容性。

聚乙烯醇微孔薄膜和硅橡胶多孔海绵是两种制作人工皮肤的重要材料。这两种材料使用时手术简便、抗排异性好、移植成活率高，已应用于临床。另外，聚氨基酸、骨胶原角蛋白衍生物等天然改性聚合物都被用于制造人工皮肤。

甲壳素是从螃蟹壳、虾壳等天然产物中萃取出来的低等动物中的纤维组分，兼具高等动物组织中胶原和高等植物中纤维素两者的生物功能，经抽制成丝进行编制后可制备具有生理活性的人工皮肤，可代替正常皮肤进行移植，可以减少患者再次取皮的痛苦。这种皮肤的移植成活率达 90% 以上，它对创面浸出的血清蛋白质具有良好的吸附性。

目前，在高分子材料上黏附、增殖人体的表皮细胞以制备具有生物活性的人工皮肤已取得相当的成就，这种技术已经能顺利地再造皮肤。将骨胶原和葡糖胺聚糖组成的多孔层与有机硅复合后，取患者少量的表皮细胞置于多孔层中覆盖在创伤面上，待表皮细胞在多孔层中增殖形成皮肤后，将有机硅膜剥下，多孔层分解后被人体吸收。

5）整容材料

整容材料包括外装饰修补材料和体内填补材料，主要用于外伤、疾病以及发育不全引起的组织缺损或修整，主要有人工乳房、人工鼻、人工下颌骨、人工耳以及人工假肢等。

用于人工乳房的填充材料主要是硅橡胶以及填充物硅凝胶，人工鼻可选用聚甲基丙烯酸甲酯、硅橡胶、聚乙烯等。硅橡胶具有良好的生物惰性，可以制成各种形状，因此广为应用。人工耳常常是用硅橡胶做一个有蛛网的耳壳以便于组织生成和固定，然后将此耳朵移植在修复处的皮下，待组织长在周围并穿透它后再取出进行移植。通常用于制作耳软骨的材料有聚乙烯、聚氯乙烯、聚四氟乙烯以及胶原硅橡胶等。

假肢分为自动假肢和动力假肢两类。自动假肢是以残存肢体的动作为引导；动力假肢是将甲基丙烯酸羟乙酯类的亲水性聚合物埋于体内，通过生物电流控制假肢动作。制作假肢的材料主要有聚甲基丙烯酸甲酯、玻璃纤维增强聚酯树脂以及聚氨酯包覆金属。

6）其他应用

高分子材料被广泛地应用于医疗用品以及护理用品。

一次性注射器以及输液用品的广泛使用避免了交叉感染，且免去了消毒，使用简便，价格低廉且易于加工，常常采用聚乙烯、聚丙烯、聚氯乙烯等材料制成。

目前，可降解吸收的手术缝合线也日益得到广泛应用。如商品名为 Dexon 的材料反应小，抗张强度大，对胃肠、泌尿、眼科手术都十分适用。乙交酯和 L-丙交酯共聚物的缝合线具有强度大、异体反应小等特点。甲壳素缝合线手感柔软，在溶菌酶的作用下可以分解为二氧化碳排出体外，生成的糖蛋白易于被组织吸收。高分子降解型医用缝合线应能够进行彻底的消毒处理，具有恰当的力学性能和伸长率，临床应用方便，具有良好的组织适应性，在体内应无毒副作用，最终完全被人体吸收。

此外，还有护理用高分子材料，如以吸湿性高分子材料聚丙烯酸、改性纤维素、改性聚丙烯腈等制备的尿不湿，以 PVA、丙烯酸等聚合物或共聚物等水溶性高分子材料制备的弹性冰等。

5.2.4　医用材料的发展方向

许多现有材料有可能成为有用的医用材料。如有些导电材料或高分子可用于生物传感器、药物释放电化学控制装置。这类材料能非介入地控制哺乳动物的细胞形状和功能，可用在组织工程中。最常用的导电性聚合物是聚吡咯，其化学性质稳定，制备容易，具备电活性，然而进一步使用需了解它在生理条件下的行为特征，以合成生物相容性良好的导电聚合物。

医用高分子的发展已经渗透到医学的各个领域，但离随心所欲地应用高分子医用材料的目标尚有很大差距。传统的医用高分子材料多采用聚甲基丙烯酸甲酯、聚碳酸酯作为硬组织材料，但它们的性能还远远不能达到要求。医用高分子材料在许多方面尚有待进一步发展。

目前使用的人工脏器大多需要与有功能缺陷的生物体共同协作以保持体内的平衡，而永久性地植入体内、完全取代病变的脏器，就要求材料本身具有生物功能。人工脏器的功能化、小型化、体植化已成为发展的方向。

迄今为止，许多人工脏器还不能解决凝血问题，异体材料的抗凝血性已成为医用高分子材料发展的一个重要问题，制备生物相容性良好、具有抗血栓性能的材料已成为目前的一个重要课题。研究开发混合型人工脏器，将生物酶和生物细胞固定在高分子材料上，制备具有生物活性的人工脏器已取得了很大的成就。

为了满足填充复杂形状的需要，许多医用高分子材料要求进行活体内的现场固化，现场固化多采用光引发剂或可在低温下引发的氧化-还原引发体系。可聚合脂肪叔胺光敏引发体系中的氧可以参与并促进聚合反应，可用于大面积接触空气的现场聚合固化。可流动的"预制"材料在活体内的就地固化是齿科材料、骨水泥的发展方向。医用黏合剂在活体生存环境下发挥黏合作用且具有生物活性，固化时间要短，在有水、氧的环境下固化，目前研究得也较为广泛。

此外，利用天然产物如甲壳素、海洋生物蛋白质黏合剂等材料开发仿生的医用材料也是当前的热点之一。可控降解速度及力学性能可调的降解的医用材料的应用也日益广泛。

压电医用材料将在医学领域具有广泛的用途,例如,偏二氟乙烯和三氟乙烯共聚物可刺激神经受损的硕鼠的轴突再生。生物弹性聚合物也可用作肌肉取代物和程序药物释放体系的载体,由化学能引发机械效应,提高药物释放效果。

有些材料可用于外科手术。金属支架用于血管成型手术后的血管扩张时也会使血管平滑肌细胞繁殖,导致再狭窄。改善局部生理环境的方法,如定位释放基因治疗制剂或反义寡核苷酸已在动物模型中确认可防止再狭窄。形状记忆合金如镍-钛合金已用作腹腔镜仪的部件。又如将具有记忆功能的生物相容性聚合物经小切口介入后在体内恢复其初始形状,可实现所期望的功能。

可激发相转变的高分子亦可用于类似的应用中。材料开始是液态,放入很小的介入外科装置中,照射紫外线、可见光或体内离子有变化时,激发材料固化成凝胶。这种方法可望用于防止组织粘连的治疗中。

许多矫形植入物的寿命有限,而植入物的生物活性固定日益引起人们的关注。如在植入物表面以生物活性羟基磷灰石修饰,促进植入物与组织的界面结合,这样能达到骨性结合。但生物活性固定并不是改善植入物寿命的最佳途径,还需要考虑生物活性结合界面的力学性能的匹配、生物电刺激以及该界面响应载荷的重建。

医用材料近些年的研究成果显著。但医用材料与机体组织在结构、功能、代谢、生物化学行为和生物力学特性方面均有差异。这些材料往往被生物体看作异物,从而不被生物体接受。这是由于以往生物医用材料常从材料角度进行开发,而不是从生物角度设计,未考虑如何才能使植入材料整合,使组织重建。随着细胞和分子生物学以及表面表征技术的进展,人们正在对生物医用材料表面工程化,赋予其生物识别与特异性,如以适宜自组装单层膜调控表面化学特性,以特异的功能基团使成纤细胞粘连生长和铺展。

5.3　药用功能材料的分类及基本性能要求

低分子药物进入人体后,往往在较短的时间内药剂的浓度大大超过治疗所需浓度,而随着代谢的进行,药剂浓度很快降低。疾病的药物治疗需要药物在体内有比较理想的浓度和作用时间,药物浓度过高会给人体带来毒副作用以及过敏急性中毒,浓度过低则药物不能发挥作用。为了保证疗效,药物有效浓度往往需要在体内维持一个时期,有些药物作用的发挥还取决于特定部位的吸收。因此使用可控释放的、可以持久释放的药物以及定向给药,使药物到达体内指定部位,在特定部位被吸收,就可以降低药物总剂量、避免频繁用药,在体内保持恒定的药物浓度,使药物的药理活性提高,从而降低毒副作用,这是具有重要意义的。

目前高分子药物的研究尚处于初始阶段,对它们的作用机理尚不够明确,应用也不够广泛。但高分子药物具有高效、缓释、长效、低毒等优点,与血液和生物体的相容性良好。另外,还可以通过单体的选择和共聚组分的变化来调节药物释放的速率,从而达到提高药物活性、降低毒性和副作用的目的。合成高分子药物的出现大大丰富了药物的品种,改进了传统药物的一些不足,为人类战胜某些严重疾病提供了新的手段。

高分子药物的种类很多,其分类也有很多方法。有人按照水溶性将高分子药物分为水溶性高分子药物和不溶性高分子药物。也有人将药用高分子材料按照应用性质的不同分为药用辅助材料和高分子药物两类。药用辅助高分子材料是指在加工时所用的和为改善药物使用性能而采用的高分子材料,如稀释剂、润滑剂、胶囊壳等,它们只在药品的制造中起到从属或辅助作用,其本身并不起到药理作用。高分子药物指的是在聚合物分子链上引入药理活性基团或高分子本身能够起到药理作用,能够与肌体发生反应,产生医疗或预防效果。

高分子药物按照功能进行分类可以分为三大类,一是具有药理活性的高分子药物,这类药物只有整个高分子链才显示出医药活性,它们相应的低分子模型化合物一般并无药理作用。二是高分子载体药物,大多为低分子的药物,以化学方式连接在高分子的长链上。三是微胶囊化的低分子药物,它是以高分子材料为可控释放膜,将具有药理活性的低分子药物包裹在高分子中,从而提高药物的治疗效果。

高分子药物通过注射、口服等方式进入循环系统或消化系统,作用于生物活体,因此高分子药物本身及其分解产物都应是无毒副作用、不引起炎症和组织病变,能在生物体内水解为具有药理活性的基团;对于口服高分子药物来讲,聚合物主链应不产生水解,以便高分子残骸排出体外。如果是进入循环系统的高分子药物,其主链应为易于分解的,以便于吸收或排出,其本身或分解产物应具有抗凝血性,不形成血栓。

5.4 聚合型药理活性高分子药物及以高分子为载体的药物

5.4.1 聚合型药理活性高分子药物

聚合型药物是指某些在体内可以发挥药效的聚合物,主要包括葡萄糖、维生素衍生物和离子交换树脂类,主要应用于人造血液、人造血浆、抗癌症高分子药物以及用于心血管疾病的高分子药物如抗血栓、抗凝血药物,另外还有抗病毒、抗菌高分子药物。聚合型药理活性高分子药物是真正意义上的高分子药物,它本身具有与人体生理组织作用的物理、化学性质,可以克服肌体的生物障碍促使人体康复。药理活性高分子药物的应用已经有很长的历史,激素、酶制剂、阿胶、葡萄糖等都是天然的高分子药理活性的高分子药物,但人工合成的高分子药物开发时间并不长,其主要工作目前集中在:对于已经用于临床的高分子药物的作用机理的研究;新型药理活性的聚合物的开发;根据已有低分子药物的功能,设计保留其药理作用,而又克服其副作用的药理活性高分子药物。近年来,合成药理活性的高分子药物的研究进展很快,已有相当数量的产品进入了临床应用。

1. 人造血浆以及人造血液

葡萄糖类聚合物在医疗方面主要作为重要的血容量扩充剂,是人造血浆的主要成分。其中较为重要的是右旋糖酐,它能在体内缓慢水解后生成葡萄糖被人体所吸收。右旋糖酐是以蔗糖为原料,采用肠膜状明串珠菌经静置发酵制备的,其分子量大约为 $5 \times 10^4 \sim 9 \times 10^4$,分子量太大,黏度增加,与水不易混合,对红细胞有凝结作用;分子量太小,在体内保留时间短。右旋糖酐的硫酸酯可用于抗动脉硬化,也可当作抗癌症药物的增效剂使用。

人造血浆要求所用材料化学稳定性好,与人体血液的渗透压相近,黏度相同,体内可以降解,无毒副作用。表 5.1 是人造血浆使用的高分子材料及其降解性。

表 5.1　人造血浆使用的高分子材料及其降解性

名称	分子量($\times 10^4$)	降解性
葡萄糖	7	酶
羟乙基淀粉	43	酶
聚乙烯吡咯烷酮	1.5	不降解
PVA	1.5	不降解

人造血液经过生物医学工作者的不懈努力,已经进入临床实用阶段。日本开发的以全氟碳化合物为基料的物质,有 20％全氟三甲基胺、表面活性剂、羟乙基淀粉等,经乳化后制得,可以比人体血液多载 2.5 倍的氧,且可以长期储存不变性,输血时也不必考虑血型以及其他病变因素。

2. 抗癌高分子药物

以离子交换树脂为主体制备的高分子药物已经获得临床应用。其中比较典型的有降胆酶,属于强碱性阴离子交换树脂。降胆酶能吸附肠内胆酸,阻断胆酸的肠道循环,降低血液的胆固醇含量。目前阳离子高分子抗癌症药物有多胺类、聚氨基酸类、聚乙撑亚胺、聚丙撑亚胺、聚乙烯基胺、聚乙烯基－ N －羟基吡啶等。

类似的高分子药物还有降胆宁,是二乙烯三胺与 1－氯－2,3 环氧丙烷的共聚物,是阴离子交换树脂。合成的阴离子聚合物能产生免疫活性,诱导产生干扰素,具有改进网状内皮系统功能。其中比较有代表性的是二乙烯基醚与顺丁烯二酸酐共聚得到的吡喃共聚物能抑制多种病毒的繁殖,有持续的抗肿瘤活性,用于治疗白血病、脑炎和泡状口腔炎症。除了诱发干扰素的作用外,阴离子高分子还可以和低分子抗癌剂形成络合物,或者与低分子的生物活性物质如体液、细胞性蛋白质、激素、肽等相互作用,成为新的抗癌药物。

高价结构对多糖类的抗癌性具有重要作用,以 $\beta(1-3)$ 甙键为主链、$\beta(1-6)$ 甙键为支链的多糖衍生物,如多糖的螺旋霉素具有抗癌功能。另外还有一些活性杆菌如 BCG(Calmette-gurin)或 Corynrbacterium Parvum 的细胞壁是由以糖酯类为中心的生物高分子构成的,可用于肿瘤以及癌症的免疫。

3. 用于心血管病的高分子药物

聚丙烯酰胺或其同类物质可以大大改善动脉和血液的流动情况,在血液中注入这些物质,可以缓解动脉硬化的病情,另外口服聚丙烯酰胺类药物无毒副作用,有一定的疗效。

葡萄糖酸钠是一种成熟的抗凝血高分子药物,对高脂血症以及动脉硬化有很好的疗效。高分子改性的肝素可以大大延长肝素的作用时间,以聚氯乙烯、聚乙烯、聚乙酸乙烯酯为主链进行接枝与肝素连接在一起,使肝素具有有效的缓慢释放,可用于长时间的抗凝血作用。另外,抗凝血药物还有外用的,如用于肿胀、浮肿等,起到软化和促进吸收作用的高分子药物,如聚乙烯硫酸钠与尼古丁酸戊酯配合使用的外用软膏。

4. 抗菌、抗病毒高分子药物

抗菌高分子药物目前的研究主要集中在将抗生素接枝到高分子载体上,以降低毒副作用并获得持久的药效。

青霉素中含有羧基、氨基,很容易接到高分子载体上,青霉素接枝到高分子载体上,不但药效持久,而且毒性也小许多,避免了毒性和过敏反应。将青霉素与丙烯酸、乙烯胺、乙烯基吡咯酮共聚成盐将大大提高药物的稳定性和长效性。青霉素通过酰胺键与乙烯醇-乙烯胺共聚物相结合的物质的药效比青霉素长30~40倍。将四环素与聚丙烯酸络合,使用的效果也很好。

近年来将阿司匹林和一些水杨酸衍生物与聚乙烯醇或纤维素进行熔融酯化,使之高分子化,可以获得较为长久的药效。

抗病毒高分子药物主要是一些高分子电解质经水解后具有抗病毒的效应,如顺丁烯二酸酐的共聚物、聚乙酸乙烯酯等。这些物质可以刺激体内细胞产生干扰素。一些半合成的核酸以及蛋白质也能诱发干扰素的产生,具有抗病毒作用。另外乙烯基吡咯酮和丁烯酸的共聚物也具有良好的抗病毒作用。

其他聚合物药物如聚 2-乙烯吡啶氧化物是一种用于治疗硅沉着病的药物,也称为克矽平。其合成方法为以 2-甲基吡啶为原料,经甲醛羟甲基化得到 2-羟乙基吡啶,再经碱性消去反应脱水,在分子内引入可聚合基团——乙烯基,在明胶水溶液中以偶氮二异丁腈(AIBN)引发聚合得到聚 2-乙烯吡啶,经双氧水氧化即得。

5.4.2 以高分子为载体的药物

多数药物的药效是以小分子的形式发挥作用,将具有药理活性的小分子聚合在高分子的骨架上,从而控制药物缓慢释放,药效持久,可制备长效制剂,延长药物在体内的作用时间,保持药物在体内的浓度。通过适宜的方法延缓药物在体内的吸收、分解、代谢和排出的过程,从而达到延长药物作用时间的目的的制剂称为长效制剂。长效制剂的研究目前集中在以下两个方面:

(1)减小药物有效成分的溶出速度。其方法有:①与高分子反应生成难溶性复合物,高分子化合物可以是天然的也可以是合成的。比如用天然的高分子鞣酸与碱性药物反应,可以生成难溶盐,如 N-甲基阿托品鞣酸盐,B12 鞣酸复合物等。聚丙烯酸、多糖醛酸衍生物等可以和链霉素等合成难溶盐。②用高分子胶体包裹药物,胶体可以用亲水性聚合物制备,由于高分子胶体的存在,减缓了药物的溶出速度。通常采用的亲水性胶体有甲基纤维素、羟甲基纤维素、羟丙基甲基纤维素等。③将药物制成溶解度小的盐或酯,如青霉素 G 和普鲁卡因成盐后,作用时间延长。

(2)减小药物的释放速度。使用半透性或难溶性高分子材料将小分子药物包裹起来,由半透膜或难溶膜控制释放速度的研究日益广泛。将药物与可溶胀聚合物混合,制成高分子骨架片剂,其释放速度受到骨架片中微型孔道构型的限制。前者可以对片剂、颗粒进行包衣,制成胶囊或微胶囊。

5.5 微胶囊技术及高分子药物送达体系

5.5.1 微胶囊技术

使用微胶囊技术制备长效制剂是另一种较为先进的延长药效的方法,使用半透性聚合物作为微囊膜,可利用其控制透过性从而控制药物的释放速度。可用作微胶囊膜的材料很多,但在实际应用中应考虑芯材的物理、化学性质,如亲水性、溶解性等。作为微胶囊的材料一般应具备的条件为：无毒；不致癌；不与药物发生化学反应而改变药物的性质；能在人体中溶解或水解，从而使药物渗透释放。目前已实际应用的高分子材料中有天然的骨胶、明胶、阿拉伯树胶、琼脂、鹿角菜胶、葡聚糖硫酸盐等；半合成的高聚物有乙基纤维素、硝基纤维素、羟甲基纤维素、醋酸纤维素等；合成的高聚物有聚乳酸、甲基丙烯酸甲酯与甲基丙烯酸-β-羟乙酯的共聚物等。

药物微胶囊化是低分子药物通过物理方法与高分子化合物结合的一种方式，其制备方法有以下几种。

（1）物理方法：主要指采用静电干燥法、空气悬浮涂层法、真空喷涂法、多孔离心法以及静电气溶胶法。

（2）物理化学方法：包括水溶液中相分离法、有机溶剂中相分离法、溶液中干燥法、粉末床法等。

（3）化学方法：主要有界面聚合及乳液聚合法、原位聚合法以及聚合物快速不溶解法等。

以上方法中物理法设备复杂、投资较大，化学法则较为简单。主要应用于实际生产的方法有：

（1）凝聚法：通过电荷的变化或控制 pH，加入盐类或非溶剂，使高分子在药物表面凝聚，形成微胶囊。

（2）溶剂提取及蒸发：根据包裹材料的性质，制成油包水或水包油的乳液体系，包裹材料和芯材处于分散相中，稳定剂对液滴的形成非常重要，通过在液滴表面形成一层保护层，减少了彼此间的凝聚。

（3）界面聚合及乳液聚合法：将两种带不同活性基团的单体分别溶于两种互不相溶的溶剂中，当一种溶液分散到另一种溶液中时，在两种溶液的界面上会形成一种聚合物膜，这就称为界面聚合。常用的活性单体有多元醇、多元胺、多元酰氯等。多用于生产聚酰胺、聚酯、聚脲或聚氨酯。如果要包裹亲油性药物，可将药物与油溶性单体溶于有机溶剂，将形成的溶液在水中分散为细小的液滴后不断搅拌，并在水相中加入含有水溶性单体的溶液，于是在液滴表面形成一层聚合物膜，经沉淀、过滤、干燥后形成聚合物微胶囊。界面聚合所得的微胶囊的壁很薄，药物渗透性好。颗粒直径可经过搅拌强度来调节，搅拌速度越高，颗粒直径越小而且分布窄，加入适量的表面活性剂也有同样效果。

（4）界面沉积法：将 PVA 溶于丙酮，药物溶于油相，将该体系注入含有表面活性剂的水中，丙酮迅速穿透界面可显著地降低界面能力，自发形成纳米级的液滴，使得不溶的高分子向界面迁移，最终形成药物微胶囊。

（5）原位聚合：将单体、引发剂或催化剂以及药物溶解于同一介质中，然后加入单体的非溶剂，使得单体沉积在药物表面并引发聚合、形成微胶囊的方法称为原位聚合法。也可将上述溶液分散在另一不溶性介质中使其聚合，聚合时，生成的聚合物不溶于溶液，从药物液滴内向液滴表面沉积成膜。原位聚合法要求单体可溶解于介质中，而聚合物则不溶解于该介质。其适用性非常好，适用于气态、液态、水溶性和油溶性单体以及低分子量的齐聚物等。介质中还常常加入表面活性剂以及纤维素衍生物、聚乙烯醇、二氧化硅胶体以及阿拉伯树胶等保护体系。

药物微胶囊的研究是在 20 世纪 70 年代开始的，利用特种高分子材料将低分子药物包埋，使得低分子药物能够缓慢地释放，同时这些表面包埋用材料在体内缓慢分解，产物被排出体外。微胶囊化的高分子药物具有缓释作用,除掩盖药物的刺激性味道之外,还可以增加药物稳定作用、降低毒性以及通过渗透、逐渐破裂等作用以达到指定部位释放等功能。将避孕药物制成微胶囊,药物可以按照需要均匀释放,延长了药物的有效期限,而且药物不会对人体的其他部位造成影响。美国研制的一种没有代谢障碍和全身副作用的微胶囊,有效期长达三年之久。用聚乳酸做微胶囊材料包埋抗癌药物丝裂霉素 C,以患肉瘤和乳腺癌的老鼠为实验对象,一次给药量为 20 mg/(kg 体重),十天给药一次,癌细胞抑制率达 85%,而未采用微胶囊给药的死亡率达 75%。可见微胶囊药物的缓释性使得毒性降低,疗效增加。用甲基丙烯酸甲酯-甲基丙烯酸-β-羟乙酯共聚物包埋四环素,在四个月内药物释放速度可达零级释放,即释放速率恒定为常数,与包埋浓度无关。采用溶剂蒸发法研制的以乙基纤维素、羟丙基甲基纤维素苯二甲酸酯等为壁膜材料的维生素 C 微胶囊,达到了延缓维生素 C 氧化变黄的效果。维生素 C 分子中含有相邻的二烯醇结构,易在空气中氧化变黄,特别是在与多种维生素或微量元素复合时就更为明显。将这种微胶囊与普通维生素 C 同时放置在空气中一个月,普通药物吸湿黏结、色泽棕黄,而微胶囊药物则保持干燥。同时这种微胶囊维生素 C 在体内两小时即可完全溶解。

微胶囊技术在固定化酶制备中有明显的优越性。过去酶固定化的技术是将酶包裹于胶冻中或通过活性基团以共价键的形式与载体连接。这些方法将导致酶的活性降低,而采用微胶囊技术后,酶被包埋在微胶囊中,不会引起活性的变化,使效力提高。

5.5.2　高分子药物送达体系

高分子药物送达体系是指将药物活性物质与天然或合成高分子载体结合或复合投施后在不降低原来药效并抑制原药物副作用的前提下,以适当的浓度导向集中到患病的部位,并持续一定的时间,以充分发挥原来药物疗效的体系。将作用分子有选择性地、有效地集中到目标部位,以适当的速度和方式控制释放的原理,都可以广泛地拓宽应用,如农药中的杀虫剂、害虫引诱剂、生长剂以及肥料、香料、洗涤剂等,因而是药剂学的一场革命。

药物释放体系大体可以分为时间控制和部位控制两种类型。

时间控制释放体系有两种形式,即零级释放和脉冲释放。零级释放是单位时间的恒量释放;脉冲释放是对环境的响应而导致的释放,不是恒量的。对零级释放的高分子,用胶囊或微胶囊时,除了要有生物相容性外,药物对高分子膜的渗透性也非常重要。聚丙交酯、聚乙交酯或其共聚物膜的透过性不是很理想,多用聚己内酰胺共聚或嵌段来改性。对崩解型释放体系,即用降解性高分子与药物共混时,基体高分子的溶解或降解速度决定了药物的释放速度,所以,对于非酶促降解聚合物的亲水性是控制药物释放速度的主要因素,通常芳香族聚酯比脂肪族聚酯的降解速度慢数千倍。聚酸酐比聚酯的亲水性好,将羧基引入聚羧基酸时,可以增加聚乳酸的亲水性,也引入了可进一步修饰的活性功能基团,因此可以通过开发亲水性单体,调节它们在共聚物中的含量,从而调节水解速度。对于脉冲性释放体系,近年来研究得较多的有聚 N -烷基代丙烯酰胺。根据这类聚合物相变温度的依赖性,可以在病人体温偏高时,按照需要释放药物。另外,还有利用化学物质的敏感性引致聚合物相变或构象的改变来释放药物的物质响应型释放体系。

部位释放型送达体系一般由药物、载体、特定部位识别分子(即制导部位)所构成,要求抗原性低、生物相容性好,同时还要求药物活性部分在发挥药理活性前不分解,能够高效地在目标部位浓缩,最好能被细胞所吞噬,然后通过溶菌体被分解释放。这类释放体系又称为亲和药物,适合于癌症患者的化学疗法。在这一体系中,载体、分子制导基团、药理活性基团等固定化设计较为关键,多采用生物降解吸收性高分子作为载体。

目前还有将部位控制释放功能和时间控制释放功能结合起来,使得药物在指定部位、指定时间、以指定的剂量释放,这样的体系称为智能型药物释放体系。智能释放体系主要有糖尿病患者使用的胰岛素的智能释放药物。它是利用含有叔氨基的高分子膜包埋人工胰岛素而制成的。当病人发病时,血糖浓度升高致使葡萄糖氧化酶氧化葡萄糖所生成的葡萄糖酸或过氧化物 H_2O_2 浓度上升,高分子膜被质子化而溶胀,包埋于高分子膜内的胰岛素就按照需要释放出来。

近年来对多肽药物的研究也较有成果。多肽药物对许多疾病都有疗效,而多肽药物的活性易受到光、热、试剂等作用而失活。因此研究多肽体系的释放和控制多肽药物释放的体系已日益成为备受瞩目的课题。

参考文献

[1] 那天海,宋春雷,莫志深. 可生物降解聚合物的现状及生物降解性研究. 功能高分子学报,2003,16(3):423 - 429.

[2] 刘春. PHB 阻碍生产可降解塑料方面的应用及其微生物积累的研究进展. 塑料工业,2005,33(8):1 - 2.

[3] Tsuji H,Suzuyoshi K,Tezuka Y,et al. Environmental degradation of biodegradable polyester:3. Effect of alkali treatment on biodegradation of poly(ε - caprolactone)and poly(R)- 3 - hydroxybutyrate films in controlled soil. Journal of polymers and the environment,2003,11(2):57 - 66.

[4] Tran H H. Study on preparation of degradable membranes in soil and microbiological medium. Tap Chi hoahoc,2002,40(3A):109 - 114.

[5] 白雁斌. 聚乳酸类医用生物降解材料的研究进展. 高分子通报,2006(3):49 - 57.

[6] Gan Z H,Kuwabara K,Abe H,et al. The role of polymorphic crystal structure and morphology in enzymatic degradation of melt-crystallized poly(butylenes adipate)films. Polymer Degradation and Stability,2005,87(1):197 - 199.

[7] 吕方. 可完全生物降解材料的应用进展. 塑料科技,2007(7):92 - 97.

[8] Ke T Y. Blending of poly(lactic acid)and starches containing varying amylose content,J. Appl. Polym. Sci,2003,89(13):3639.

[9] 张美洁,李树材,崔永岩. 热塑性淀粉/聚己内酯共混物的制备和性能的初步研究. 中国塑料,2002,16(9):34 - 40.

[10] Rosa D D,Rodrigues T C,Guedes C D F,et al. Effect of thermal aging on the biodegradation of PCL,PHB - V,and their blends with starch in soil compost. J. Appl. Polym. Sci,2003,89(13):3539 - 3549.

[11] Avella M,Errico M E,Rimedio R,et al. Preparation of biodegradable polyesters/high-amylose-starch composites by reactive blending and their characterization. J. Appl. Polym. Sci,2002,83(7):1432 - 1440.

[12] Tran HH. Study on preparation of degradable membranes in soil and microbiological medium. Tap chi hoa hoc,2002,40(3A):109 - 114,123.

[13] Chandra R,Rustgi R. Biodegradable Polymers. Prog. Polym. 1998,23(7):1273 - 1335.

[14] 刘磊,吴若峰. 聚乳酸类材料的水解特征. 合成材料老化与应用,2006,35(1):44 - 48.

[15] Tsuji H, Miyauchi S. Poly (*L* - lactide)：VI Effects of crystallinity on enzymatic hydrolysis of poly (*L* - lactide) *without free amorphous region*, Polym. Degra. Stab, 2001,71(3)：415 - 424.

[16] Kikkawa Y, Fujita M, Abe H, et al. Effect of water on the surface molecular mobility of poly (lactide) thin films：an atomic force microscopy study. Biomacromolecules，2004,5(4)：1187 - 1193.

[17] Kikkawa Y, Fujita M, Abe H, et al. Direct observation of poly(3 - hydroxybutyrate) depolymerase adsorbed on polyester thin film by atomic force microscopy. Biomacromolecules，2004,5(5)：1642 - 1646.

[18] 侯红江,陈复生,程小丽.可生物降解材料降解性的研究进展.塑料科技,2009(3):89 - 93.

[19] 罗建斌.抗菌生物材料的研究进展.高分子通报,2009(3):57 - 61.

[20] Seal K J. Characterization of biodegradable plastics. Chem. and Tech. of Biod. Polym, 1994(7):116.

[21] 李孝红,袁明龙,郝建原,等.生物降解聚合物的研究和产业进展及展望.高分子通报,2008(8):109 - 122.

[22] 陈燕,唐小斗,戴亚飞.药物载体可生物降解高分子材料的研究.材料导报,2001,15(9):59 - 61.

[23] 王身国,蔡晴,吕泽.中药物控制释放技术的应用研究.中国修复重建外科杂志,2001,15(5):280 - 285.

[24] 徐摇宁,陈玉云,许国华,等.自组装法仿生骨材料的制备及性能分析.脊柱外科杂志,2012,26(6):366 - 370.

[25] 李瑞琦,张国平,沙子义,等.液态纳米骨修复材料.中国组织工程研究与临床康复,2008,12(10):1915 - 1918.

[26] 廖素三,崔福斋,张伟.组织工程中胶原基纳米骨复合材料的研制.中国医学科学院学报,2003,25(1):36 - 38.

[27] 王迎军,杜昶,赵娜如,等.仿生人工骨修复材料研究.华南理工大学学报,2012,40(10):51 - 56.

[28] 袁世民,刘宁,丘青中.纳米仿生复合支架的生物相容性.中国组织工程研究与临床康复,2011,15(29):5384 - 5388.

[29] 左奕,李玉宝.纳米骨修复生物材料研究进展.东南大学学报,2011,30(1):82 - 91.

[30] 郭洪刚,刘静,李峰坦,等.新型纳米化仿生骨基质与羊脂肪基质细胞复合培养的生物相容性.中国组织工程研究,2012,16(16):2889 - 2892.

[31] 王宙.生物陶材料的发展与现状.大连大学学报,2001,22(6):57 - 61.

[32] 刘齐海.生物陶瓷材料在骨组织工程中的应用. Journal of Tissue Engineering and Reconstructive Surgery,2009,5(2):114 - 116.

[33] 赵冰.羟基磷灰石生物陶瓷材料的制备及其新进展.功能材料,2003,34(2):126 - 132.

第6章　自修复材料

在许多应用场合都需要高强度的材料,而在追求高强度的同时,也使得材料趋于脆性。然而,脆性导致的微裂纹依靠现代的损伤检测技术是难以观测到的,随着微裂纹的增长和合并,在材料中形成宏观裂纹。损伤继续在材料中蔓延,就会形成灾难性的、无法挽回的体系的失效。材料在使用过程中不可避免地会产生局部损伤和微裂纹,并由此引发宏观裂缝而发生断裂,影响材料的正常使用,并缩短使用寿命。这意味着必须深入探寻在无可挽回的失效发生以前就可以修复或阻止微裂纹的方法。裂纹的早期修复,特别是自修复是一个现实而重要的问题。自修复的核心是能量补给和物质补给、模仿生物体损伤愈合的原理,使复合材料对内部或者外部损伤能够进行自修复、自愈合,从而消除隐患,增强材料的强度。由这些材料制成的制品结构或涂层能够延长其使用寿命。

在自修复材料以前,人们阻止材料内部裂纹增长的手段如图 6.1 所示,复合材料的修复方法包括焊接(welding),修补(patching)和新树脂原位固化 (in-situ curing of new resin)等。

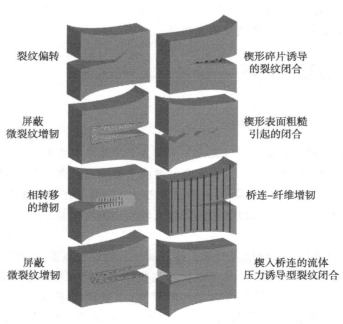

图 6.1　阻止裂纹增长的外界手段

焊接使断裂的表面重新结合或者熔化新的材料填补到聚合物复合材料的受损区。焊接依靠相互接触的聚合物表面形成分子链的缠结,使损坏区域恢复原有的物理性能。在焊接过程中,两个聚合物表面经历一系列的转变:表面重排、表面接近、润湿、扩散。焊接的温度、表面粗糙度、表面间的化学键及溶剂的存在将直接影响修复的程度和速度。

修补是用新材料覆盖或者替代受损材料。新的材料通过机械紧固或附着黏合为受损区域提供额外的机械强度。修补可以通过直接在表面打补丁、除去受损材料并在表面打补丁、除去受损材料并植入替换材料再在表面打补丁几种方式实现。性能恢复的程度取决于补丁与原始材料的界面、有无增强纤维或其取向、补丁的厚度等。

新树脂原位固化与修补相似,靠新材料提高机械强度。事实上,一些修补技术就是利用未固化树脂扩散到受损件中,填补原始材料的空洞部分。目前关于此方面的报道还不多见。

这些方法都有各自的局限性,并且需要借助人力或者机械的监测实行人工干预,所需的维护费用昂贵。此外,材料在修复以后往往仍然存在缺陷,修复的部位与整体不协调。对于材料内部的损伤,由于其难以发现,采用传统的修复技术也已经不能满足修复要求,因此必须寻找合适的修复方法。自修复概念的提出为解决材料的修复提供了一种理想的途径。自修复复合材料不但可以及时修复材料的裂纹,维护材料的使用性能和延长材料的使用寿命,而且对于扩展材料的应用领域也有一定的积极作用。自修复材料的研究领域相对较新,20 世纪 90 年代以来它成为各国研究的热点之一。

自修复材料按机理可分为两大类:一类主要是通过加热等方式向体系提供能量,使其发生结晶、在表面形成膜或产生交联等作用实现修复;另一类主要是通过在材料内部分散或复合一些功能性物质来实现的,这些功能性物质主要是装有化学物质的纤维或胶囊。按照自修复材料的组成主要可以分为金属基、陶瓷基、聚合物基自修复材料。本章依据特殊的激励响应来引发修复的方式分门别类,从机械损坏激励到热、电、电磁、冲击及光激励等分别介绍各种自修复材料,并介绍自修复技术的应用领域及研究前景。

6.1 机械激励自修复材料

6.1.1 液芯纤维自修复材料

众所周知,聚合物材料的强度可以通过加入增强纤维或填料得到大大的改善,赋予复合材料理想的高强度及高刚性-质量比。这种复合材料的主要缺点是在冲击负载下表现较差,易损坏。纤维的剥离是导致冲击性能下降的主要原因之一。应用含有修复剂的空心纤维填充不仅可以使体系获得理想的强度,还可以利用预先埋入体系中的这些修复材料自行修复任何损伤,具有双重的意义。

玻璃纤维和碳纤维是主要的增强纤维。前者就是实现这一双重目的的理想材料。添加液芯纤维既可以提高材料的弯曲强度,又可以通过改变纤维直径和壁的厚度及孔洞率来实现对性能的控制。尤其是纤维中空部分可以载入修复剂,机械刺激下,纤维破裂,修复剂就可以"流"到受损部位,启动修复,与生物体的自修复相仿。空心玻璃纤维如图 6.2 所示。

最早的液芯纤维体系是由 Dry 和 Li 等在 20 世纪 90 年代中期创造的,他们首次论证了从空心纤维中释放化学物质作为修复剂的设计是可行的,随后利用氰基丙烯酸酯黏合剂、乙烯基氰基丙烯酸酯黏合剂及甲基丙烯酸酯作为修复剂实现了对混凝土的修复。早期的几个研究实例如 1994 年，美国 Illinois 大学的 Carolyn Dry，将液芯玻璃纤维埋入混凝土中，纤维内注入缩醛高分子溶液作为黏合剂。在外力作用下基体开裂时，空心纤维断裂，黏合剂流出并进入裂纹面，固化后把裂纹面黏结在一起，阻止了裂纹的继续扩展。

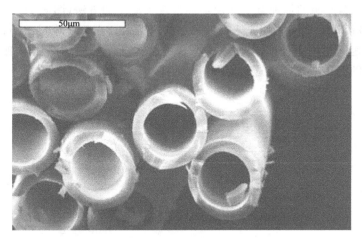

图 6.2　空心玻璃纤维

这种方法也可以扩展到聚合物基复合材料的自修复应用中。1996 年，Dry 等将这种方法首次转用于聚合物基复合材料。Dry 分别选用单组分的氰基丙烯酸酯和双组分的交联环氧黏合剂作为修复剂，以长约 10 cm、容积为 100 μL 的中空玻璃纤维为修复剂容器，对混合树脂基体产生的微小损伤进行自修复研究。在用弯曲试验研究复合材料自修复的试验中，发现氰基丙烯酸酯作为修复剂比双组分环氧黏合剂更好。以氰基丙烯酸酯为修复剂的试样在经过 8 个月的自修复后再做弯曲试验，发现原来的裂纹没有重新裂开，但形成了新的裂纹，这表明修复是很成功的；而以双组分环氧黏合剂为修复剂的试样在经过 12 个月的自修复后再做弯曲试验，发现 6 个试样中只有 4 个成功阻止了裂纹的生长。

1999 年，Motuku 等研究了低速冲击对液芯纤维型自修复复合材料的影响。他们以 EPON 862 为基体，制成了分别含有 20 层和 30 层 S2 -玻璃纤维织物的层压板。对两种试样进行低速冲击试验发现，它们分别在冲击能量为 33 J 和 55 J 时受到损坏；在冲击能量为 56 J 的情况下，所有薄板都产生了大量的层离，受到比厚板更为严重的破坏。

液芯纤维自修复体系能够真正发挥自修复的功能需要考虑的因素很多。首先是修复剂的填充方式。修复剂的载入方式可以有如下三种：第一种单组分修复剂，如氰基丙烯酸酯，可以将其填充入空心纤维；第二种是双组分修复剂，如包含树脂与固化剂两部分的环氧树脂修复剂，可将其分别载入不同的空心玻璃纤维中，将玻璃纤维垂直或平行地埋入基体；第三种方式是将双组分修复剂的两个组分，一种组分载入空心纤维，一种组分直接混入基体（如固体固化剂）或载入空心胶囊中。液芯玻璃纤维填充聚合物基复合材料智能修复如图 6.3 所示。

对于含有液芯纤维的自修复复合材料而言，纤维的直径在很大程度上影响着材料的修复性能。液芯玻璃纤维在混凝土或聚合物基体中起着双重的作用，既作为增强纤维，又作为修复剂的容器，缩小了大直径纤维的缺陷，这些纤维能够在复合材料受损部位原位起作用。但如果纤维直径过大，会导致材料使用性能明显下降；纤维直径太小，则不利于修复剂的注入，达不到材料所需修复剂含量的要求。因此,纤维直径需适中,并可以通过适当的手段加强小直径空心纤维的修复剂装载。目前,这些空心纤维已经商业化生产,如瑞典公司 Owens Corning 的"Hollex",外直径 $15\mu m$,内直径 $5\mu m$,如果填充纤维的体积分数为 0.65,那么理论修复剂的体积分数大约可以达到 0.072。那么,究竟如何将修复剂载入到小直径的空心纤维中?目前,通用的方法是 Bleay 等发明的借助真空利用毛细管现象灌注的方法(图 6.4)。Bleay 等发现在室温下,单组分氰基丙烯酸酯不能填充入尺寸较小的纤维中。由于纤维尺寸小,初始进入纤维的氰基丙烯酸酯迅速固化堵塞纤维,阻止了进一步的填充。他们通过添加溶剂对修复剂进行稀释并采取真空辅助等手段来解决这个问题。

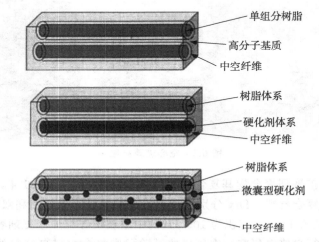

图 6.3　液芯玻璃纤维填充聚合物基复合材料智能修复概念示意图

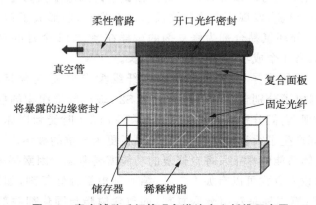

图 6.4　真空辅助毛细管现象灌注空心纤维示意图

　　此外,纤维在基体中的排列状况及纤维间距影响着材料的修复性能。对于纤维的排列,一般采用某一方向的有序排列,这样可以起到一定的增强作用,同时也便于材料的后加工。纤维间排列距离应适当,如果纤维间距过密,会影响材料的宏观性能,产生裂纹时还可能会使裂纹沿纤维产生滑移,导致裂纹扩展;间距过大则修复剂含量相对减小,不能产生良好的修复效果。

　　中空玻璃纤维与基体材料的性能匹配也是很重要的,它决定了中空纤维的破裂与修复剂的释放。如采用不同比例的环氧树脂与聚酰胺树脂配制成基体材料,用塑料纤维管装入修复剂后嵌入基体,发现在基体完全裂开时纤维管并未破损,无法实现自修复功能。解决匹配性的一个重要方法就是给纤维涂上一层高分子膜。不同的高分子材料,其刚性不同,再加上不同的涂布厚度,就可控制纤维断裂的方式和时间,适时释放修补剂以愈合裂缝。图 6.5 和图 6.6 分别表示了涂布有不同高分子膜的毫米级中空玻璃纤维填埋于基体中,材料因受到拉伸外力导致纤维断裂,造成修复剂释放启动修复。当选用的涂布材料是具有高刚性、高玻璃化转变温度(T_g)的树脂,并且与中空玻璃纤维织布材料、基体有良好的黏结时,将有助于微裂纹的成长,并加速其扩展至中空玻璃纤维产生断裂,从而释放修复剂进行修复(图 6.5)。相反,也可以使用低刚性、低玻璃化转变温度的树脂,且与基体有良好黏结,与中空玻璃纤维则是不良黏结的涂布材料。当受外力基体产生微裂纹时,中空玻璃纤维马上与涂布材料脱离,而释放修复剂进行材料修复(图 6.6)。

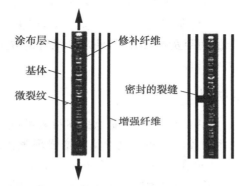

图 6.5　含有涂布了高刚性和高 T_g 树脂的液芯纤维的修复结构

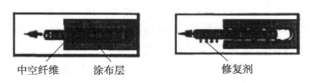

图 6.6　含有涂布了低刚性和低 T_g 树脂的液芯纤维的修复结构

大部分关于液芯纤维自修复材料的研究都关注了这一自修复概念的可行性,而只有少量的工作定性地研究了这种体系的修复能力。近来,一些研究工作量化描述了材料修复中机械性能的变化。材料易受损坏的程度可以通过平面应变断裂韧性 K_{IC} 来描述。材料修复前、后断裂韧性通常可用于评价一种特殊的材料或技术的自修复能力。即

$$修复效率=(K_{IC修复后}/K_{IC原始})\times100\%$$

其中,$K_{IC修复后}$ 是修复后材料的断裂韧性;$K_{IC原始}$ 是原始材料的断裂韧性。

此外,应变能量释放速率 G_{IC} 也可以用于描述修复效率:

$$修复效率=(G_{IC修复后}/G_{IC原始})\times100\%$$

其中,$G_{IC修复后}$ 是材料修复后的应变能量释放速率;$K_{IC原始}$ 是原始材料的应变能量释放速率。

Williams,Trask 和 Bond 的研究显示,与普通的纤维增强复合材料层压板相比,埋植了中

空玻璃纤维层的复合材料的初始弯曲强度下降了 16%,埋植了空心碳纤维的复合材料的初始强度下降了 8%,受冲击后强度均有所下降,然而经过修复,与初始相比,液芯玻璃纤维填充的复合材料可以达到 100% 的修复效率,埋植液芯碳纤维的可以达到 97% 的修复效率。但值得指出的是,这里所谓的修复,是在给予一定温度的理想条件下进行的,并不能准确反映自修复的效率。

综上所述,通过液芯纤维赋予复合材料自修复能力的研究一般包含以下几个部分:① 导致材料内部损伤的因素,如动力载荷;② 修复(黏合)剂释放的驱动力,如纤维的破裂;③ 空心纤维对材料性能的影响;④ 封入纤维内的化学试剂,包括单体或预聚物;⑤ 修复剂的加工处理及固化方法等。

影响这类材料自修复效率的因素有:① 液芯纤维管与基材的性能匹配情况,纤维管过韧和过脆都不利于自修复功能的实现,这涉及纤维管的材质及直径、管壁厚度等的设计;② 修复后的强度与原始强度的比值,这是评价修复效果的重要依据,取决于修复剂自身的枯竭速率或固化样品的强度;③ 液芯纤维的间距及排布方式,液芯纤维管的数量太少不能形成完全修复,多了又可能影响材料的宏观力学性能。

6.1.2 微胶囊自修复材料

向聚合物基复合材料中添加纤维可以大幅度地提高材料的强度。20 世纪 90 年代中期,Azimi 和 Bagheri 等报道了利用橡胶粒子和无机物填料增强环氧树脂复合材料断裂韧性而不损失体系的其他机械性能。虽然早在 20 世纪 80 年代时,Spanoudakis 和 Smiley 等也有类似的报道。然而,向体系中引入更多的组分无疑增加了体系的复杂性,随之而来的是需要考虑一系列新的参数以及考虑参数间的相互联系。例如,许多研究表明如果填料与基体之间存在较差的黏结力,不成键的粒子形成空隙,引起变形。Brown 等表示玻璃微胶囊添加到基体中,与基体间黏结力较好的复合材料能够使断裂强度提高 126%;Cardoso 等的研究表明添加利用硅烷偶联剂处理的硅酸铝微球时断裂韧性可以提高 200%。

另外,除了可以用玻璃填料和橡胶填料以外,还可以添加聚合物微胶囊。聚合物微胶囊具有较轻的质量,能够对脆性聚合物基体实现增韧。这些增强填料与前面提及的纤维增强类似,它们不仅能够实现对基体材料的增强,而且能够作为装载修复剂的容器。与空心玻璃纤维相似,将这些微胶囊引入复合材料基体中时,需要考虑一系列的因子,来实现对激励响应可修复复合材料体系的优化。

1. 微胶囊因子

微胶囊的制备方法有很多,大致可分为物理法、物理化学法、化学法三类。物理法有空气悬浮法、喷雾干燥法、包结络合法等;物理化学法有相分离法、熔化分散法和冷凝法等;化学法主要有界面聚合法、原位聚合法等。

聚合物微胶囊通常是通过亚微米级的聚合物材料油水相分散,利用微乳液聚合技术制备的。目前自修复复合材料体系中,研究得最广泛的是以脲醛聚合物为微胶囊,封装液体修复剂双环戊二烯的体系。在原位聚合的过程中,尿素和甲醛在水相反应形成低分子量的预聚物,随预聚物质量增加,向双环戊二烯-水的界面移动,分散到界面处。脲醛聚合物高度交联后,构成微胶囊的壳壁。随后,脲醛预聚物纳米颗粒分散在微胶囊的表面,使胶囊表面变得粗糙,这可以增强微胶囊与基体的黏结力。Brown 等报道了平均直径 10~1 000 μm 的微胶囊,具有平滑的内壁,胶囊壁的厚度为 160～220 nm,液体修复剂的填充量可达 83%～92%。

　　微胶囊的机械损坏是修复过程的启动开关。如果微胶囊不能破坏,则修复无法发生。因此胶囊的机械性能与胶囊壁厚度的最优化是极其重要的。胶囊的刚度与胶囊周围基体材料的刚度之间的关系决定了裂纹的增长。Keller 和 Sotto 的研究表明,胶囊比基体具有更高的弹性时会产生一个应力场,使裂纹偏离胶囊;反之,将会产生一个应力场吸引裂纹朝向微胶囊发展,如图 6.7 所示。后者能够引发微胶囊的破裂,使其内部的修复剂流出,引发修复反应。

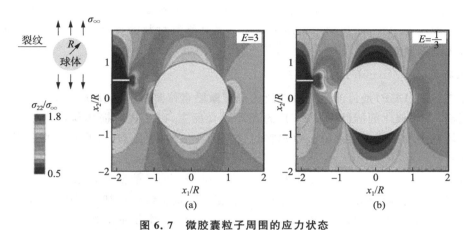

图 6.7　微胶囊粒子周围的应力状态
(a) 微胶囊的刚性是基体的 3 倍;(b) 基体的刚性是微胶囊的 3 倍

　　微胶囊的壁厚是另一个重要因素。如果壁厚过大,微胶囊不易破裂,不能引发修复;如果微胶囊壁过薄,则有可能在制备和加工过程中发生破裂。根据 Brown 等的研究,典型的壁厚为 160～220 nm;然而,也可以在封包聚合过程中做一些细微的调整。

　　就对韧性的影响以及填充量和修复剂在裂纹增长过程中的作用而言,微胶囊的尺寸对于体系的性能具有重要的作用。微胶囊的尺寸主要可以通过封包过程中的搅拌速率控制,典型的搅拌速率在 200～2 000 r/min,随着搅拌速率的提高,乳液液滴更细小,可以获得更小的胶囊尺寸。2004 年,Brown 等指出在较低浓度的情况下,包含较小尺寸微胶囊的体系具有更高的韧性;2007 年,Rule 等指出相同质量分数的条件下,具有较小尺度微胶囊的样品表现出更好的性能,这也许是由于受到修复剂含量的影响。在最近的研究中,最佳修复体系是含 10%(质量分数)直径为 386 μm 微胶囊的体系,也就是单位裂纹区域含有 4.5 mg 修复剂(假设所有微胶囊均用于裂纹修复)。在上述报道中,Rule 等基于对裂纹面间隔的计算(裂纹的长和高),得出裂纹体积为 2.6 μL/cm^2。这也就是说,至少需要 2.6 μL/cm^2 的修复剂被送到裂纹处才有可能完全修复裂纹。事实上,他们也发现如果递送到裂纹处的修复剂低于此值,修复效率将急剧下跌。有效修复剂的量可以通过修复剂的尺寸及质量分数计算得知,并通过比较这些自修复体系与手动注射修复剂再引发修复过程,证实了这两个研究结果彼此吻合,证明基于微胶囊质量分数和尺寸的计算是精准的。

　　最近,Blaiszik 等报道了通过超声和其他微包封技术制备的纳米胶囊。微胶囊的尺寸小至 220 nm,大至 1.65 μm,能够填充 94% 的修复剂,并且可以达到在断裂测试中胶囊全部破碎。此外,当微胶囊粒径为 1.5 μm 时,与 Brown 早期的粒径 180 μm 研究结果相比,胶囊单位体积分数相同的情况下,断裂韧性大幅度提高。胶囊的体积分数为 1.5%,环氧树脂复合材料的断裂韧性提高到 59%。这种纳米微胶囊自修复技术将可能在薄膜、涂层、黏合剂等方面得以应用,拓宽了微胶囊修复复合材料的潜在应用区域。

除了涉及微胶囊自身影响因素以外,还必须考虑修复剂的性质。修复过程动力学与裂纹增长之间的关系是极其重要的。Jones 等指出如果裂纹增长太快,远超过修复聚合反应过程,则修复极少或不会发生。然而,如果修复剂固化太快,催化剂扩散太慢,则修复将会在催化剂颗粒周围原位发生,而不足以覆盖裂纹区域,这将降低体系的修复效率。如果修复剂固化太慢,为达到最大程度的恢复需引入休眠期。Brown 等证实修复剂聚合反应不仅通过短期的黏附效应阻止裂纹的生长,而且利用长期闭合效应提高修复材料的强度。优化这个双重作用能够获得最大的修复效率。

2. 双环戊二烯/Grubb 催化剂体系

双环戊二烯(DCP)是目前研究最广泛的机械激励自修复材料微胶囊自修复体系中使用的液体修复剂。Ru 催化剂能够引发 DCP 的开环聚合反应,以实现对损坏材料的修复。将这些组分引入体系中的方式多种多样。这里将讨论不同方法的优、缺点,以及影响修复剂和催化剂选择的因素。

2001 年,White 等报道了应用这些组分的第一种方式,目前研究也最为广泛。在此体系中,修复剂被包封在微胶囊中,再引入基体中,修复剂则直接包埋在基体当中(图 6.8)。如果破坏发生,裂纹在材料内部增长,微胶囊被破坏后修复剂流出,由于毛细管作用进入裂纹内部,与基体内部的催化剂接触,修复剂发生聚合反应从而填充裂纹空隙。通过这种方式,裂纹的增长被抑制,修复剂固化,材料的机械强度得以恢复。

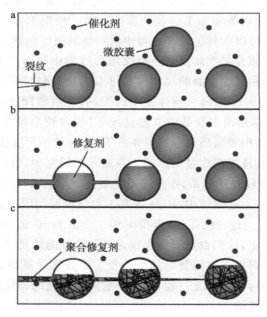

图 6.8　使用微胶囊化修复剂的自修复机理示意

这个类型的修复体系中,DCP 因其价格低廉、使用性广、保存期长、低黏度及挥发性、室温条件下在合适催化剂下快速固化等优势而备受青睐。第一代 Grubb 催化剂为二-(三环己基磷化氢)-亚苄基二氯化钌。众所周知,Grubb 催化剂对烯烃催化活性较高,并对许多官能团具有广泛的适用性。

在 White 等的开创性工作中,他们注意到向环氧树脂基体中添加微胶囊和催化剂的体系与纯环氧树脂相比,初始断裂载荷增大了 20%,这表明填料材料对于体系具有增韧的作用。通过修复实现了初始断裂载荷最大 75%的恢复,平均 60%的修复效率。这一类型的修复测试中利用了锥形双悬臂梁,如图 6.9 所示。这些积极的结果为后续的研究奠定了基础。

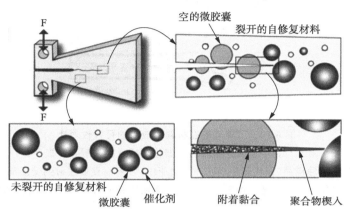

图 6.9　修复效率测试和复合材料中自修复过程示意图

Kessler,Sottos 和 White 等清楚阐述了这一体系机械激励下完全自动修复的可行性后,制备了样品用于测试这一体系在结构材料中应用的可行性。将微胶囊和催化剂引入纤维增强的聚合物体系中,测试复合材料在最普通的断裂模式下及剥离情况下的修复能力。样品的类型有三种:对比样品、自活性样品、自修复样品,如图 6.10 所示。对比样品中手动注射两种修复组分,预混合后,注射到剥离的位置;这些样品在理想修复条件下,达到最大修复程度。在2001 年的一项研究中,对比样品表现出 51%～67%的修复效率,而后来经优化后可达到 99%的平均修复效率。自活性样品中将修复剂颗粒包埋在环氧基体中,修复剂单独注射到剥离位置,在 2001 年的研究中它们仅实现了 20%的修复,而在优化条件下,达到了 73%的平均修复效率。在完全自修复体系中将修复剂与催化剂共同包埋在环氧基体中,在 2003 年的研究中这些样品实现了优化条件下 38%的平均修复效率,而在温度升至 80℃时达到了 66%的平均修复效率。

除了修复体系的可行性研究以外,Brown,Sottos 和 White 等还研究了微胶囊和催化剂粒子对于基体机械性能的影响。他们发现随微胶囊浓度的增加,初始断裂韧性在微胶囊质量分数为 15%时达到最大,相当于韧性增大至纯环氧树脂的 2 倍。催化剂颗粒的尺寸对于断裂韧性也有影响,随颗粒尺寸增加初始断裂韧性和修复韧性均增大;催化剂颗粒尺寸为 180～355 μm 时,韧性增加得最多。催化剂质量分数为 2.5%时修复断裂韧性达到最大值,质量分数为 3%时初始断裂韧性明显下降。在最折中的情况下达到最大修复效率:质量分数为 2.5% Grubb 催化剂和质量分数为 5%微胶囊时,达到 90%的修复效率。

遵循这些研究,近 10 年修复剂的两种组分都得到了充分的研究,如双环戊二烯单体的反应活性及含烯烃修复剂的开发。第一代 Grubb 钌催化剂的稳定性、活性和成本均已得到研究,近期还开展了这些多样催化剂在复合材料中的应用研究。

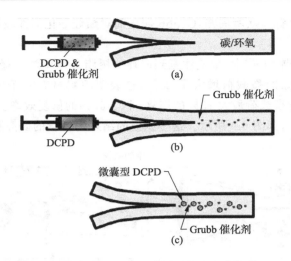

图 6.10　三种样品在材料中应用的可行性对比

（a）对比样品，预混合修复剂和催化剂后直接注射到受损部位；

（b）自活性样品，催化剂包埋在环氧树脂中，修复剂直接注射到受损部位；

（c）自修复样品，修复剂和催化剂都被包埋在环氧树脂基体中，完全自动修复

1）修复剂

DCP 能够以两种形式存在：endo－DCP 和 exo－DCP，如图 6.11 所示。商品 DCP 中至少含 95％（质量分数）的 endo－DCP，而 Rule 和 Moore 的研究结果却表明 exo－DCP 在聚合反应中具有更高的活性，无论在溶液中还是本体聚合都是如此。这两种单体间的反应活性差异可能是由于立体相互作用引起的。

另一种相似的含烯烃单体——乙缩醛降冰片烯——也可作为潜在的修复剂之一，如图 6.11 所示。乙缩醛降冰片烯在开环聚合反应中的反应活性比 DCP 高得多，并且与 DCP 相比具有更低的凝固点。使用这种单体的缺点是所得聚合物是线型的，因而与聚 DCP 相比具有较低的机械强度。Liu 等将这两种单体混合物作为液体修复剂，以加速聚合反应，拓宽使用温度，并同时保持材料理想的机械性能。聚合反应在加入乙缩醛降冰片烯后加速，并且能够在较低催化剂载入量时完全聚合。DCP 与乙缩醛降冰片烯的质量比为 1：3 时，固化 120min 后，表现出最高的脆性。

endo–DCP　　　　　exo–DCP　　　　　乙缩醛降冰片烯

图 6.11　endo－DCP，exo－DCP 和乙缩醛降冰片烯分子式

2）ROMP 催化剂

催化剂的稳定性和活性是自修复体系必须考虑的两个因素。第一代 Grubb 催化剂长期暴露在空气及潮湿环境中后，反应活性降低，暴露在 DETA（环氧树脂基体的固化剂）中活性丧失。除了催化剂的活性限制以外，催化剂颗粒还容易聚集，样品内部甚至出现了分层。

催化剂的有效浓度取决于暴露在断裂面的催化剂的多少及 DCP 修复剂中催化剂的扩散速度，尤其与 DCP 的聚合反应速率相关联。Grubb 催化剂能够以不同的晶体形貌存在，Jones

等报道了每种晶型对于扩散动力学具有一定的影响,也就是影响了材料的修复性能。较小的晶体颗粒具有较快的扩散速率,而在暴露于 DETA 中时反应活性大打折扣。为了制备具有高表面积及高扩散速率的可重复的晶体形貌发展了一套冻干真空系统。据 Taber 和 Frankowski 报道,分散在石蜡中的 Grubb 催化剂易于操作,无需任何特殊的储存措施即可保持其活性。Rule 等将这个方法运用到实际中,催化剂首先被包封在石蜡中后再埋植在基体中。石蜡在 DCP 中能够有效溶解,能够引发修复反应发生。包封催化剂的微胶囊尺寸可以通过改变搅拌的速率进行控制。将催化剂包封在石蜡中反应活性仅仅下降了 9%;而暴露在乙二胺石蜡包封的催化剂活性能够保持 69%,在 DETA 中也具有相似的活性。石蜡微球也能帮助修复剂在环氧基体中的分散,使修复剂更加均匀,如图 6.12 所示。催化剂载入量为 0.75%(质量分数)时实现了最大平均修复效率为 93%。

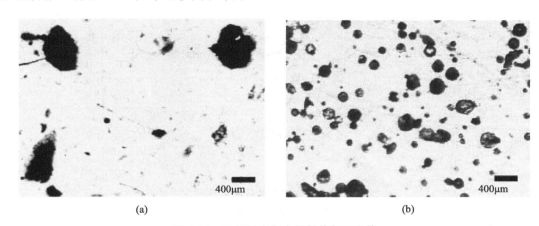

(a)　　　　　　　　　　　　　　　　　(b)

图 6.12　环氧树脂复合材料的剖面照片
(a) 含有 2.5%(质量分数)未保护 Grubb 催化剂;
(b) 5%(质量分数)石蜡包封催化剂,相当于 0.25%(质量分数)催化剂含量

继此研究,Wilson 等进一步拓展了包埋石蜡包封催化剂颗粒方法的研究,分析了这些微球尺寸对于修复效率的影响,并将催化剂引入一种新的环氧树脂基体。这种新材料为了获得超级机械性能,将乙烯基酯引入树脂中;然后通过胺–过氧化氢引发乙烯基团的自由基聚合反应。与 Grubb 催化剂暴露于 DETA 中失活相类似,将这种催化剂暴露于过氧化物中将失去催化活性。事实上,Grubb 催化剂能够利用氢谱核磁共振进行监测,加入固化添加剂,与催化相关的卡宾质子迅速减少;此外,过氧化物自由基和 Grubb 催化剂间的反应也会严重扰乱环氧树脂基体的固化。为了同时保护催化剂和环氧树脂基体免于发生副反应,催化剂被包封在石蜡中。在固化条件下暴露于过氧化物中时,石蜡包封的催化剂仍保持自身的活性。石蜡微球的平均直径为 98 μm,53 μm 和 34 μm 时,分别可达到 97%,90% 和 88% 的催化剂活性。

在自修复复合材料的研究中,选择 exo – DCP 作为指定固化剂,因其引发 ROMP 反应的速率是 endo – DCP 速率的 20 倍。引发修复反应后,exo – DCP 样品的修复效率比 endo – DCP 的修复效率高得多,大约相当于 endo – DCP 催化剂含量的 8 倍所起到的作用。在石蜡保护催化剂微球修复测试中,假设微球尺寸足以保护其免受固化剂的影响,微球越小,在 DCP 中的分散速率就越高,修复效率就越高。而事实上,与手动注射修复剂的体系相比,直径 53 μm 的微球能够赋予体系最高的自修复效率。利用这些微球制备的完全自修复体系中,催化剂和修复剂的最优浓度为 15%（质量分数）的 53 μm 的催化剂微球和 15%（质量分数）的 250 μm 的 DCP 微胶囊。这些样品在 2.5 min 后就表现出明显的机械性能的修复，在 48 h 内持续增强，最高大约达到 30% 的修复效率。

最近 Wilson 等开发了不同种类的钌催化剂，作为第一代 Grubb 催化剂的替代。理想化合物在修复剂中具有快速溶解、迅速引发聚合反应、热稳定性好、较高的加工和使用温度、对基体树脂和固化剂都具有化学稳定性等优点。如图 6.13 所示为第一代 Grubb 催化剂、第二代 Grubb 催化剂与第二代 Hoveyda-Grubb 催化剂的结构式。不同催化剂催化的 DCP 在溶液中的 ROMP 反应常数分别为 1.45×10^{-4} s^{-1} 和 4.3×10^{-3} s^{-1}，Hoveyda－Grubb 催化剂催化的速率太快无法测定。有趣的是，与第二代相比，第一代催化剂在本体中具有较高的聚合反应速率。

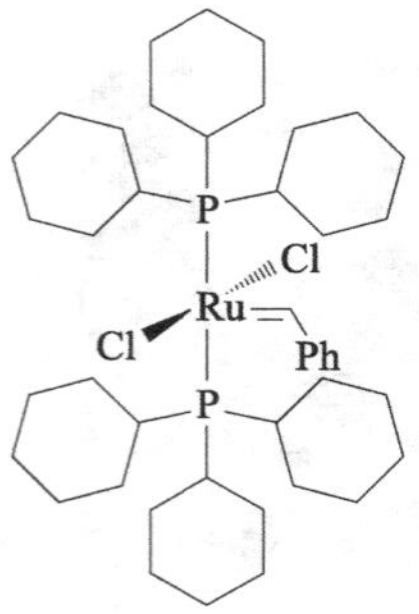

图 6.13　ROMP 钌催化剂

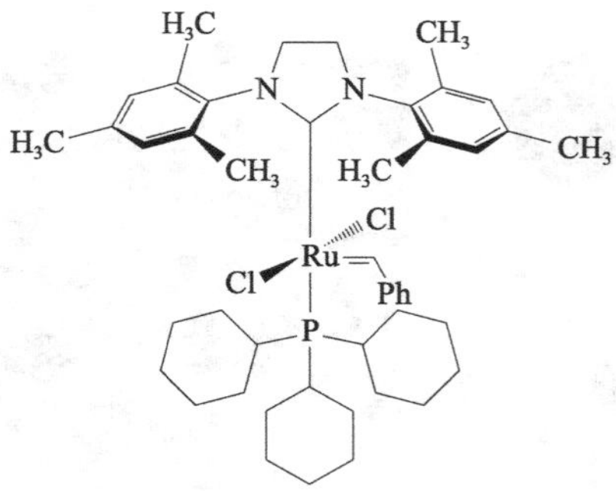

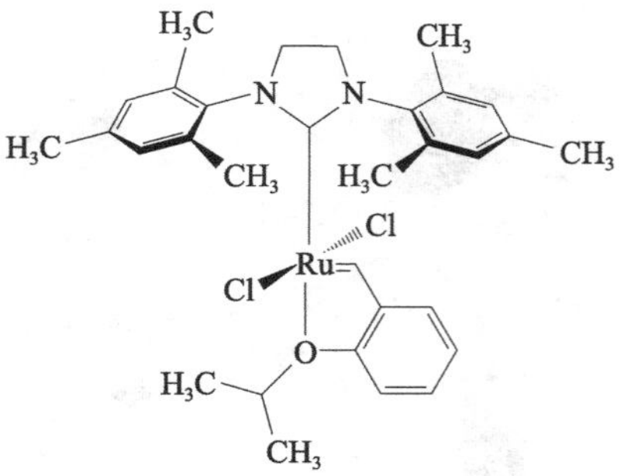

（a）第一代 Grubb 催化剂；（b）第二代 Grubb 催化剂；（c）第二代 Hoveyda－Grubb 催化剂

除了测试聚合反应速率外，对每种催化剂暴露在 DETA 中的活性也进行了研究。在制备复合材料样品时，第一代 Grubb 催化剂暴露于基体中从紫色变为棕色，表明修复剂活性降低；第二代催化剂从棕色变为绿色；Hoveyda－Grubb 催化剂则未出现颜色变化。对这些样品进行了修复测试，第一代 Grubb 催化剂样品未观察到修复，而另两种催化剂样品观察到了修复。新修复剂没有在正常测试条件下表现出修复效率的优势，而第二代 Grubb 催化剂具有最好的热稳定性，并在 125℃ 具有最高的修复效率。将 NCA（5－降冰片烯－2－羧酸）作为修复助剂添加到样品中，以促进基体材料和修复聚合材料间的相互作用。DCP/NCA 混合物比单独使用 DCP 修复剂的修复效果有较大改善。这一令人兴奋的结果也开启了对于自修复体系中修复剂多样性和 ROMP 催化剂研究的大门。

由于钌催化剂成本较高和局限性，不能大规模商业应用，其替代产物的研究开发最近兴起。Kamphaus 等开发了钨催化剂，以替代昂贵的钌催化剂。WCl$_6$ 作为催化剂的前驱，或者与苯基炔发生烃化反应，或者与空气接触氧化。除烃化助剂外，还需要分散剂，使其与 DCP 混合均匀，引发聚合反应。对于催化剂为 WCl$_6$ 的体系，由于催化剂与环氧树脂较差的黏合力，原始断裂韧性下降了 50%。加入硅烷偶联剂，韧性增大到纯环氧树脂的 75%。未处理的催化剂 WCl$_6$ 在基体中易于凝聚结块，利用机械搅拌可以获得催化剂在基体中的较好分散。然而，随着样品中催化剂的分散性变好，修复效率却从 107% 下降到了 20%。这很可能是由于催化剂与基体接触面积变大，催化剂失活。与石蜡包封 Grubb 催化剂相似，将催化剂包封在石蜡中，虽然石蜡包封催化剂的体系需要暴露在空气中 24 h 后才能完成修复，但是这种方式既能增强催化剂在体系中的分散,又能保持催化剂的催化活性。此体系的另一个缺点是,由于制备和固化过程中催化剂失活,需添加超过 7％（质量分数）才能完全修复。尽管如此,添加 12％（质量分数）WCl₆、15％（质量分数）的 exo‐DCP、0.5％（质量分数）苯基炔、1.0％（质量分数）壬基苯酚的完全自修复体系中仅能达到 20％的修复效率。

综上所述,含微胶囊和催化剂的自修复体系的复杂性是令人难以估量的。不仅修复剂和催化剂的选择非常关键,而且各个因素间相互关联,每个因素间的相互影响通常是意想不到的。目前,体系中的各个因素都得到了全面的研究,对每个因素都做出了优化,对于研究者来说可以结合现有结果创造出超级自修复复合材料。

3. PDMS/锡催化剂体系

由于 Grubb 催化剂稳定性差,费用昂贵,Ru 资源有限,除了 DCP 和 Grubb 催化剂体系以外,还开发出了其他体系。

2006 年,Cho 等开展了基于自修复材料的 PDMS（聚二甲基硅氧烷）的研究工作。端羟基的硅氧烷和烷氧基硅烷的缩聚反应能够用有机锡有效催化。Van der Weij 之前表示这些催化剂并不是真正发挥作用的物质,因为反应必须在有水存在的条件下才能进行。而 Grubb 催化剂暴露在潮湿环境中会失去活性。因此这是一个重大的进步。有机锡体系更加稳定,是实际应用中更理想的选择。

Cho 等的先驱工作的另一个优势是液体修复剂——端羟基官能化 PDMS,能够直接混合在聚合物基体中;修复剂液体在基体中是相分离的,在体系中可以均匀分散。在这一体系中,催化剂二丁基二锡包封在聚氨酯中后,在载入聚合物基体中,相分离的液体修复剂分散在基体中,如图 6.14 所示。相分离液体修复剂液滴的尺寸范围为 $1\sim20~\mu m$,包封催化剂的微胶囊的尺寸范围为 $50\sim450~\mu m$。

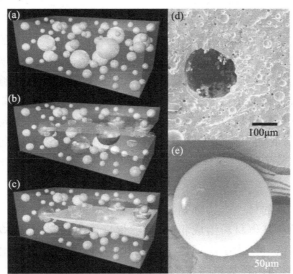

图 6.14　PDMS/锡催化剂体系的基本修复机理示意

（a）分相修复剂（白色）和微胶囊催化剂（黄色）;（b）裂纹在材料内部增长,破坏催化剂;

（c）缩聚反应发生,填充了裂纹空隙,修复了力学性能;

（d）断裂面的 SEM 照片,修复剂除去后留下空的微胶囊;（e）微胶囊

这种新材料的基本修复机理是：体系受到破坏，裂纹增长导致催化剂微胶囊破坏，液体修复剂与催化剂接触时，缩聚反应发生，填补裂纹空隙，保持材料的机械性能。这个体系在潮湿和湿润的环境中及高温条件下（＞100℃）化学稳定性高，因此这个体系的修复化学更加适合实际应用，不仅应用广泛而且成本相对较低。此外，因为液态的修复剂可以在加工过程中直接混入聚合物基体中，相分离的修复剂大大简化了制备过程。

最初的测试结果显示，这一体系的修复效率较低，很可能是由于修复聚合物与基体聚合物之间较弱的黏附力。当加入黏附促进剂 3-（甲基丙烯酰氧）丙基三甲氧基硅烷（KH570）时，修复效率超过了原来的 2 倍。为了确定理想条件下的修复上限，手动混合催化剂和修复剂，将其注射到断裂面，获得了最大修复效率 24％，此时 PDMS 含量为 12％（质量分数），黏附促进剂 4％（质量分数），微胶囊 3.6％（质量分数）。裂纹面上新形成的聚合物降低了表观裂纹尖端的应力，也减缓了裂纹的增长。这一新体系的成功开发实现了在恶劣条件下的修补，延长了材料的使用寿命，这种修复化学适用于修复涂层在腐蚀环境中的使用。

继此项研究以后，Keller 等报道了同样利用 PDMS 修复化学的研究工作，他们工作的显著差异是利用含有 PDMS 自身的基体材料。PDMS 基体中包埋了两种不同的微胶囊：一种是含有高分子量的乙烯基官能化的 PDMS 及铂催化剂配合物（树脂胶囊），另一种是包含有活性点的 PDMS 共聚物，能够通过铂催化剂连接到乙烯基官能化的树脂上。体系机械损坏时，这些助剂能够释放出来，引发修复反应，生成与基体材料相同的修复材料。这种完全自发的原位修复能达到 75％的修复效率，此时含 10％（质量分数）的树脂，5％（质量分数）的引发剂微胶囊。还一个有趣的发现，一些样品中修复材料的撕裂路径偏离原始材料的撕裂路径。这可能是由于基体材料与修复材料在化学上是等同的，因此修复后撕裂路径能够发展到周围的基体中而不是沿着初始的路径。除了这个体系的修复能力，将微胶囊引入基体中还使材料的抗撕裂强度提高了，这是能量吸收机理的证据。

最近，Keller 等进一步在动态载荷条件下通过疲劳扭矩测试研究了 PDMS 弹性体的修复能力。前期的试验测试了假-静态条件下的修复，修复效率是由聚合了的修复剂与基体材料间的黏附力所决定的。然而动态应力下的修复机理更加复杂。在这些扭矩疲劳测试中，对裂纹的终止是通过黏附力、流体力学的裂纹尖端屈服、人工裂纹闭合及基于修复材料在裂纹面处两个面间的摩擦接触屈服机理实现的。这些测试是在两种不同 PDMS 弹性体复合材料上进行的，一种更顺从，另一种更抗撕裂；两种都含有 PDMS 树脂和引发剂微胶囊。两种材料的抗扭刚性都有显著的恢复，与此相对应的是修复 PDMS 化学的本体凝胶时间。完全自修复体系在材料测试中总的裂纹增长下降了 24％。

4. 环氧树脂/固化剂体系

机械激励自修复体系的另一个选择是将环氧树脂包封在微胶囊中，作为修复剂。这个修复过程产生的修复材料与基体材料组成相同，能够保证修复材料与基体材料间良好的黏附力，保证材料初始机械性能恢复。为了实现这个修复化学，必须将另一个组分——固化剂引入体系中。在裂纹形成和增长时，环氧树脂胶囊被破坏，在环氧树脂与基体中固化剂接触时，发生聚合反应，填补裂纹，恢复材料的强度。

2007 年，Yin 等首次研究了以未固化环氧树脂作为修复剂，以咪唑金属络合物作为固化剂，开发了环氧树脂-酚醛树脂微胶囊/咪唑金属络合物。$CuBr_2$（2-MeIm）固化剂络合物能够溶解在环氧树脂基体中，因此可以在基体中均匀分散，形成均相，能在任何位置引发修复。环氧树脂被包封在脲醛树脂微胶囊中,直径范围为 $30\sim70\mu m$,然后埋植在基体材料中。这些复合材料的断裂测试表明包含两种修复组分并未明显影响环氧树脂的机械性能,甚至断裂韧性稍稍增大。但此体系并不是真正意义上的自修复体系,而需要人工干预,必须对其升温才可以实现环氧树脂的固化。所需温度为 $130\sim170℃$。此体系是首次将环氧树脂胶囊引入机械激励修复基体中,表现出高达 111% 的修复效率,此时环氧微胶囊的含量为 10%(质量分数),2%(质量分数)的固化剂(非完全自修复体系)。

2008 年,Yin 等将环氧树脂修复剂微胶囊和固化剂引入玻璃纤维织物/环氧复合层压材料中,也能够在机械激励下实现修复。玻璃纤维织物增强的聚合物复合材料通常作为结构材料使用,失效主要是由于剥离所导致的。填入 20%(质量分数)及以下的微胶囊的复合材料拉伸强度保留了 95%。引入微胶囊和固化剂到基体中几乎对材料的层间断裂韧性没有影响,这是由于纤维间的"剪刀撑"才是影响机械性能的关键因素。最高修复效率为 79%,此时样品中含有 30%(质量分数)的微胶囊和 2%(质量分数)的潜在固化剂。如前面所讲述的一样,这一修复体系也需要在温度为 130℃ 及以上时才能引发反应完成修复,因此不是真正的机械激励修复。

最近,Yuan 等报道了第一个自修复环氧树脂/固化剂体系(图 6.15)。他们改用低温硫醇固化剂。难点是如何将硫醇和它的胺催化剂一起封入微胶囊中,并且之前体系中的微胶囊全部适用于酸性催化条件,而此处为碱性催化剂。研究人员先将硫醇封入三聚氰胺-甲醛树脂微胶囊,再人工将胺注射到胶囊中。最后将固化剂微胶囊和环氧树脂微胶囊共同加入环氧树脂基体中。以此形成的修复体系能够在室温下反应,是真正的机械激励自修复复合材料。

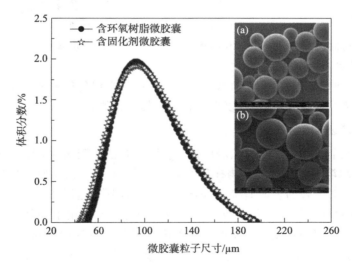

图 6.15　微胶囊的粒子尺寸分布和 SEM 照片
(a) 含环氧树脂微胶囊 SEM 照片;(b) 含固化剂微胶囊 SEM 照片

对每种微胶囊的浓度对整体修复效率的影响的研究显示,两种微胶囊的比例接近 1∶1(1~1.26∶1环氧树脂∶硫醇)(体积比)时修复效率最大,微胶囊含量超过 5%(质量分数)修复水平稳定。样品中微胶囊总量 5%(质量分数)[每种 2.4%(质量分数)]时,修复效率超过 100%,这表明修复部分比基体自身的抗裂纹性能高,如图 6.16 所示。这与前面讲述的 PDMS

体系情况类似,修复的聚合物材料与基体材料相同。在 20~30℃下放置 3 h 后,修复效率达到 82%~88%,仅仅 12 h 后修复效率超过 100%。除此之外,在－10℃ 36 h 后达到 86%的修复效率。这说明低温修复也是可行的,拓宽了这种材料的潜在应用范围。

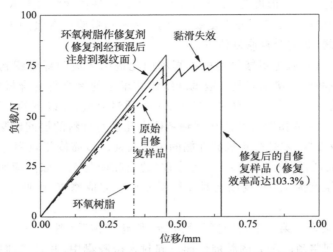

图 6.16　环氧树脂/硫醇样品的典型负载-位移曲线

　　近期的研究工作围绕着以环氧树脂既作修复剂又作基体的修复体系。Yuan 等开展了与环氧树脂微胶囊作为修复剂体系加工条件的研究。结果表明通过 pH、表面活性剂种类、时间及加热速率和微胶囊包封过程可以控制微胶囊的直径和壁厚及核容量。与利用氨固化剂相对,另一个研究组开展了利用聚硫醇作为环氧树脂固化剂的体系的研究,如图 6.16 所示。氨固化剂的活性极高而难于包封。Yuan 等的研究表明聚硫醇微胶囊在三聚氰胺-甲醛聚合物的体系中,固化速率更高,化学稳定性也更高。

　　环氧树脂既作修复剂又作基体的修复体系是微胶囊自修复体系的一个重要进步。利用与基体相同的材料填补空隙和裂纹,修复后的材料整体上是均相的。

　　5. 溶剂促进修复

　　修复过程有五个阶段:表面重排、表面接近、润湿、扩散和随机化(图 6.17)。在 20 世纪 90年代初,Lin 等表示溶剂可用于聚合物样品的修复行为,主要是在润湿和扩散阶段协助样品完成修复。通过溶剂对聚合物表面润湿,本体聚合物材料溶胀,这促使了裂纹平面分子链的蠕动和连锁,从而实现对裂纹的修复和原始机械性能的恢复。已使用了多种不同溶剂(甲醇和/或乙醇和四氯化碳),它们分别能够帮助聚甲基丙烯酸甲酯和聚碳酸酯修复。经确定,将聚合物沉浸于溶剂中,这些聚合物玻璃化转变温度可以降低,从而在室温或接近室温条件下进行修复。然而,由于被这些溶剂浸渍造成溶胀程度增大,聚合物修复后不能恢复原来的优势。

　　2007 年,Caruso 等将溶剂促进修复的研究引入机械激励自修复材料研究中。他们研究了不同极性的溶剂对环氧树脂的修复促进作用。发现极性溶剂具有显著的修复促进作用。硝基苯、N -甲基吡咯烷酮、二甲基乙酰胺、二甲基甲酰胺、二甲基亚砜等都促使材料获得了较高的修复效率。这些极性非质子溶剂作为修复剂效果非常好,而水和甲酰胺这两种极性质子溶剂则阻碍了修复。这可能是由于环氧基体含有大量的自由羟基,这些基团能够形成极性氢键,所以非质子溶剂才能对修复过程起促进作用。

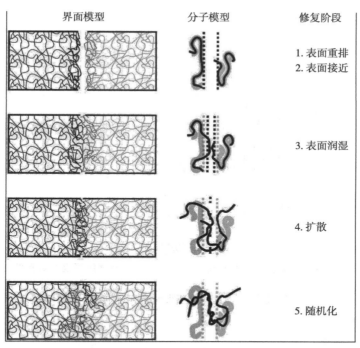

界面模型　　　　分子模型　　　修复阶段

1. 表面重排
2. 表面接近

3. 表面润湿

4. 扩散

5. 随机化

图 6.17　修复过程五个阶段示意图

　　然而,无论是利用脲醛树脂还是反相封装技术来进行溶剂的微胶囊封装都是困难重重的。只有少数溶剂可以被装入微胶囊中。目前所发现的唯一容易被装入微胶囊的溶剂是氯苯溶剂,可以获得平均直径 160 μm 的微胶囊。以此溶剂为例演示体系的自修复能力。如图 6.18和图 6.19 所示,复合材料中含有 20%(质量分数)的氯苯脲醛微胶囊,表现出了最高 82%的修复效率。相似地,利用二甲苯仅获得了 38%的修复效率,利用正己烷则未能实现修复。这些结果也进一步表明了修复效率是与溶剂的极性密切相关的。

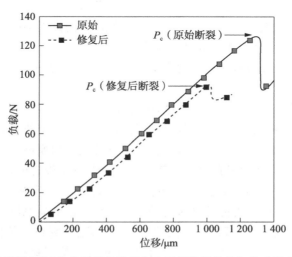

图 6.18　含 20%(质量分数)氯苯脲醛微胶囊复合材料的原位修复前后的典型负载-位移曲线

123

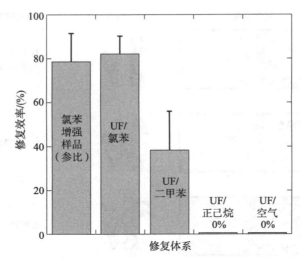

图 6.19　人工注射氯苯参比样品和含有不同修复剂脲醛微胶囊复合材料的修复效率

关于此方面今后的工作重点在于寻找和发现新的易于微胶囊封装的溶剂及溶剂促进修复的机理的研究方面。

6. 异氰酸酯微胶囊

异氰酸酯胶囊能够在潮湿和湿润的环境中通过与水发生反应实现修复,最近也被倡导用于封装修复剂。这意味着可以将免催化剂修复剂引入体系中,制备可修复复合材料。Yang 等报道了异佛尔酮二异氰酸酯微胶囊,并证明它随时间的稳定性,及控制微胶囊尺寸和壁厚的相关因素和所包封修复剂的活性及体系的机械性能。异氰酸酯胶囊的问世开启了潮湿环境中自修复材料的研究之门。

6.1.3　微脉管自修复材料

空心纤维和微胶囊修复技术都不能连续两次以上修复同一个位置处的裂纹,而沿着原始裂纹面又经常会出现第二次、第三次损坏,这是这两种体系的重大缺陷。但是如果能够做到修复剂的半连续流动,那么多次的修复就可以实现。

微脉管网络自修复复合材料就是建立在空心纤维和微胶囊技术的基础上,并借鉴仿生学的概念来实现自修复的。

科学研究人员经常会从自然界寻求灵感,创造出更加有效、精巧的体系,对于智能修复材料的开发就是如此。一些植物内部有导管,内含汁液,可用于防卫机制,如图 6.20 所示。当遭受破坏时,导管内部的分泌物变得黏稠,可以保护植物体免受病原体的侵害。我们人类的循环系统能够感知损伤,通过凝血引发愈合。血液在正常情况下是液态的,无血块的。当血管损伤时,在损伤部位形成血块,对损伤部位进行治疗愈合。人体循环系统由不同直径的血管组成:动脉、静脉、毛细血管。这些血管能够同时对身体的各个部位供应血液。这种自感知和自修复体系对于研究人员的研究工作起到巨大的启发作用。通过研究植物体内的不同脉管网络,了解不同的机理和相应的修复效率,科学家们设计出了更好的修复材料。

图 6.20　银杏叶的树状脉管网络

脉管网络成功实施到材料或系统中遵循一个基本原则——Murray 原则。在理想组织中,应该有最优路径连接大小导管,以达到最小工作量下的最快运输速度。人类血液循环系统在保障血液循环的条件下将所需能量降到了最低,因此研究此体系将有助于了解最优连通性。Murray 认为母管的直径应该等同于所有子管直径之和,在人造体系中保持这个比例将会优化循环体系中的运输流动,降低所需消耗的能量。

为了将遵循 Murray 原则的脉管系统成功实施到复合材料中,需要分析网络和材料制备中的各个因素。Williams 等认为含有两种理想导管的网络体系是理想的。主供应管道必须牢固,以保持撞击时材料结构的整体性。较小的管道在裂纹形成和增长时,能够发生破裂,以释放修复剂至损伤部位引发修复。除了要设计出具有合适机械性能的网络体系外,还要考虑体系失效的可能性:供应管道的泄漏,由于修复导致的管道的堵塞,小管道的破裂,修复组分的分解,修复剂失效等。这些潜在的模式在设计时都应全面考虑。

研究人员在理解了含微脉管网络的复合材料体系的仿生方法后,设计了一种新型的自修复材料——微脉管自修复复合材料。这些微脉管网络可以通过软平板印刷术制备,所有的微型管道可以一次制备。然后向微型管道填入修复剂。当管道破裂时,修复剂就能释放到复合材料中,实施修复。

2007 年,Toohey 等首次报道了这种设计理念的自修复材料。在他们的研究体系中利用的是现在较熟悉的 DCP/Grubb 催化剂体系组合。催化剂被载入 $700~\mu m$ 厚的环氧树脂涂层中,位于微脉管基体的上表面,$200~\mu m$ 宽的微管道中装入 DCP,然后密封,如图 6.21 所示。这个体系能够补充修复剂,允许材料内部同一位置的多次损伤修复。这个体系能够获得 70% 的修复效率,此时表层催化剂的含量为 10%(质量分数),可以完成最高七个修复循环。表层催化剂的含量对于单次修复的效率是没有影响的,但是却决定了修复循环的次数。因此,影响这一体系修复的限制因素是催化剂。一旦所有的催化剂耗尽,即使再补充修复剂单体也不能完成修复。

与此同时,Williams 等报道了微脉管机械激励自修复的三明治结构复合材料。在此三明治结构的表层使用的是高性能的材料,如玻璃纤维和碳纤维复合材料,利用轻质核隔开,获得的材料具有非常高的弯曲刚度。引入微脉管网络至三明治结构中能够对大面积损伤和多次损伤进行修复。测试也表明这个体系能够在压应力损伤后持续和完全修复。

在另一个研究模型中,两套分别载有环氧树脂修复体系组分(树脂和固化剂)的管道正交排列,被埋入基体中。冲击损伤和随后的四点弯曲测试结果表明,只有一半的样品实现了修复。对修复了的样品而言,两种管道在冲击时同时破坏,两种组分充分混合引发固化反应,成功恢复了材料的机械性能。而对于未能修复的样品,在遭受机械破坏时可能只有一种管道破裂,树脂或固化剂被释放到基体中,而不是两种同时,因而无法完成修复。更多的工作正在进行中,以解决上述问题,进而获得可靠的机械激励自修复材料。

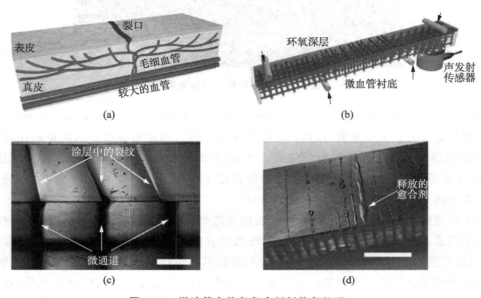

图 6.21 微脉管自修复复合材料修复机理

(a) 皮肤内的血管;(b) 含微脉管自修复复合材料的结构示意图;(c) 表面形成的裂纹朝向微脉管增长,表面裂开;(d) 自修复材料产生裂纹后,过多的修复剂释放到表面

6.1.4 超分子网络自修复

超分子相互作用在本质上是可逆的,这种可逆性与材料性能之间的等价交换,使得材料的强度大打折扣。通过向体系中引入更多的这种相互作用就可以避开这一缺陷。这些相互作用的可逆性使超分子非常适合引入自修复材料的设计中,并允许体系执行多循环修复。

1. 氢键

Cordier 等最近利用氢键制备了超弹性自修复橡胶,不仅利用了氢键的可逆性,而且还利用氢键的方向性作为网络中链间自组装的手段。材料需要一个机械激励引发修复过程,将断裂的表面彼此紧密接触,通过氢键的自组装特性重新形成网络。例如,利用氨基咪唑烷酮和尿素的氢键,将两者混合,无结晶区,以保持材料的弹性性能。此材料断裂时,拉伸伸长率超过500%,修复后 300%伸长率时回复后,至多 5%的残余应变。更加出众的是对橡胶的损伤和修复测试,将其一分为二后重新接触,在室温下样品随时间能够自行修复。接触 15 min,修复样品能够在拉伸 200%时不发生断裂;更长时间接触后可获得更佳的修复。此外,断裂的两表面分隔时间越长,再接触后,所获得的修复效率越低。二酸和三酸的混合物先与二乙基三胺缩合,然后与尿素反应得到含有互补氢键的低聚物:氨基乙基咪唑烷酮、二氨基乙基尿素和二氨基四乙基三尿素的结构式分别如下(其中,O═C 为受体,C—N—H 为给体):

这是最早报道的无需任何化学助剂即可机械激励自修复的材料。因为这一体系依靠的是氢键的可逆性,破坏和修复的循环可以成功实施多次。这些结果与对 Silly Putty 所观察到的现象相似,Silly Putty 是一种在室温中能够修复的材料,可以保持材料的机械强度及断裂伸长率。主要的不同之处在于,氢键材料是位置选择性的,只能与断裂的另一表面接触以完成修复,而不能与材料的其他位置接触而完成修复。

2. 金属-配体配位键

除氢键以外,另一种用于自修复材料研究的超分子相互作用是金属-配体配位键。

研究者设计这个体系的初衷是设计一个既含有不可逆共价键网络,又含有一些可逆相互作用,能够承受一定的载荷。通过这种方式,可逆键能够缓解不可逆网络的应力,在受强大外力时,配位键断裂,而外力撤去时,又可以重新形成配位键。2007 年,Kersay 等报道一个含有金属-配体络合物的聚合物体系。体系是由共价键交联的聚丙烯酸甲酯的凝胶,聚合物分子链上有吡啶侧基,并引入双官能团钯或铂化合物,两者络合形成配位键。对聚合物材料本身和含有金属络合物网络的材料的机械性能分别进行了测试,结果显示,虽然储能模量仅在 $10^5\,Pa$ 的范围内,加入金属-配体配位络合物后强度有所增大。

这样的体系在机械激励自修复材料方面将有可观的前景,但是目前的研究才仅仅迈出了一小步。

6.2　其他激励自修复复合材料

6.2.1　热激励自修复复合材料

最初,人们是用热板焊接(类似于烙铁)来修复如聚甲基丙烯酸甲酯那样的热塑性聚合物的裂纹。润湿与扩散是修复过程中的两个重要参数,因此修复温度必须超过玻璃化转变温度 T_g。Lin 和 Wang 等用小分子醇增塑热塑性聚合物以降低 T_g,使修复能在较低的温度下实现。基于机械强度恢复的愈合过程包括两个阶段:① 表面润湿和膨胀导致表观上裂纹逐渐愈合,对应断面与原始断面共面;② 扩散增强愈合质量,提高愈合效率,对应断面复杂,包括阶段①愈合表面与原始断面特征,并出现酒窝状、蛇骨状断痕。

此外,Raghavan 等研究了线型聚苯乙烯和交联乙烯基树脂复合材料的修复,发现临界应变在裂纹界面退火后有 1.7% 的回复,这是由线型聚苯乙烯链的贯穿引起的。由此可见,热板焊接修复的机理是界面分子间非共价键相互作用(分子间氢键或链缠结)。

超分子非共价键因其可逆本质而得以应用,但是强度低是极大的缺陷。因此在结构修复材料设计中,必须考虑更加强大的且可逆的键合方式——可逆共价键。

1. Diels-Alder 聚合物

Diels-Alder 环加成反应中发现了目前研究和应用最广泛的可逆共价键。1928 年,德国化学家 Diels 和 Alder 通过这个反应发现顺式共轭双烯类化合物可以与含碳碳双键或碳碳三键的化合物相互作用,生成不饱和六元环状化合物,这类反应称为 Diels-Alder 反应。

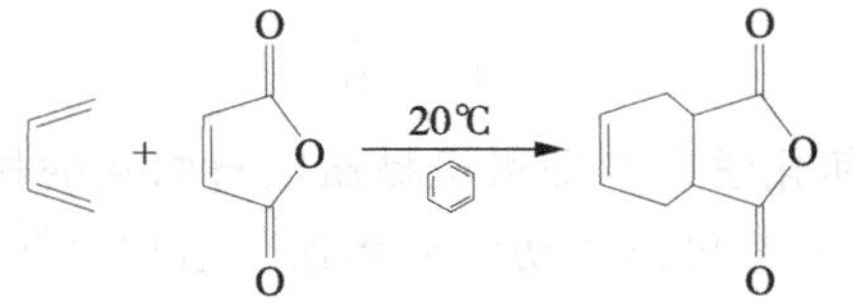

Diels-Alder 反应是一步完成的,反应时反应物彼此互相靠近,互相作用,形成一个环状过渡态,然后逐渐转变为产物分子。即旧键的断裂和新键的形成是相互协调地在同一个步骤中完成的,这类反应称为协同反应。在协同反应中,没有活泼中间体(如碳正离子、碳负离子或自由基等)产生。这个反应的双烯和亲双烯物几乎可以被任何官能团替代,因此这个反应在有机化学中是有很多用途的。这个环加成反应还是热可逆的,这使得它能够在热激励响应自修复材料领域得以应用。

1)呋喃/马来酰亚胺

呋喃和马来酰亚胺的 Diels-Alder 反应如下:

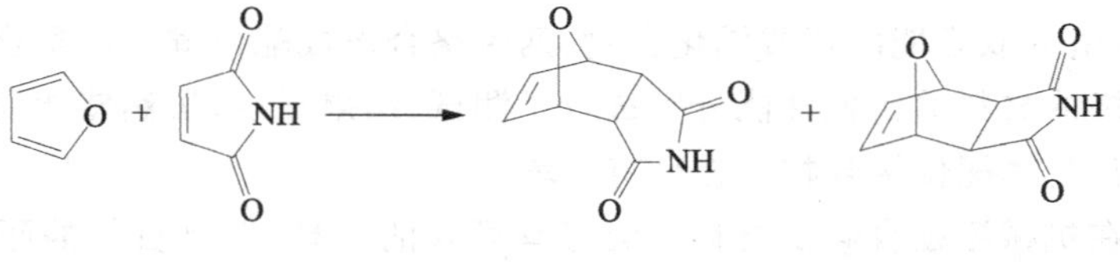

正是由于 DA 反应的热可逆性,其被广泛地应用到制备可修复的聚合物中。这类自修复的聚合物主要分为以下两类:① 在聚合物的大分子的侧基上分别带有呋喃和双马官能团,通过有呋喃和双马官能团的 DA 和逆 DA 反应来达到自修复的目的;② 呋喃多聚体(multi-furan,F)和马来酰亚胺多聚体(multi-maleimide,M)进行 Diels-Alder(DA)热可逆共聚,形成的大分子网络直接由具有可逆性的交联共价键相连,可以通过 DA 逆反应实现热激励修复。这两种聚合物均可以通过逆 DA 反应转化成其前趋体,这种特点可以用到材料的可循环利用和修复方面。虽然有大量的研究工作围绕制备基于 DA 键的热可逆的聚合,直到最近该类聚合物的可修复性才被证实。

在 20 世纪 90 年代初,呋喃和马来酰亚胺作为侧链引入高分子链上,制备出了热可逆凝胶。2002 年,Diels-Alder 反应第一次被用于修复材料设计,这一次是将呋喃和马来酰亚胺引入聚合物主链,而不仅仅是作为交联侧链基团。Chen 等合成了一种高度交联的真正具有本体自修复能力的透明聚合物材料,这种材料只要施以简单的热处理就可在要修补的地方形成共价键、并能多次对裂纹进行修复而不需添加额外的单体。他们以呋喃多聚体和马来酰亚胺多聚体进行 Diels – Alder(DA)热可逆共聚，形成的大分子网络直接由具有可逆性的交联共价键相连，可以通过 DA 逆反应实现热的可逆性。最先采用呋喃四聚体(4F)和马来酰亚胺三聚体(3M)进行 Diels – Alder(DA)热可逆共聚，得到了热可逆性修复材料。采用固体核磁对材料的加热和降温进行了研究。发现材料在 120℃ 发生了逆 DA 反应，对样品采用紧凑拉伸产生裂缝，将样品通过加热到 90~120℃，然后冷却到室温的简单的热处理后，界面处仅能观察到细微的不完善，修复效率达到 57%。这种材料的机械力学性能与一般的商业树脂如环氧树脂和不饱和聚酯材料相媲美。

为了解决在呋喃四聚体(4F)和马来酰亚胺三聚体(3M)需要在溶剂中才能混合的弊端，他们合成低熔点的双马来酰亚胺，在此基础上他们又合成了两种热可逆交联聚合物 2ME4F 和 2MEP4F，解决了产品的颜色问题(无色)，改进了聚合过程(不用溶剂)以及提高了材料的修复效率(80%)。但是却带来了材料力学性能的下降和玻璃化转变温度低于 100℃ 的问题。大大地限制了材料的使用。

Chen 等用紧凑拉伸来测试材料的修复效率(图 6.22(a))。样品通过机械加工制作。样品被拉断后，将断面尽量对齐，用夹子固定，在惰性气体中加热到 120~150℃ 修复裂纹。通过观察裂纹断面对光线的反射情况，可以评估裂纹修复情况(图 6.22(b)(c))。结果发现，断面不能完全地对齐，并且影响断面的修复。为了解决这个问题，他们在样品中间钻一个直径 1mm 的孔用来阻挡裂纹向前增长，避免样品完全断裂。因为钻孔可能位于从缺口引入的应力集中范围内，所以临界载荷值只能用来估算断裂韧性。紧凑拉伸测试材料的断裂韧性时，预裂纹长度对测试结果高度敏感。材料裂纹愈合后，预裂纹长度必然减少，因此用修复前后的临界断裂载荷比值作为修复效率，结果必然偏高。为了解决断面对齐问题，并防止样品受热过程中产生蠕变现象，Plaisted 等采用双劈裂钻孔压缩(double cleavage drilled compression，DCDC)试验方法来测试聚合物 2MEP4F 的修复性能，并优化了裂纹愈合条件(图 6.23)。

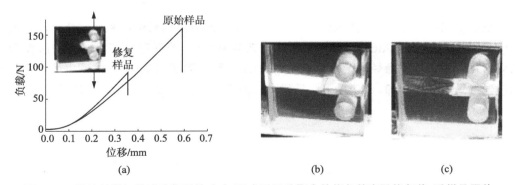

图 6.22　通过断裂韧性试验得到的呋喃/马来酰亚胺聚合的修复效率及修复前、后样品照片
(a) 修复效率；(b) 热处理前裂纹样品照片；(c) 修复后样品照片

热可逆的自修复作为一种新颖的修复方法，它还有一些问题需要完善，如：作为呋喃多聚体和马来酰亚胺多聚体进行 Diels – Alder(DA)热可逆共聚。形成的大分子网络直接由具有可逆性的交联共价键相连，可以通过 DA 逆反应实现热的可逆性的热可逆的自修复材料来说：
① 马来酰亚胺单体熔点太高、不溶于呋喃四聚体，需要降低反应单体的熔点和改善互溶性。

② 热可逆交联既是此类材料的优点,在某种意义上也是它的缺点。DA 加合物的键能在共价键中最低,温度高时即发生断键。该聚合物的使用温度(80~100℃)对于易因热膨胀系数差异产生裂纹的电子封装材料则比较理想,对于许多聚合物的应用则显得过低。

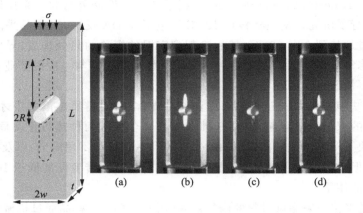

图 6.23 DCDC 试验

左图:DCDC 样品的性质示意图,虚线代表预裂纹和裂纹延伸的位置。右图:单个样品的断裂和修复
(a) 原始样品,中央有孔和可见的预裂纹;(b)一次损坏后样品;(c)一次修复后样品;(d)二次损坏后样品

而对于在聚合物的大分子的侧基上分别带有呋喃和双马官能团而言,通过有呋喃和双马官能团的 DA 和 DA 逆反应来达到自修复的目的自修复的材料,首先,带有呋喃或马来酰亚胺基团的大分子本身的分子量大、熔点高、溶解性差,要让侧链上的呋喃和马来酰亚胺基团充分反应必须需要溶剂存在,因此工艺性差,只能制得小尺寸的样品;另外就是要想在大分子的侧基上带上呋喃或马来酰亚胺基团,十分困难,其次是带上的侧基的密度也不能达到很高,这类材料的自修复性极度有限。

2) DCP

大量的 Diels‐Alder 反应热激励自修复材料不断问世。体系中或利用呋喃和马来酰亚胺官能团分别作为 Diels‐Alder 反应的双烯和亲双烯官能团,或利用二环戊二烯同时作为双烯和亲双烯化合物。环二烯烃易于发生 Diels‐Alder 反应,除了呋喃以外,呋喃中的氧原子被亚甲基替代得到的环戊二烯,也获得了广泛研究。环戊二烯的 Diels‐Alder 反应过程如下:

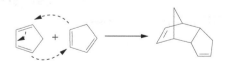

早在 1979 年,DCP 基团就被作为侧基引入高分子链上,形成了热可逆的交联网络,此后,为了获得可回收的热固性材料这一体系得到了进一步的研究。最近,Murphy 等利用这一性质制备出了新型的自修复材料,他们合成了具有 DCP 核的单体,然后聚合形成单组分的聚合物网络,在聚合的主链上含有热可逆的 DA 加成产物。除了加成产物外,DCP 还能进行 DA 二次反应,形成三聚体,形成交联网络。材料是由单晶组分构成的,形成的聚合物网络整洁是这一体系的优势,这不仅大大简化了材料制备和加工过程,而且体系的机械性能较好。将此材料

加热到 120℃持续 20min,可以获得 46％的平均修复效率。体系除了具有修复能力以外,还表现出形状记忆的效果,如图 6.24 所示,在压缩测试后重新恢复了原始的形状。

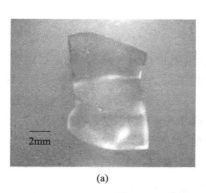

(a)   (b)

图 6.24 基于 DCP 的聚合物材料
(a) 压缩测试后;(b) 修复后,与测试前状态完全相同

虽然基于 DA 的修复材料研究才刚刚起步,但是人们已经认识到其广阔的应用前景。这些材料将不仅在强度上满足结构材料的机械强度,并且可以实现多次修复。与依赖添加修复剂的体系相比,其"内置功能"可利用有限的资源无数次地恢复机械性能。并且修复前后材料的组成是一致的,消除了不同相邻材料扰乱体系结构的隐患。

2. 固态颗粒修复剂

为了避免应用液体修复剂中的相关问题,如控制释放,一些研究者已经着手于完全固相的自修复材料研究。这种修复化学能够极大地简化这些复合材料的制备工艺。前面述及的许多工作都致力于含液体修复剂新技术和加工的研发。无论是空心玻璃纤维还是聚合物微胶囊,这些都需要精巧的控制才能使体系获得理想的功能。另外,一旦制备好了修复剂容器,还需保证在整个加工过程中完好无损,而在遭受机械激励时又能够破裂。然而,使用固体修复剂仅需将其简单地加入复合材料中而无需额外的控制手段。

固相自修复体系的早期大部分研究是用聚合物薄膜作为无机材料水热环境中的抗腐蚀薄膜。当材料中有缺陷(裂纹、划痕或凿痕等)时,外加的无机组分能够反应生成惰性的薄膜包覆在金属的表面。这保护了金属结构免受进一步的损伤和腐蚀。

近年,这一固相修复方法才从无机材料转借到有机材料体系中。2004 年,Lee 等报道了一个通过计算得出的模型,指出纳米粒子在聚合物材料中可以起到"邦迪"的作用。聚合物基体与纳米修复剂粒子之间的相互作用力能够驱使修复剂纳米颗粒局部聚集到裂纹或缺陷处,完成修复过程。

基于这个计算,2007 年,他们报道了一个非常有创造性的实验来验证。他们将热塑性材料溶解到热固性树脂中。固化以后,热塑性材料仍然分散在热固性树脂中,理论上发生断裂以后,热塑性材料能够在基体内部扩散,并通过聚合物链的桥连实现对裂纹的修复。但遗憾的是,这个体系需要一定的温度才能实现这一点。当修复剂的含量为 20％(质量分数)时,温度升至 100℃,机械强度可以恢复至原始材料的 50％~70％。

Hayes 等报道了修复剂依靠可逆氢键与基体材料相互作用实现修复的一个体系。当接受热激励时,这些键会断裂,释放出线型的热塑性聚合物修复剂,然后流动到受损区域,完成修复,保障材料的强度。这个体系在 130～160℃下,含 7.5%(质量分数)修复剂的情况下,修复效率可以达到 43%～50%。并且这个体系可以完成多次循环修复过程。

6.2.2 电激励自修复复合材料

将导电元件引入聚合物中,当电激励时可以电阻加热引发修复,这是目前报道的修复引发方式中一个极其有前景的选择。当材料中形成裂纹时,一些电流的路径受阻,导致电阻增大。施以恒定的电场,受损位置由于电阻增大而产生热量。这些局部的热量引发裂纹处的修复,使材料恢复本身的机械性能和电性能。这种电激励引发修复的方式不仅可以用于修复材料,还可以利用电流的反馈机理监测材料结构的完整性,检测到不可见的损坏。

1. 碳纤维复合材料

碳纤维增强的聚合物材料(Carbon Fiber Reinforced Polymer,CFRP)在航空航天行业得到了广泛的应用。与金属材料相比,这些复合材料体系具有极高的机械性能和较低的重量。除此之外,碳纤维增强的复合材料还具有电传导性,拓宽了它的使用范围。

1999 年,Abry 等通过监测 CFRP 材料的电阻研究了损伤机理。2002 年,Hou 和 Hayes 对此技术做了进一步的改善。在此工作的基础上,Yarlagadda 等研究了在导电纤维增强复合材料中的感应加热。由于自身具有电阻,且纤维-纤维连接处的接触电阻或介电滞后,导电纤维能够产生热量。2007 年,Wang 等指出这项感应加热技术可以潜在应用于启动 Diels - Alder 聚合物的 CFRP 复合材料的修复过程。

2008 年,Park 等证实了这一复合材料体系通过电阻加热实行修复的能力。复合材料体系是以石墨/环氧树脂为基板,上面是基于 DCP 的聚合物材料。实验通过对流加热和电阻加热两种方式对材料破坏后产生的微裂纹进行了修复。结果表明电阻加热在数分钟后即可达到 70%的修复效率,并将剩下的微裂纹通过对流加热修复。

2. 填埋 SMA 的自修复材料

在复合材料结构中埋入形状记忆合金 SMA 丝,可以构成强度增强复合材料结构。在复合材料自修复结构中,即使损伤而使液芯光纤断裂,由于光纤的两端封闭,胶液不能通畅地流出,可对损伤进行自修复。在 SMA 增强智能复合材料结构中,采用激励 SMA 来对液芯光纤产生压应力使胶液流出的方法解决这一问题。当结构内发生开裂、分层、脱胶等损伤时,激励损伤处的 SMA 将产生压应力,使结构恢复原有形状,这将有利于提高对结构的修复质量。当液芯光纤内所含的环氧树脂和固化剂流到损伤处后,SMA 激励时所产生的热量,将大大提高固化的质量,使自修复工作完成得更好。

2008 年,Kirby 等提出了形状记忆合金(SMA)在修复体系中一个非常精巧的应用。体系中使用 Ni/Ti/Cu 复合 SMA,将此合金导线加入含有 Grubb 催化剂胶囊的环氧树脂复合材料基体中,注射 DCP 修复剂到体系中。SMA 具有双重作用:一是它的收缩使裂纹尽量闭合,裂纹空隙减小,降低了修复剂的用量,提高了修复效率;二是,电阻加热,温度升高更有利于 DCP 的修复反应。埋植了 SMA 复合材料与没有 SMA 复合材料相比,修复效率由 49%上升到 77%,最高可达 98%。图 6.25 示出了含有磁粒子的基于 DCP 自修复聚合物材料。

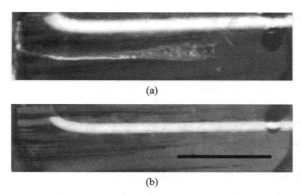

图 6.25　含有磁粒子的基于 DCP 自修复聚合物材料
(a) 样品中有裂纹；(b) 电磁激励后裂纹消失

3. 有机金属聚合物自修复材料

Williams 等提出了利用聚合物本身导电特性来制备电激励自修复复合材料,这种方法是无需在材料中添加纤维或导线获得导电性的方法,避免了相容性及加工困难等问题。这种方法所面临的主要挑战是既要建立一个具有可逆相互作用的网络结构,以便于修复过程,又要是共轭的聚合,以保证导电性。Williams 给出了他们的解决方案:氮杂环卡宾和过渡金属的络合物。

氮杂环卡宾与过渡金属间的可逆配位反应

文献有记载这些有金属络合物是可逆的具有电传导性的。利用此材料制成的薄膜具有 $10^{-3}S \cdot cm^{-1}$ 数量级的导电性。将其表面刮伤后,热处理修复可以看到划痕边缘明显变得光滑,在二甲基亚砜蒸气中修复效果更好。虽然研究仍处在初级阶段,但是这种材料很有可能作为实时监控、应力载荷历史记录,及原位电激励修复材料使用。

6.2.3　射弹激励自修复复合材料

离子键相互作用是被用于聚合物可逆交联网络的另一种相互作用形式。含 15%(质量分数)以上的离子组分的聚合物可以称之为离聚物,这些材料能够在受损后恢复交联网络,从而保持材料的机械性能。提高聚合物中的离聚物成分能够提高最终的拉伸性能和抗裂强度,这可能是由于离子簇的形成致使离子交联更有效。此外,离聚物的主要贡献之一就是高的抗冲强度,这归因于离子聚集体在基体中起到了可逆物理交联的作用。

Kalista 等对杜邦公司的两款聚乙烯甲基丙烯酸盐共聚物产品的修复性能进行了研究:Nucrel® 和 Surlyn®。Nucrel®含有 5.4%(物质的当量浓度)的甲基丙烯酸,Surlyn® 含有相同量的甲基丙烯酸,但是利用碱中和处理,得到相应的离聚物。射弹戳穿试验(projectile puncture test)中,冲击时,能量传递到离聚物上,局部温度可升高达到 98℃,呈熔融状态,材料表现出黏弹性,能将孔闭合,离子键相互作用重新形成,保持了材料的强度,如图 6.26 所示。

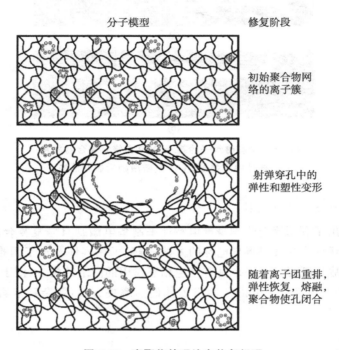

分子模型　　　　　　　　　修复阶段

初始聚合物网络的离子簇

射弹穿孔中的弹性和塑性变形

随着离子团重排,弹性恢复,熔融,聚合物使孔闭合

图 6.26　离聚物的理论自修复机理

在室温射弹戳穿实验中,Nucrel® 和 Surlyn® 孔洞边缘都能回缩,将戳穿孔闭合,仅剩下一个小的"疤痕"。但有趣的是,此材料在高温中却并没有修复。这说明修复过程经历两步:第一步是"Snap back(快速返回)";第二步是通过链之间的相互扩散实现损毁区域的离子键重新形成和闭孔。此材料在高温下的表现,是因为温度过高,黏性的响应阻碍了弹性的发挥,不能使孔闭合。

Kalista,Jr.和 Ward 更进一步地研究了温度对于这些材料的修复能力的影响。除了射弹实验外,还锯开了离聚物片材。快速的锯割行为,由于摩擦产生了热量,使材料达到熔融状态,在被锯开后因重新成键而结合,这个结果说明了热对于修复过程的重要性。为了更进一步证实这一点,聚合物的片材被剪刀或者刀片切割,这些行为不会产生大量的摩擦,结果也未能看到明显的修复。为了证明 Kalista 等所认为的弹性 Snap back 的重要性,还用钉子刺入材料几秒后移出,也没有观察到材料的修复。这说明修复过程需要对快速戳穿行为做出高能量的弹性响应。此外,还进行了低温戳穿实验,以验证修复是否能够在室温以下进行,结果即使在 −30℃还是能够完成修复。这表明戳穿行为提供了足够的局部热量,使材料能够达到熔融状态。对于戳穿部位和远离戳穿部位的材料还进行了 DSC 测试,结果表明在戳穿部位的熔体周围的材料并未熔融,而且为熔体材料的弹性回缩提供了一个刚性构架,以便于孔的闭合。

总之,这种离聚物材料的自修复需要两个必要条件:一是戳穿时能够在聚合物内部产生足够的局部热量;二是材料仍具有足够的弹性快速回缩,使孔闭合。

6.2.4　光激励自修复复合材料

可逆共价键既可以通过 DA 热可逆反应获得,也可以通过光环化反应获得。在一定波长的光的引发下,能够发生环化反应,而在较短波长光的引发下,又能裂解。光化学反应是有机化学的常用手段,它不仅成本低,易于引发,而且对环境无害。

许多含烯烃的化合物都能在光引发下发生 2+2 的环化反应生成环丁烷。这些新形成的共价键在较短波长光的照射下又能可逆地裂开,变回为原来的烯烃。将这些对光敏感的基团引入聚合物体系中,就能形成光催化的可逆交联材料。光催化香豆素形成环丁烷二聚物的 2+2 环化反应及其逆反应如下:

光引发环化反应最早的文献报道是由 Stobbe 在 1919 年做出的,当时他发现了在结晶状态下肉桂酸的光二聚反应。自那以后,兴起了对许多化合物的光反应的研究,如含有肉桂酸、香豆素、蒽并三苯、马来酰亚胺、丁二烯衍生物等化合物。

香豆素是研究最全面的光敏感化合物之一,它含有酮酯官能团,能够在光波长大于 310～355 nm 的光波下引发 2+2 环加成反应,生成通过环丁烷连接的香豆素二聚体。这个二聚体在波长 277nm 的光引发下发生裂解,恢复至原单体香豆素。这个可逆光二聚反应的显著特点是速率快,固态下产率高,可以考虑将其引入聚合物体系中。1990 年,Chujo 等研究了含香豆素化合物的光凝胶,证明这些官能团的交联性质可以被加载到聚合物材料中。所得水凝胶的溶胀度既可以通过照射光的时间来控制,也可以通过引入聚合物上的香豆素的含量来控制。这种材料的可逆性当时也得到了证实。

虽然香豆素在光化学领域应用广泛,但是在自修复材料方面的应用利用的则是肉桂酸基团。如上文所述,肉桂酸及其衍生物的光环化反应早在 20 世纪初就已被认识到。2004 年,Chung 等报道了他们对于肉桂酰胺(苯丙烯酰胺)基团引入聚合物链上,得到了光激励修复的材料。通过肉桂酰基团的光化学加成反应形成的环丁烷二聚体聚合物链交联成网络。理论上当裂纹增长时,由于环张力大,二聚体的环丁烷基团较容易裂解。用合适的光(波长大于 310 nm)照射,环丁烷交联能够重新形成,保持材料的机械强度。由于 C—O 和 C—C 明显不同,这个过程可以通过红外光谱监测。裂纹增长时,的确观察到环丁烷键恢复,原始的肉桂酰胺特征峰出现。当用光照射时,材料能够再次发生环加成反应,材料的机械强度得以保持。遗憾的是,此种方法获得的最高修复效率仅有 14%,热和光同时激励的条件下的修复效率也只有 26%。

这也是迄今为止唯一报道的利用光环化可逆反应进行修复的研究。在此项研究中的确观察到了材料的修复,证明了这种修复方法的可行性,然而很明显还需要大量的研究工作以达到实际商业应用的目的。除肉桂酰胺外,香豆素(氧杂萘邻酮)以及烯丙基化硫功能基团被报道可以作为光交联实现材料的修复的潜在选择。将来,更多的光敏感化合将被引入光激励自修复材料的研究工作中。

6.3　自修复技术的应用

6.3.1　陶瓷混凝土基自修复复合材料

一方面,自修复混凝土可以解决用传统方法难以解决和不能解决的技术关键,在重大土木基础设施的及时修复以及减轻台风、地震的冲击等诸多方面有很大的潜力,对确保建筑物的安全和耐久性都极具重要性,也对传统的建筑材料研究、制造、缺陷预防和修复等都提出了强烈的挑战。

以混凝土材料为基体,用内含黏结剂的空心胶囊、空心玻璃纤维或液芯光纤等埋植在其中,当混凝土材料受到损伤时,部分空心胶囊、空心玻璃纤维或液芯光纤破裂,黏结剂流到损伤处,使混凝土裂缝重新愈合。这一技术被广泛地应用在公路、地基、桥墩等建筑物中。

影响混凝土材料的修复过程及修复效果的主要因素有:

(1) 纤维管与基体材料的性能匹配。基本要求是在基体材料出现裂纹时,纤维管也要适时破裂。

(2) 纤维管的数量。太少则不能完全修复,太多则可能对材料本身的宏观性能带来不良影响。

(3) 修复剂的黏结强度。它决定着修复后的材料强度与原始材料强度的比值。

此外,黏结质量、黏结剂的渗透效果、管内压力也对自修复作用产生很大影响。

钢筋混凝土还是建筑的重要材料,研究者们用 SMA 合金替代或填埋在钢筋混凝土材料中,也能起到自修复的效果。与普通钢筋混凝土梁相比,形状记忆合金提高了梁的变形能力,卸载之后,形状记忆合金梁的变形几乎全部恢复。

另一方面,近年来有关陶/碳复合材料抗氧化自修复行为的研究也是国内外研究的热点。这种高温自愈合抗氧化性是指弥散在复合材料中的碳化物、硼化物等陶瓷粒子在高温和氧化性气氛中能够氧化成膜以封闭碳材料的表面,起到自我保护的作用,从而在很大程度上抑制或完全阻止氧化反应的发生,赋予陶/碳复合材料很好的高温抗氧化性能。

6.3.2　聚合物基自修复复合材料

目前,随着聚合物及其复合材料的力学性能的大大提高,其已从日用品材料进入结构和功能材料的行列,但在使用过程中及周围环境的作用下,聚合物材料不可避免地会产生局部损伤和微裂纹,导致力学性能下降或功能丧失。因此,对微裂纹的早期发现和修复是一个非常实际的问题。肉眼能发现的分层或由冲击所导致的宏观裂纹不难发现,并能通过手工修复。超声波和射线照相术等无损检测是常用的观察内部损伤的技术手段。但由于这些技术的局限性,加上聚合物的裂纹往往在本体深处出现,如基体的微开裂等微观范围的损伤就很难被发现。因此,研究聚合物材料的仿生修复对聚合物材料在结构构件和高技术领域的应用尤为重要。

本章所描述的空心纤维、微胶囊、热可逆、光环化可逆等各项自修复技术在聚合物基复合材料的修复中都适用,可以达到对聚合物复合材料深层自修复的及时检测等目的。

6.3.3　金属基自修复复合材料

金属基复合材料由于金属基体特有的属性,一般都是采用能量补给的方式进行修复。比如高温保温的方法可以对基体内部的缺陷进行修复,严格地说这并不是自修复的过程,因为它需要外界因素的作用才可以进行修复。因此对金属基复合材料的自修复并没有很好的方法,采用微胶囊、空心纤维埋植技术进行的自修复鲜有报道,只是有研究者仿照生物体损伤愈合的原理,对金属基复合材料内部纤维开裂、分离和折断损伤的愈合进行了尝试。

6.3.4　混合磨损自修复材料

混合磨损自修复材料又称为金属磨损自修复材料,是一种由羟基硅酸镁等多种矿物成分、添加剂和催化剂等构成的复杂组分超细粉体组合材料,组分的粒度为 $0.1 \sim 10 \mu m$,可以添加到各种类型的润滑油或润滑脂中使用。以润滑油或润滑脂作为载体,将修复材料的超细粉粒送入摩擦副的工作面上。这种自修复材料的保护层不仅能够补偿间隙,使零件恢复原始形状,而且还可以优化配合间隙,有利于降低摩擦振动,减少噪声,节约能源,实现对零件摩擦表面几何形状的修复和配合间隙的优化。而且,它不与油品发生化学反应,不改变油的黏度和性质,也无毒副作用,是摩擦学领域的一枝新秀。

6.3.5　形状记忆合金增强智能材料结构自修复

在复合材料结构中埋入形状记忆合金(SMA)丝,可以构成强度增强复合材料结构。在复合材料自修复结构中,即使损伤而使液芯光纤断裂,由于光纤的两端封闭,胶液不能通畅地流出,可对损伤进行自修复。在 SMA 增强智能复合材料结构中,采用激励 SMA 来对液芯光纤产生压应力使胶液流出的方法解决这一问题。当结构内发生开裂、分层、脱胶等损伤时,激励损伤处的 SMA 将产生压应力,使结构恢复原有形状,这将有利于提高对结构的修复质量。在液芯光纤内所含的环氧树脂和固化剂流到损伤处后,SMA 激励时所产生的热量将大大提高固化的质量,使自修复工作完成得更好。

6.3.6　纺织品的自修复

美国发明了一种具有自修复功能的中空纤维,这种中空纤维含有一种修正调节剂,在受到内部或外部刺激下可释放调节剂,当纺织品受力产生裂纹时,中空纤维释放化学药剂可黏合裂纹。此项技术已获美国专利。

6.3.7　磁流体密封水介质的自修复

磁流体密封作为一种新型的零泄漏密封方式,顺应了绿色和清洁生产的潮流,受到了越来越多的关注。在磁流体密封承受过大压力破裂后,一旦压力下降至一定程度,密封环将自动恢复而重新起密封作用,这就是磁流体密封的自修复功能。目前对于液体密封的要求日趋迫切,而磁流体密封液体技术相对不够成熟,因此对磁流体密封液体介质(如水介质)的研究受到了人们的重视。目前文献报道的液体介质密封大多数停留在实验室阶段,就应用而言,还有许多问题需要进行深入研究和解决。

6.3.8　展望

回顾短短数十年的自修复材料研究史,可以看到在微胶囊包封液体修复剂的自修复材料得到了全面研究的同时,极富创造力的修复手段将继续层出不穷。

2009 年 6 月,第二届国际自修复材料会议在芝加哥成功举办。这次会议的召开揭示了目前自修复材料研究的趋势:如开发修复材料的形状记忆效果,可修复电子元件的研究,多次修复,利用超分子相互用(氢键,$\pi-\pi$ 相互作用,光激励金属-配体配位键等)的自组装特性的进行自修复等。此外,微脉管网络修复方法将不拘泥于机械刺激修复得到更大的发展。由于引入碳纤维的导电自修复材料的研究,材料破坏监测机理的发展也得到了促进。自修复材料的应用领域也从结构材料扩大到涂料、油漆等领域。

智能自修复技术对于提高产品的安全性和可靠性有着深远的意义。在材料一经投入使用就不可能对其修复的情况下,这种方法能够表现出特殊的优势。尽管目前智能自修复材料的应用和研究尚处于初级阶段,研究工作在许多方面有待于新的突破,但它依然前景光明,并将会像计算机芯片和机器人研制一样引起人们的重视,在材料的结构设计和新材料的诞生领域产生重大的变革,甚至开拓出新的学科领域。

参考文献

[1] Dry C. Procedures developed for self – repair of polymer matrix composite materials. Composites Structures,1996,35(3): 263 – 269.

[2] Li V C, Limb Y M, Chanc Y W. Feasibility study of a passive smart self-healing cementitious composite. Composites Part B,1998,29(b):819 – 827.

[3] Dry C, McMillan W. Three-part methyl methacrylate adhesive system as an internal delivery system for smart responsive concrete. Smart Materials and Structures,1996,5(3): 297 – 300.

[4] Motuku M, Janowski C M, Vaidya U K. Parametric studies on self-repairing approaches for resin infused composites subjected to low velocity impact. Smart Materials and Structures,1999,8(5): 623 – 638.

[5] Williams G, Trask R, Bond I. A self-healing carbon fibre reinforced polymer for aerospace applications. Composites Part A,2007,38 (6): 1525 – 1532.

[6] Bleay S M, Loader C B, Hawyes V J, et al. A smart repair system for polymer matrix composites. Composites Part A 2001, 32A(12):1767 – 1776.

[7] 吴建元,王卫,袁莉,等. 聚合物基自修复复合材料的研究进展. 材料导报,2009,23(1): 39 – 41,49.

[8] Trask R S, Bond I P. Biomimetic self-healing an advanced composite structures using hollow glass fibres. Smart Materials and Structures,2006,15(3):704 – 710.

[9] Lin C, Lee S, Liu K. Methanol-induced crack healing in poly(methyl methacrylate). Polymer Engineering and Science,1990,30(21):1399 – 1406.

[10] Wang P, Lee S, Harmon J. Ethanol-induced crack healing in poly(methyl methacrylate). Journal of Polymer Science Part B Polymer Physics,1994,32(7):1217 – 1227.

[11] Hsieh H, Yang T, Lee S. Crack healing in poly(methyl methacrylate) induced by co-solvent of methanol and ethanol. Polymer, 2001,42(3):1227 – 1241.

[12] Wu T, Lee S. Carbon tetrachloride-induced crack healing in polycarbonate. Journal of Polymer Science Part B Polymer Physics,1994,32(12):2055 – 2064.

[13] Caruso M, Delafuente D, Ho V, et al. Solvent-promoted self-healing epoxy materials. Macromolecules,2007,40(25): 8830 – 8832.

[14] Toohey K, Sottos N, Lewis J, et al. Self-healing materials with microvascular networks. Nature Materials,2007,6(8):581 – 585.

［15］ Kersey F，Loveless D，Craig S. A hybrid polymer gel with controlled rates of cross-link rupture and self-repair. Journal of the Royal Society Interface，2007,4(13):373–380.

［16］ Chen X，Dam M，Ono K，et al. A thermally re-mendable cross-linked polymeric material. Science，2002,295(5560):1698–1702.

［17］ Plaisted T，Nemat-Nasser S. Quantitative evaluation of fracture，healing and rehealing of a reversibly cross-linked polymer. Acta Materialia，2007,55(17):5684–5696.

［18］ Murphy E，Bolanos E，Shaffner-Hamann C，et al. Synthesis and characterization of a single-component thermally remendable polymer network：Staudinger and Stille revisited. Macromolecules，2008,41(14):5203–5209.

［19］ Tian Q，Yuan Y，Rong M，et al. A thermally remendable epoxy resin. Journal of Material Chemistry，2009,19(9):1289–1296.

［20］ Lee J，Buxton G，Balazs A. Using nanoparticles to create self-healing composites. Journal of Chemistry and Physics，2004,121(11):5531–5540.

［21］ Hayes S，Jones F，Marshiya K，et al. A self-healing thermosetting composite material. Composites Part A，2007,38A(4):1116–1120.

［22］ Hayes S，Zhang W，Branthwaite M，et al. Self-healing of damage in fibrereinforced polymer-matrix composites. Journal of the Royal Society Interface，2007,4(13):381–387.

第 7 章 　 纳米材料

7.1 　 纳米材料及其特性

7.1.1 　 纳米材料简介

在 20 世纪 60 年代,诺贝尔奖获得者 Feyneman 曾经预言:如果我们对物体微小规模上的排列加以某种控制的话,我们就能使物体得到大量的异乎寻常的特性,就会看到材料的性能产生丰富的变化。他所说的材料就是现在的纳米材料。

所谓纳米材料,是指微观结构至少在一维方向上受纳米尺度(1～100 nm)调制的各种固体超细材料。它包括零维的原子团簇(几十个原子的聚集体)和纳米微粒,一维调制的纳米多层膜,二维调制的纳米微粒膜(涂层)以及三维调制的纳米相材料。目前,国际上将处于 1～100 nm 尺度范围内的超微颗粒及其致密的聚集体以及由纳米微晶所构成的材料统称为纳米材料,其中包括金属、非金属、有机、无机和生物等多种粉末材料。纳米材料是 20 世纪 80 年代才发展起来的新型材料,被美国材料学会誉为"21 世纪最有前途的材料",因此受到世界各国的高度重视。1987 年,美国 Argonne 国家实验室的西格尔(Siegel)等又成功地用气相冷凝法制备了纳米陶瓷材料 TiO_2,并观察到纳米陶瓷在室温和低温下具有很好的韧性,从而使纳米材料从研究到实用又迈出了一大步。

近年来,纳米薄膜的制备与性能研究又出现新的热点。纳米材料已从导体(金属、合金)、绝缘体(无机化合物),发展到纳米半导体,从晶态扩展到非晶态,从无机到有机高分子。按纳米结构被约束的空间维数来分,纳米材料可分为 4 种(图 7.1):① 零维的纳米原子团簇;② 一维纤维状纳米结构,长度显著大于宽度,如碳纳米管;③ 二维层状纳米结构,长度和宽度尺寸至少要比厚度大得多,晶粒尺寸在一个方向上在纳米级;④ 三维的纳米固体。目前人们对纳米材料进行了大量研究,重点是三维结构的纳米固体,其次是层状纳米结构,而对线状纳米纤维则研究得较少。

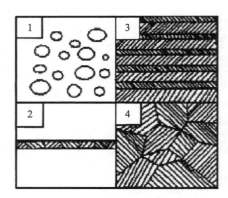

图 7.1 　 纳米材料结构示意图
1—零维;2——维;3—二维;4—三维

纳米材料的微粒尺寸一般为 10～100 nm,微粒可以是晶体,亦可以是非晶体,故有纳米晶和纳米非晶之分。制备状态多数为粉,需压制烧结成块体,也可以直接是块体或薄膜,或纳米颗粒附着在载体之上。图 7.2 是纳米晶体和纳米非晶体的二继结构示意图。假定晶粒为球形或正方形。三维纳米晶材料中界面的体积分数可估计为 $3\delta/(d+\delta)$,δ 为界面厚度(约 1 nm),d 是平均晶检直径,这样,5 nm 晶粒的界面体积分数为 50%,10 nm 晶粒的界面体积分数是 30%,100 nm 晶粒的界面体积分数为 3%。纳米材料独特的结构特征,为深入研究固体界面结构与性能提供了良好的条件,同时由于纳米材料表现出一系列优异的物理、化学和力学性能,为提高材料的综合性能,发展新一代高性能材料创造了条件。

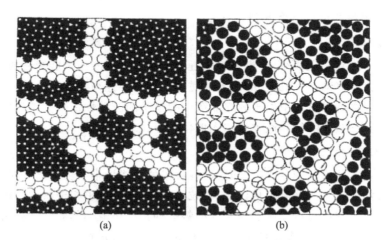

(a) 　　　　　　　　(b)

图 7.2　纳米晶和纳米非晶材料的二维结构模型比较
(晶粒内的原子由实心圆圈代表,间界原子由空心圆圈代表)
(a) 纳米晶体;(b) 纳米非晶体

纳米材料的晶体尺寸小到纳米量级时,性质上的改变不是一种渐变,而是一种质变,在宏观性质和微观量子效应上预示着一系列新的变化。原先适用于微米材料的制备科学基础、材料科学基础及凝聚态物理学基础,都可能对纳米材料有不适应之处,因此纳米材料的提出有可能对基础科学带来新的研究内涵,纳米材料已成为近年来材料科学研究的热点。由于纳米材料结构和性能上的独特性以及实际中广泛的应用前景,有人将纳米材料、纳米生物学、纳电子学、纳机械学等一起,称为纳米科技。

7.1.2　纳米材料的特性

由于纳米材料晶粒极小,表面积很大,在晶粒表面无序排列的原子百分数远远大于晶态材料表面原子所占的百分数,导致了纳米材料具有传统固体所不具备的许多特殊基本性质,如表面效应、小尺寸效应、量子尺寸效应、宏观量子隧道效应和介电限域效应等。

1. 表面效应

表面效应是指纳米晶粒表面原子数与总原子数之比随粒径变小而急剧增大后所引起的性质上的变化。随着纳米晶粒的减小,表面原子百分数迅速增加。因为表面原子所处环境与内部原子不同,比表面积大,原子配位数不足,存在不饱和键,导致了纳米颗粒表面存在许多缺陷,使这些表面具有很高的活性,特别容易吸附其他原子或与其他原子发生化学反应。这些表面原子的活性不但会引起纳米粒子表面输运和构型的变化,同时也会引起表面电子自旋构象和电子能谱的变化。

2. 小尺寸效应

当纳米微粒尺寸与光波的波长、传导电子的德布罗意波长以及超导态的相干长度、穿透深度等物理特征尺寸相当或更小时,晶体周期性的边界条件将被破坏,声、光、力、热、电、磁、内压、化学活性等与普通粒子相比均有很大变化,这就是纳米粒子的小尺寸效应。由于小尺寸效应,一些金属纳米粒子的熔点远低于块状金属,例如,2 nm 的金粒子的熔点为 600 K,块状金为 1 337 K,纳米银粉的熔点可降低到 373 K。

3. 量子尺寸效应

当粒子尺寸下降到一定值时,费米能级附近的电子能级由准连续能级变成分立能级,吸收光谱阈值向短波方向移动,纳米微粒的声光电磁热以及超导性与宏观特性有着显著的不同,称为量子尺寸效应。在纳米材料中处于分立能级中的电子的波动性带来了纳米粒子的一系列特殊性质,如高度光学非线性、特异性催化和光催化性等。

4. 宏观量子隧道效应

隧道效应是基本的量子现象之一,即当微观粒子的总能量小于势垒高度时,该粒子仍能穿过势垒。后来人们发现了一些宏观量(如微颗粒的磁化强度、量子相干器件中的磁通量及电荷等)也具有隧道效应,它们可以穿越宏观系统的势垒而产生变化,故称之为宏观的量子隧道效应。量子尺寸效应、隧道效应将会是未来微电子器件的基础,它确立了现存微电子器件进一步微型化的极限。当微电子器件进一步细微化时,必须要考虑上述的量子效应。

5. 介电限域效应

介电限域效应是纳米微粒分散在异质介质中由于界面引起的体系介电增强的现象,这种介电增强通常称为介电限局,主要来源于微粒表面和内部局域强的增强。当介质的折射率与微粒的折射率相差很大时,产生了折射率边界,这就导致微粒表面和内部的场强比入射场强明显增加,这种局域强的增强称为介电限域。一般来说,过渡族金属氧化物和半导体微粒都可能产生介电限域效应。纳米微粒的介电限域对光吸收、光化学、光学非线性等会有重要的影响。

7.2 纳米材料的结构与性能

7.2.1 纳米材料的结构

1. 界面结构

纳米材料的界面结构中包含大量缺陷,这些缺陷是纳米材料的重要结构元素,它们影响甚至决定了纳米材料的性能。因此,研究纳米材料的界面结构就显得十分重要。早期格莱特等利用多种结构分析手段对纳米材料的界面结构进行了深入研究,认为纳米晶界面具有较为开放的结构,原子排列具有随机性,原子间距较大,原子密度较低。晶界结构既非晶态的长程有序,也不是非晶态的短程有序,而是一种类似于气态的更无序的结构。

在纳米材料中心的是纳米尺寸的颗粒,由于颗粒的尺寸效应、相界面效应,纳米材料表现出奇异的性质。同样,对于多孔固体,在总的孔体积(或孔隙率)达到一定值后,若孔尺寸足够小,也会表现出孔的尺寸效应和表面效应,从而产生一系列异于体相的性质,这种固体称为纳米介孔固体。纳米介孔固体由于其巨大的内表面积和均匀的孔尺寸,使其在催化和分离科学中有重要的应用。

2. 晶体结构

由于界面组分在纳米材料中占有很大的比例,因而在结构和性能分析时,往往忽略晶粒而只考虑界面的作用,但一些研究表明:纳米尺寸的晶粒结构与完整晶格也有很大差异。纳米晶粒由于尺寸超细,在一定程度上表现出晶格畸变效应。由非晶晶化形成的纳米晶 Ni_3P 和 Fe_2B 化合物(bct 结构)的点阵常数研究表明:纳米尺寸晶粒的点阵常数偏离了平衡值,如图 7.3 所示。这表明纳米尺寸晶粒发生了严重的晶格畸变,而总的单胞体积有所膨胀。在纯单质纳米晶体 Se 样品中也发现,当晶粒尺寸小于 10 nm 时,晶格膨胀高达 0.4%。

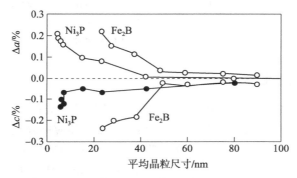

图 7.3　纳米晶 Ni_3P(纳米晶 Ni－P 合金)和 Fe_2B(Fe－Cu－Si－B)的点阵常数变化量与晶粒尺寸的关系

3. 热稳定性

从应用上来说,许多纳米材料由于界面的高过剩能量,使其熔点大大下降,如 2 nm 的 Au 颗粒的熔点由块体 Au 的 1 100℃降为 320℃,这为难熔金属的冶炼提供了新工艺。高熔点材料的烧结温度,例如,纳米 SiC 的烧结温度可从 2 000℃降到 1 300℃。另一个重要的问题是烧结纳米粉而不使组织粗化。在一些体系中观察到当加入亚稳的纳米固溶体合金时,晶粒生长往往伴随着固溶原子向晶界偏聚。晶界偏聚可能会降低比晶界能,从而减小晶粒生长的驱动力。在具有大偏聚焓的固溶体中,晶粒长大的驱动力甚至可以消失。

总之,纳米晶的热稳定性与材料的结构特性密切相关,如晶粒尺寸和分布、晶粒组织结构、界面特征、三节点、样品中的孔隙等。

4. 结构弛豫和晶界偏聚

在描述纳米纯金属的状态时,通常关心的是纳米材料的平均晶粒尺寸或晶粒尺寸分布函数,但一些研究表明,除晶粒尺寸之外,样品的制备历史对性能也有重要影响。研究者测量了纳米晶 Pd 的 DSC 曲线,如图 7.4 所示。在 400 K 处观察到第一个放热峰,在经过第一个放热峰后样品的平均晶粒尺寸几乎不变,而在 500 K 处第二个放热峰后则伴随着晶粒的明显长大。研究者认为制备态样品的比晶界能 σ 大约为多晶 Pd 的两倍,第一放热峰被归结于内应力和非平衡晶界结构的弛豫,而第二个放热峰则与晶粒长大相连。同样地,在纳米晶合金中,化学成分的空间分布也是表征纳米材料的重要因素。

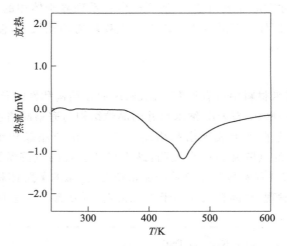

图 7.4　纳米晶 Pd 的 DSC 曲线

7.2.2　纳米材料的性能

　　纳米尺寸的颗粒首先表现出量子限域效应,如半导体纳米硅的粒子尺寸小于载流子的自由程时,可降低光生载流子的复合,提高光能利用率。表面效应则表现在纳米催化剂有大的比表面积和表面活性,因而有高的催化活性和产物选择性。在纳米晶 ZnO 中荧光光谱中的蓝移现象与晶粒尺寸有强烈的依赖关系,如图 7.5 所示。蓝移是一种量子尺寸效应。当吸收光子面产生的电荷载流子的德布罗意波长与晶粒尺寸相近时,晶粒细化使得吸收谱或光谱向更短波长方向移动。此外,固体的许多宏观性能,如热性能、力学性能、磁性能、扩散能力、催化活性等在很大程度上取决于原子近邻间的状况。下面就热性、力性、磁性和磁电输运性质等几方面进行说明。

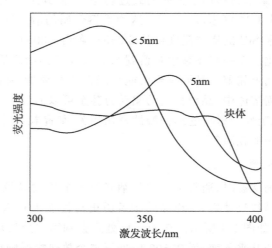

图 7.5　纳米晶 ZnO 在荧光光谱中的蓝移现象与晶粒尺寸的关系

1. 热学性质

由于界面原子排列较为混乱、原子密度低、界面原子耦合作用变弱,纳米材料的比热容和热膨胀系数大于同类粗晶材料和非晶体材料,在储热材料、纳米复合材料的机械耦合性能应用方面有广泛的应用。如 $Cr-CrO$,颗粒膜对太阳光有强烈的吸收作用,能有效地将太阳光能转换为热能。固态物质在其形态为大尺寸时,其熔点是固定的,超细微化后熔点将显著降低。如常规金熔点为 1 337 K,当颗粒尺寸减小到 2 nm 时熔点为 600 K。

材料的热学性质,如比热容、热膨胀等与组织结构直接相关。研究表明,纳米材料的热容和热膨胀与普通多晶或非晶差别很大。近年来的一些研究表明纳米晶体材料的微孔隙及杂质对材料的性能有显著的影响,不同的样品密度表现出不同的性质。在无微孔隙纳米晶 Ni-P 合金样品中发现,其比热容较同成分普通多晶体仅高 2% 左右。在无微孔隙纳米单质 Se 及 Ni 中也发现相同的结果,纳米单质 Se(10 nm)的比热容与非晶态固体 Se 完全相同,比粗晶 Se 高约 1%～2%。固体的热膨胀性能也是固体重要的热物理性能之一。伊斯门(Eastman)等在 16～300 K 范围内用 X 射线衍射方法研究了纳米 Pd 的膨胀和热振动行为,没有发现它们与多晶的热膨胀有显著的差别。

2. 磁学性质

纳米颗粒由于尺寸超细,一般为单畴颗粒,其技术磁化过程由晶粒的磁各向异性和晶粒间的磁相互作用所决定。纳米颗粒的磁各向异性与颗粒的形状、晶体结构、内应力以及晶粒表面的原子状态有关,与粗晶粒材料有着显著的区别,表现出明显的小尺寸效应。另外在纳米材料中存在大量的界面成分。对纳米晶 Fe 的穆斯堡尔谱测量表明界面组元的居里温度比大块多晶 Fe 样品的低。在有些纳米铁磁体中发现饱和磁化强度比相应的多晶体低,如纳米晶 Fe 在 4 K 时的饱和磁化强度仅为 $130 \times 10^3 \, Am^2/g$,比起多晶 Fe 的 $222 \times 10^3 \, Am^2/g$ 小了近 40%,非晶 Fe 为 215 Am^2/g。这表明饱和磁化强度也与纳米材料的界面状态有关,特别是界面中的杂质、孔隙等对磁性有重要的影响。

当晶粒尺寸减小到纳米级时,晶粒之间的铁磁相互作用开始对材料的宏观磁性有重要影响。与铁磁原子类似,根据相互间作用的大小,纳米颗粒体可表现出超顺磁性、超铁磁性、超自旋玻璃态等性能。

3. 力学性质

纳米材料强度与粒径成反比。纳米材料的位错密度很低,位错滑移和增殖符合 Frank-Reed 模型,其临界位错圈的直径比纳米晶粒粒径要大,增殖后位错塞积的平均间距一般比晶粒大,其位错滑移和增殖不会发生,这就是纳米晶强化效应。由于纳米材料具有大的界面,界面的原子排列相当混乱,原子在外力变形的条件下容易迁移,表现出良好的韧性与延展性。应用纳米技术制成超细或纳米晶粒材料,其韧性、强度、硬度大幅度提高。例如,氟化钙纳米材料在室温下可以大幅度弯曲而不断裂;呈纳米晶粒的金属比传统粗晶粒金属硬 3～5 倍;纳米陶瓷具有良好的韧性等。

4. 电学性质

由于晶界面上原子体积分数增大,纳米材料的电阻高于同类粗晶材料,甚至发生尺寸诱导金属—绝缘体转变(SIMIT)。利用纳米粒子的隧道量子效应和库仑堵塞效应制成的纳米电子器件具有超高速、超容量、超微型、低能耗的特点,可用于取代常规半导体器件。2001 年用碳纳米管制成的纳米晶体管,表现出很好的晶体三极管放大特性。根据低温下碳纳米管的三极管放大特性,已成功研制出单电子晶体管和逻辑电路。

5. 光学性质

纳米粒子的粒径远小于光波波长,与入射光有交互作用,光透性可以通过控制粒径和气孔率而加以精确控制,在光感应和光过滤中应用广泛。由于量子尺寸效应,纳米半导体微粒的吸收光谱一般存在蓝移现象,其光吸收率大,可应用于红外线感测器材料。金属超微颗粒对光的反射率很低,可低于 1%,大约几微米的厚度就能完全消光。利用这个特性可以作为高效率的光热、光电等转换材料,高效率地将太阳能转变为热能、电能。

6. 磁电运输性质

电子在纳米材料中的输运过程将受到空间维度的约束从而呈现出量子限域效应。当电子平均自由程与纳米磁性材料的尺度,如磁性薄膜的厚度、孤立磁性颗粒的尺寸相当或更大时,就不能将电子单纯地看作电荷的载体,还必须同时考虑它的自旋相对于局域磁化矢量的取向,这是一种量子力学效应。1988 年,法国的 Fen 等首先在 Fe/Cr 多层膜中发现了巨磁电阻效应(GMR),即材料的电阻率将受材料磁化状态的变化而呈现显著改变的现象。此后又相继在用液相快淬工艺以及机械合金化等方法制备成的纳米颗粒固体中发现了这种效应。

将纳米微颗粒镶嵌于不互溶的非磁性基体中,形成纳米颗粒固体,其 GMR 机制与颗粒膜相同,均源于自旋相关的散射,并以界面散射为主。采用非平衡技术,如熔体急冷、机械合金化等,可制备亚稳的固熔体合金,如 Co - Cu。在高温退火后,在非磁性的 Cu 中可生成单畴的 Co 颗粒,形成颗粒合金。

研究表明,对比 Co - Cu 合金,在低温下 Co 颗粒的磁矩冻结在磁晶各向异性决定的易磁化方向上,形成自旋玻璃态,在截止温度以上,Co 颗粒的磁矩方向像顺磁系统一样,磁性粒子之间的相互作用通常很弱,颗粒体系表现出超顺磁性行为。图 7.6 表示了 $Cu_{86}Co_{14}$ 合金在制备态和不同退火温度下的 GMR,可以看出 440～500℃附近温度下退火,合金表现出较高的 GMR 性质。这与在该温度范围内 Co 纳米颗粒大量析出,形成高比表面积的颗粒体系有关。对颗粒膜或颗粒合金来说,存在的问题是饱和磁场较高,因此近年来对其磁结构和磁化过程的研究受到广泛重视。

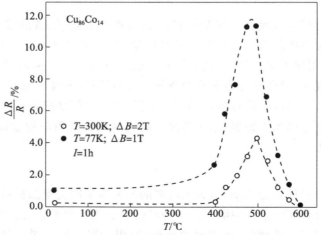

图 7.6　$Cu_{86}Co_{14}$ 合金在制备态和不同退火温度下的 GMR

7.3　纳米材料的制备技术

纳米材料的合成与制备一直是纳米科学领域内的一个重要研究课题,新材料制备工艺过程的研究与控制对纳米材料的微观结构韧性具有重要的影响。纳米材料的合成与制备一般包括粉体、块体及薄膜的制备。自从首次采用金属蒸发凝聚–原位冷压成型法制备纳米晶以来,又相继发展了各种物理、化学制备方法,如机械球磨法、非晶晶化法、水热法、溶胶–凝胶法等。也可以分为气相法、液相法、固相法。理论上任何能制造出精细晶粒多晶体的方法都可用来制造纳米材料,如果有相变发生,则在相形成过程中要增大形核率,抑制晶粒的很快长大。纳米材料现已成为材料科学和凝聚态物理领域的研究热点,而其制备科学在当前的纳米材料研究中占据着极为关键的地位。通常将纳米材料的制备方法划分为物理方法和化学方法两大类。

7.3.1　物理方法

1. 蒸发–冷凝法

蒸发–冷凝法是在超真空($5\sim10$ Pa)或低压($50\sim1\,000$ Pa)惰性气氛氩(Ar)或氦(He)中,通过蒸发源的加热作用,使待制备的金属、合金或化合物汽化、升华,然后冷凝形成纳米材料。其特点是纯度高、结晶组织好、粒度可控,但对技术设备的要求高。

2. 机械球磨法

球磨机是目前广泛采用的纳米磨碎设备。它是利用介质和物质之间的相互研磨和冲击使物料粒子粉碎,经数百小时的球磨,可使小于 0.01 mm 的粒子达到 20%。其特点是操作简单、成本低,但产品纯度低,颗粒分布不均匀,在矿物加工、陶瓷工艺和粉末冶金工业中所使用的基本方法是材料的球磨。球磨工艺的主要目的包括粒子尺寸的减少,固态合金化、混合或融合,以及改变粒子的形状。这些工业的工艺大部分是用于有限制的或相对硬的、脆性的材料。这些材料在球磨过程中断裂、形变和冷焊。氧化物分散增强的超合金是机械摩擦方法的最初应用,这种技术已扩展到生产各种非平衡结构,包括纳米晶、非晶和准晶材料。目前,已经发展了应用于不同目的的各种球磨方法,包括滚转、摩擦磨、振动磨和平面磨等。目前国内市场上已有各种分子磨、高能球磨机等产品。

机械摩擦的基本工艺在图 7.7 中说明,掺有直径大约 50 μm 的典型粒子的粉体被放在一个密封的容器里,其中有许多硬钢球或包覆着碳化钨的球。此容器被旋转、振动或猛烈地摇动。磨球与粉体质量的有效比是($5\sim10$):1,但是也随着加工原材料的不同而有所区别。

如图 7.7 所示就是一个球磨方法的典型例子。

通过使用高频或小振幅的振动人们能够获得高能球磨力,用于小批量的粉体的振动磨是高能的,而且发生化学反应,比其他球磨机快一个数量级。由于球磨的动能是它的质量和速度的函数,致密的材料使用陶瓷球,在连续的严重的塑性形变中,粉末粒子的内部结构连续地细化到纳米级尺寸,球磨过程中温度上升得不是很高。

在使用球磨方法制备纳米材料时,所要考虑的一个重要问题是表面和界面的污染。对于用各种方法合成的材料,如果最后要经过球磨的话,这都是要考虑的一个主要问题,特别是在球磨中由磨球(一般是铁)和气氛(氧、氯等)引起的污染。这可采用缩短球磨时间和使用纯净的、延展性好的金属粉末来克服。因为这样磨球可以被这些粉末材料包覆起来,从而大大减少了铁的污染。气氛污染可以采用真空密封的方法和在手套箱中操作来降低。

另外,球磨气氛的污染还有一定用处,如果人们打算制备金属/陶瓷纳米复合材料,其中一种金属组分对于气氛是高活性的,则将有利于纳米复合粉体的形成。

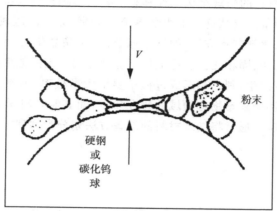

图 7.7 球磨法典型工艺示意图

3. 溅射法

溅射法是一种常见的物理气相化学沉积方法,是利用溅射技术,用经过加速的高能离子打到材料表面使材料蒸发,发射出中性的及电离的原子或原子团粒从而形成纳米材料。其优点是它几乎可用于所有物质的蒸发,缺点是通常只产生少量的团粒,而团粒的强度随团粒尺寸的增大呈指数降低。

4. 冷冻干燥法

冷冻干燥法是由 Landsberg 和 Sehnettler 等开发并于近年来得以发展的用于制备各类新型无机材料的一种很有前景的方法。冷冻干燥法的基本原理是:先将干燥的溶液喷雾在冷冻剂中冷冻,然后在低温低压下真空干燥,将溶剂升华除去,就可以得到相应物质的纳米粒子。如果从水溶液出发制备纳米粒子,冻结后将冰升华除去,直接可获得纳米粒子。如果从熔融盐出发,冻结后需要进行热分解,最后得到相应的纳米粒子。

5. 非晶化法

非晶化法制备纳米材料的前提是将原料用急冷技术制成非晶薄带或薄膜,然后控制退火条件,如退火时间和退火温度,使非晶全部或部分晶化,生成晶粒尺寸保持在纳米级。合金能否形成稳定的纳米晶粒的内在因素在于合金成分的选择,目前这种方法大量用于制备纳米 Fe 基、Co 基、Ni 基的多组元合金材料,也可以制备一些单组元成分,如 Se、Si 等。一般来说,与其他方法相比,具有以下优点:

(1) 工艺较简单,易于控制,便于大量生产。

(2) 界面无空隙,不存在空洞、气隙等缺陷,是一种致密而洁净的界面结构。

由于这类材料的制备与晶化过程切相关,近年来对非晶的晶化工艺、晶化动力学过程进行了大量研究。晶化退火工艺上,采用高密度脉冲电流,一些非晶成分可以在极短的时间内获得一些常规退化处理不易获得的纳米晶组织,这种方法对改善合金固有的脆性、抗氧化性有一定好处。值得注意的是脉冲电流处理产物可能与常规退火不同,见表 7.1。

表 7.1　脉冲电流处理后的晶化产物

合金成分	常规退火	电脉冲退火
$Fe_{77.5}Si_{13.5}B_9$	$\alpha - Fe(Si) + Fe_3B$	$\alpha - Fe(Si)$
$Fe_{77.5}Cu_1Si_{13.5}B_9$	$\alpha - Fe(Si)$	$\alpha - Fe(Si)$
$Fe_{74.5}Nb_3Si_{13.5}B_9$	$Fe_3B + \alpha - Fe(Si)$	Fe_3B
$Fe_{77.5}Cu_1Si_{13.5}B_9$	$\alpha - Fe(Si)$	$\alpha - Fe(Si)$
$Fe_{77.5}Cu_1Nb_3Si_{13.5}B_9$	$\alpha - Fe(Si)$	Fe_3B

7.3.2　化学方法

1. 化学气相淀积法

化学气相淀积技术(CVD)是目前生产超微粉末最有效的途径之一。它是指利用气体原料,在气相中通过化学反应形成物质的基本离子,再经过成核和生长两个阶段合成薄膜、粒子和晶体等材料的方法。该方法具有三大特征:第一是多功能性,CVD 技术适用于陶瓷、金属、有机高分子等多种类型超微粉末的制备,潜在适用范围十分广泛;其次是 CVD 产品纯度高,适合高纯材料的合成;第三是工艺可以精密控制和调节,也能从相同的原料体系合成晶型和晶体各异的材料。

CVD 合成法根据加热方式的不同又可分为热 CVD 法、等离子体 CVD 法和激光 CVD 法,这些方法各有其特点和不同的用途。

(1) 等离子体 CVD 法:等离子体 CVD 法又称为 Plasma 法,它主要是利用热 Plasma 的方法,在 Plasma 焰中导入反应气体,使反应气体被分解,形成活性很高的颗粒,通过这些反应得到所需的化合物。等离子体 CVD 技术又可分为激光增强等离子体技术、射频等离子体技术及微波等离子体技术等。

(2) 热 CVD 法:热 CVD 法是用电炉加热反应管,使原料气体流过,而发生反应的方法。该方法可在简单价廉的装置中进行,已应用于多种氧化物超细颗粒的制备方法。

(3) 激光 CVD 法:它是以激光为光源,在气相中进行化学反应的方法。气体分子吸收激光的能量,自身被加热,从而引起化学反应。此方法适合合成 Si、SiC、Si_3N_4、Al_2O_3 等超细粉末。

2. 沉淀法

沉淀法包括直接沉淀法、均匀沉淀法和共沉淀法。直接沉淀法是使溶液中的金属阳离子直接与沉淀剂发生化学反应而形成沉淀物。均匀沉淀法是在金属盐溶液中加入沉淀剂溶液时不断搅拌,使沉淀剂在溶液中缓慢生成,消除了沉淀剂的不均匀性。共沉淀法是在混合的金属盐溶液中添加沉淀剂,即得到几种组分均匀的溶液,再进行热分解。共沉淀法的特点是简单易行,但纯度低,颗粒半径大,适合制备氧化物。

3. 水热合成法

在高压釜里的高温高压反应环境中,用水作为反应介质,使得通常难溶或不溶的物质溶解,反应还可进行重结晶。水热技术具有两个优点,一是其相对低的温度,二是在封闭容器中进行,避免了组分挥发。目前,水热合成法作为一种新技术已经引起许多国家研究人员的重视,其中日本开发的水热合成法独具特色:将锆盐或其他金属盐溶解于高温高压的水中,得到了粒径、形状和成分均匀的高质量氧化锆、氧化铝和磁性氧化铁纳米粒子。

4. 溶胶-凝胶法

溶胶-凝胶法是指一些易水解的金属化合物(无机盐或金属醇盐),在饱和条件下经水解和缩聚等化学反应首先制得溶胶,继而将溶胶转为凝胶,再经热处理而成为氧化物或其他化合物固体的方法。由于先驱体的混合是在溶液中进行,短时间就可以达到纳米级甚至分子级均匀,在微观结构可调材料制备方面显示出独特的优势,具有反应物种多、产物颗粒均一、过程易控制等特点,适于氧化物和 II ~ VI 族化合物的制备。

溶胶-凝胶法被称为变色龙技术,这反映了溶胶-凝胶技术的灵活多样性。在十几年前,这种技术主要用于陶瓷和玻璃的制备。科学家对溶胶-凝胶技术感兴趣主要在于它的原材料的高纯度和低的工艺温度。

溶胶-凝胶技术可以看作是一种快速固化技术,因为制备的氧化物处于一种高能和亚稳状态。溶胶-凝胶技术又是一种一次成型工艺,它可以用来严格复制一个模型。溶胶-凝胶技术还是一种无粉工艺,因为它可直接制备多孔的胚体。这个工艺中包含聚合物的分解和金属的氧化。无粉工艺正是反映了溶胶-凝胶技术的多种可能性。由于溶胶-凝胶技术制备的材料一般具有非晶性质,它要求使用散射技术进行表征。中子和 X 射线衍射研究证实了溶胶-凝胶产物的特性及溶胶-凝胶转变,同时还可得到表面积和密度的关系,并可估计气孔率。凝胶中的气孔率在科学研究和应用中占有重要的位置。

另外,溶胶-凝胶技术是制备纳米结构材料的特殊工艺,这不仅因为它从纳米单元开始,而且在纳米尺度上进行反应,最终制备出具有纳米结构特征的材料。因此,如果按尺寸来划分工艺,溶胶-凝胶技术是纳米制备工艺中最合适的。

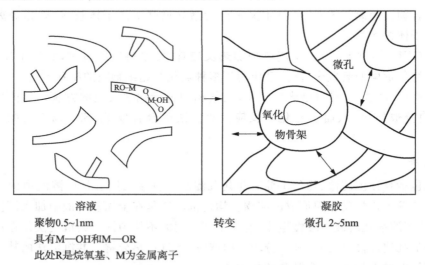

溶液   转变   凝胶

聚物0.5~1nm   微孔 2~5nm

具有M—OH和M—OR

此处R是烷氧基、M为金属离子

图 7.8   由醇盐法制备的干凝胶的氧化物骨架的示意图

溶胶-凝胶工艺通过不同化学反应的组合,把前驱体和反应物的均匀溶液转变为无限分子量的氧化物聚合物。这个聚合物是一个包含相互连通的孔的三维骨架。图 7.8 是这个骨架的示意图。理想情况下,在结构上溶胶-凝胶是各向同性的、均一的。溶胶变成凝胶之后可严格复制装有溶胶的容器的内部形状,而且无畸变地微缩所有性质。这种工艺叫作纳米结构工艺是最合适的,因为它反映了这个工艺可制备出结构是纳米尺度的材料。

5. 微乳液法

微乳液法是利用两种互不相溶的溶剂在表面活性剂的作用下形成一个均匀的乳液,从乳液中析出固相,这样可使成核、生长、聚结、团聚等过程局限在一个微小的球形液滴内,从而可形成球形颗粒,又避免了颗粒之间进一步团聚。微乳液法实验装置简单,能耗低,操作容易;所得纳米粒子粒径分布窄,且单分散性、界面性和稳定性好;与其他方法相比具有粒径易于控制、适应面广等优点。

7.4　纳米材料的应用

纳米材料从根本上改变了材料的结构,为克服材料科学研究领域中长期未能解决的问题开辟了新途径。其应用主要体现在以下几方面。

7.4.1　在陶瓷领域的应用

所谓纳米陶瓷是指在陶瓷材料的蛀微结构中,晶粒、晶界以及它们之间的结合都处在纳米尺寸水平。由于纳米陶瓷晶粒的细化,晶界数量大幅度增加,可使材料的强度、韧性和超塑性大为提高 并对材料的电学、热学、磁学、光学等性能产生重要的影响。如将纳米氧化铝添加到氧化铝陶瓷中可起到显著的增强和增韧作用。可见,纳米材料对于解决陶瓷材料的脆性问题行之有效,从而为提高纳米材料的可靠性、扩大纳米材料的应用开辟了一条新的途径。Deng 等采用热压烧结法在真空、温度 1 460℃条件下制备了 Ni 质量分数分别为 10%,20%,30%,50% 的 Ni/Al_2O_3 复合材料,其抗弯强度最高可达 800 MPa,断裂韧性达 8~12 $MPa \cdot m^{\frac{1}{2}}$,但复合材料的硬度却有所下降。Konopka 等研究了 Fe 的质量分数分别为 10%,30%,50% 时对 Al_2O_3 的增韧效果,结果表明当 Fe 的质量分数为 10% 时,断裂韧性 K_{1c} 值下降。Song 等制备的 $Al_2O_3/Ti(Co_3No_7)$ 复合材料的抗弯强度为 820MPa,断裂韧性为 7.4 $MPa \cdot m^{\frac{1}{2}}$。Lee 等采用合成法制备的 Al_2O_3/TiC 复合材料的抗弯强度达 810MPa,断裂韧性为 4.7$MPa \cdot m^{\frac{1}{2}}$。Lalande 等研究发现:当在 ZrO_2/Al_2O_3 陶瓷中添加 10%(体积分数)Ag 时,复合材料的抗弯强度变化不大,但韧性有所提高。$Pb(Zr \cdot Ti)O_3$(FZT)陶瓷具有优良的压电、介电、声电等电学性能,其纳米粉体被广泛用来制备压电陶瓷、微位移驱动器、超声换能器等电子元器件。纳米陶瓷在人工器官的制造、临床应用等方面的研究已逐步开发。姚等的研究发现,将磷灰石/胶原复合物植入骨髓腔后,与组织有良好的生物相容性;将其作为载体与体外培养的成骨细胞结合并利用扫描电镜及组织学检查观察,发现该复合物不仅有骨引导作用,而且还有微弱的骨诱导作用。

纳米陶瓷是近年来发展起来的先进材料,是由纳米级水平显微结构组成的新型陶瓷材料。它的晶粒尺寸、晶界宽度、气孔尺寸、第二相分布、缺陷尺寸等都只限于 100 nm 量级的水平。纳米微粒所具有的小尺寸效应、表面与界面效应使纳米陶瓷呈现出与传统陶瓷显著不同的独特性能。纳米陶瓷已成为材料科学、凝聚态物理研究的前沿热点领域,是纳米科学技术的重要组成部分。

常规陶瓷由于气孔、缺陷的影响,存在着低温脆性的特点。它的弹性模量远高于人骨,力学相容性欠佳,容易发生断裂破坏,强度和韧性都还不满足临床上的高要求,这使它的应用受到一定限制。例如,普通陶瓷只有温度在 1 000℃ 以上,应变速率小于 $10^{-4}/s$ 时,才会发生塑性变形。而纳米陶瓷由于晶粒很小,使得材料中的内在气孔或缺陷尺寸大大减少,材料不易造成穿晶断裂,有利于提高材料的断裂韧性;同时晶粒的细化又使晶界数量大大增加,有助于晶粒间的滑移,使纳米陶瓷表现出独特的超塑性。许多纳米陶瓷在室温下或较低温度下就可以发生塑性变形。例如纳米 TiO_2(8 nm)陶瓷和 CaF_2 陶瓷在 180℃ 下,在外力作用下呈正弦形塑性弯曲。即使是带裂纹的 TiO_2 纳米陶瓷也能经受一定程度的变曲而裂纹不扩散,但在同样条件下,粗晶材料呈现脆性断裂。由此可见,纳米陶瓷的超塑性是其最引人注目的成果。

新一代数字化和便携式电子产品发展对电子陶瓷材料和技术提出了一系列新的挑战,同时也使电子陶瓷成为一个创新十分活跃的领域——为了实现元件的小型化和多层化、薄层化,需要实现电子陶瓷的纳米化。目前单一多层陶瓷元件的层数可以达到 500 层,要求每层的厚度仅为 $2\mu m$,其陶瓷中的晶粒尺寸需要在 100 nm 以下,而这一趋势在未来将进一步发展。

7.4.2 在微电子学领域的应用

纳米电子学立足于最新的物理理论和最先进的工艺手段,按照全新的理念来构造电子系统,并开发物质潜在的储存和处理信息的能力,实现信息采集和处理能力的革命性突破,纳米电子学将成为 21 世纪信息时代的核心。单电子晶体管在微电子学和纳米电子学领域占有重要的地位。日本科学家率先在实验室里研制成功了单电子晶体管,该晶体管中使用的硅和二氧化钛材料的结构尺寸都达到了 10 nm 左右的尺度。随后,美国普渡大学、加利福尼亚大学伯克利分校也研制出不同尺度和结构的单电子晶体管基型器件。2001 年,荷兰研究人员制造出在室温下能有效工作的单电子纳米碳管晶体管。这种晶体管以纳米碳管为基础,依靠一个电子来决定"开"和"关"状态,低耗能的特点将使其成为分子计算机的理想材料。近年来,科学家发现纳米碳管具有极佳的场发射性能,有望替代其他材料成为较理想的场发射显示器阴极材料,使高性能的壁挂电视、计算机的进一步研制成为可能。兰州大学研制出的纳米管场发射阴极材料的实验品,在国内首次运用多孔阳极氧化铝模板技术制备出高度定向、分立有序的碳纳米管作为场发射体,大大提高了场发射的电流密度、发射的稳定性和使用寿命。美国贝尔实验室的科学家利用有机分子硫醇的自组装技术制备出直径为 1~2 nm 的单层的场效应晶体管,这种单层纳米晶体管的制备使分子尺度电子器件的研制迈出了重要的一步。

7.4.3 在化工领域的应用

纳米粒子作为光催化剂,有着许多优点。首先是粒径小,比表面积大,光催化效率高;同时,纳米粒子生成的电子、空穴在到达表面之前,大部分不会重新结合。因此电子、空穴能够到达表面的数量多,则化学反应活性高。其次,纳米粒子分散在介质中往往具有透明性,容易运用光学手段和方法来观察界面间的电荷转移、质子转移、半导体能级结构与表面态密度的影响。目前,纳米 TiO_2 已经应用于工业废水处理,美国佛罗里达大学的 W. Z. Tang 教授用 UV/TiO_2 光催化氧化法对染料废水进行脱色试验,取得了很好的脱色效果,并发现 pH 在3~11范围内增加时,氧化速度加快。近年来,纳米 TiO_2 抗菌性能也不断被人们开发,其应用将越来越广。我国青岛科技大学纳米材料研究所与海尔集团合作,成功地开发出纳米多功能抗菌塑料,该材料具有抗菌、抗老化、增韧和增强的作用。利用纳米氧化物粒子具有极好的吸波性,同时具备宽带、兼容性好、质量小和厚度薄等特性,可以制备出吸收不同频段电磁波的纳米复合涂料,有效地吸收入射雷达波并使其散射衰减。Donley 等研究发现不同粒径的 Fe_3O_4 对在1~1 000 MHz 频率范围的电磁波具有吸收性能,随着频率的增加,纳米 Fe_3O_4 吸收能效增加,且纳米粒径越小,吸收效能越高。美国研制出的纳米吸波材料,对雷达波的吸收率大于90%;法国研制出的纳米涂层,在 50 MHz~50 GHz 内具有良好的吸波性能。另外,将纳米 TiO_2,Cr_2O_3,Fe_3O_4,ZnO 等具有半导体性质的粉体加入涂料中,可制成导电型抗静电涂料。

7.4.4　在医学领域的应用

研究纳米技术在生命医学上的应用,可以在纳米尺度上了解生物大分子的精细结构及其与功能的关系,获取生命信息。科学家们设想利用纳米技术制造出分子机器人,在血液中循环,对身体各部位进行检测、诊断,并实施特殊治疗。目前,科研人员已经成功利用纳米微粒进行了细胞分离,用金的纳米粒子进行定位病变治疗,以减小副作用等。另外,利用纳米颗粒作为载体的病毒诱导物已经取得了突破性进展,现在已用于临床动物实验,估计不久的将来即可服务于人类。王浩等借助光学纤维,可以将纳米 TiO_2 和紫外光送至人体内部脏器的肿瘤表面,直接杀灭肿瘤细胞,从而达到治疗肿瘤的目的。日本的一个研究小组做了 TiO_2 光催化对癌细胞作用的实验:将癌细胞置于镀有 TiO_2 薄膜的玻璃片上,在紫外光的照射下仅 3min,癌细胞就被杀死。这种利用 TiO_2 光催化作用治疗肿瘤的方法将来可在临床医学上用于治疗消化系统的胃、肠肿瘤,呼吸系统的咽喉、气管肿瘤,泌尿系统的膀胱、尿道肿瘤和皮肤癌等。在移植和修复手术方面使用的人造肌肉纤维以纳米碳管为成分,纳米碳管是由一薄层碳原子构成的管状材料,直径不过若干纳米,长度却可以达到微米甚至毫米级。

7.4.5　在分子组装方面的应用

如何合成具有特定尺寸且粒度均匀分布无团聚的纳米材料,一直是科研工作者努力解决的问题。目前,纳米技术深入到了对单原子的操纵,通过利用软化学与主客体模板化学、超分子化学相结合的技术,正在成为组装与剪裁、实现分子手术的主要手段。1990 年,IBM 公司两位科学家用 STM 针尖移动吸附在金属镍表面上的氙原子。他们经过 22 h 的操作,把 35 个氙原子排成了"IBM"字样。1993 年,美国科学家成功地进行了移动铁原子的实验。在低温条件下,用 STM 针尖将 48 个铁原子排列成了一个称为"量子围栏"的圆环。目前,原子力显微术和力谱的结合在膜蛋白的研究中开始发挥作用。S. B. Smith 等学者用 AFM 力谱研究了单个多糖分子的弹性、DNA 的过度拉伸状态、将 DNA 分子的互补链拆开过程中的力、细胞表面的软硬程度、配体与受体间的相互作用以及细胞间的相互作用等。这一技术不仅在结构生物学中具有重要意义,而且在联系医学实际中也将发挥重大作用。Higashi 等证实了一个带正电的自组装单分子膜通过单分子膜表面季铵盐基团和 DNA 的磷酸根的静电作用,能够将 DNA 固定在膜上,而且 DNA 仍然能保持双螺旋结构。Longo 等也利用静电作用在带正电的类脂双层膜上吸附了一层的 DNA,并研究了在不同类脂上的吸附动力学。还有研究人员通过共价键交联反应在自组装单分子膜上固定了 DNA 链,而且还发现 DNA 在膜上呈定向有序排列。1996 年,IBM 公司利用分子组装技术,研制出了世界上最小的"纳米算盘",算珠由球状的 C60 分子构成。1999 年,巴西和美国科学家用碳纳米管制备了世界上最小的"秤",它能够称量十亿分之一克的物体,即相当于一个病毒的质量。2000年,美国朗讯公司和英国牛津大学的科学家用 DNA 的碱基配对机制制造出了一种每条臂长只有 7 nm 的纳米级镊子。

7.4.6 在军事上的应用

能有效吸收入射雷达波并使其散射衰减的一类功能材料称为雷达波吸收材料(简称吸波材料)。吸波材料的研究在国防上具有重大意义,这种"隐身材料"的发展和应用,是提高武器系统生存和突防能力的有效手段。纳米金属氧化物由于质量轻、厚度薄、颜色浅、吸波能力强等优点,成为吸波材料研究的热点。纳米微粉是一种非常有发展前途的新型军用雷达波吸收剂。例如,将纳米涂料涂在飞机上可以制造隐形飞机。

7.4.7 在其他方面的应用

利用纳米技术还可制成各种分子传感器和探测器。利用纳米羟基磷酸钙为原料,可制作人的牙齿、关节等仿生纳米材料。将药物储存在碳纳米管中,并通过一定的机制来激发药剂的释放,则可控药剂有希望变为现实。另外,还可利用碳纳米管来制作储氢材料,用作燃料汽车的燃料"储备箱"。在合成纤维树脂中添加纳米氧化硅等纳米微粒,经抽丝、织布,可以制成杀菌、防霉、除臭、抗紫外线辐射和抗电磁辐射的内衣和服装。据最新报道,沉积有 Cu 的 TiO_2 薄片,在弱的紫外灯照射下,就可通过光催化效应产生杀菌效果。如果加入少量的金属纳米微粒后就可以去除因摩擦而引起的烦人的静电现象。用对人体红外线有很强吸收作用的纳米微粒添加到衣服的纤维中,还可以提高衣服的保暖效果。利用纳米颗粒膜的巨磁阻效应研制高灵敏度的磁传感器,利用具有红外吸收能力的纳米复合体系来制备红外隐身材料,都是很有应用前景的技术开发领域。

7.4.8 展望

自 20 世纪 70 年代纳米材料问世以来,纳米材料研究经历了三个阶段:第一阶段(1990 年以前)主要是在实验室探索制备各种材料的纳米颗粒粉体,合成块体,研究评估表征的方法,探索纳米材料的特殊性能。第二阶段(1994 年以前)主要研究如何利用纳米材料的物理、化学和力学性能设计纳米复合材料。第三阶段(从 1994 年以后)主要研究纳米组装体系,其基本内涵是以纳米颗粒以及它们组成的纳米丝和管为基本单元在一维、二维和三维空间组装排列成具有纳米结构的体系。目前,美国在纳米基础理论、纳米合成、纳米装置精密加工、纳米生物技术等方面居世界前列。2001 年,美国通过了"国家纳米技术启动计划",目标是到 2010 年培养 80 万名纳米技术人才,纳米技术创造的 GDP 达万亿美元以上,提供 200 万个就业岗位。2003 年,在美国政府支持下,英特尔、惠普、IBM 及康柏等公司正式成立研究中心,在硅谷建立了世界上第一条纳米芯生产线。欧洲在涂层和新仪器应用方面居世界前列,早在"尤里卡计划"中就将纳米技术研究纳入其中。日本在纳米设备和强化纳米结构领域居世界前列,把纳米技术列入国家科技发展战略四大重点领域之一,制定了宏伟的"纳米技术发展计划"。我国在 20 世纪 80 年代已将纳米科技列入"863 计划",并取得突出成果:研制了气体蒸发、磁控溅射、激光诱导 CVD、等离子加热气相合成等纳米材料制备装置;发展了化学共沉淀、溶胶-凝胶、微乳液水热、非水溶剂合成和超临界液相合成等纳米材料制备方法,制备出金属与合金氧化物、氮化物、碳化物等化合物纳米粉体;在纳米材料的表征、团聚体的起因和消除、表面吸附和脱附、纳米复合微粒和粉体的制取及巨磁电阻效应、磁光效应和自旋波共振等方面取得创新性进展；成功研制出致密度高、形状复杂、性能优越的纳米陶瓷；发现全致密纳米合金中的反常 Hall - Petch 效应；大面积定向碳管阵列合成、超长纳米碳管制备、氮化镓纳米棒制备、纳米丝和纳米电缆的合成、用苯热法制备纳米氮化锌微晶、用催化热解法制成纳米金刚石；建立了制备纳米结构组装体系的多种方法如自组装与分子自组装、模板合成、碳热还原、液滴外延生长等，成功制备多种纳米材料和纳米组装体系，为进一步研究纳米材料奠定了基础。

当前，纳米材料研究有三个特点：① 研究内涵不断扩大。第一阶段主要集中在纳米颗粒及其组成的薄膜与块体，现在发展到纳米丝、纳米管、微孔和介孔材料。② 纳米材料的概念不断拓宽。第一阶段，纳米材料仅包括纳米微粒、纳米块体、纳米薄膜，现在发展到纳米组装体系。③ 纳米材料的应用成为研究热点。据不完全统计，国际上已有 30 多个纳米材料公司经营粉体生产线，陶瓷纳米粉体对常规陶瓷和高技术陶瓷的改性、纳米功能涂层的制备技术和涂层工艺、纳米添加塑料改性及纳米材料在环保、能源、医药等领域的应用研究相继开展。同时，纳米材料研究呈现五个新动向：① 纳米组装体系蓝绿光的研究出现新苗头；② 巨电导的发现；③ 颗粒膜巨磁电阻尚有潜力；④ 纳米组装体系设计和制造有新进展；⑤ 加强控制工程研究，包括颗粒尺寸、形状、表面、微结构的控制。从各国对纳米材料和纳米科技的部署来看，当前世界各国纳米科技战略是：以经济振兴和国家实力的需求为目标，牵引纳米材料的基础研究、应用研究；组织多学科的科技人员交叉创新，做到基础研究、应用研究并举，纳米科学、纳米技术并举，重视基础研究和应用研究的衔接，重视技术集成；重视发展纳米材料和技术改造传统产品，提高技术含量；重视纳米材料和纳米技术在环境、能源和信息等领域的应用，实现跨越式发展。

目前，纳米材料及其相应的产品已陆续进入市场，所创造的经济效益以 20％ 的速度增长。纳米材料和性能的研究，将随着制备方法的改进和新型纳米材料的开发而不断拓宽和深入，这方面的研究需要材料科学、物理学和化学等基础学科及化学工程等多方面的密切配合和协作。纳米材料具有广泛的应用前途，但其实用化还依赖于制备技术的发展和完善以及人们对其结构性能进一步深入的认识和理解。

可以预见，随着经济的发展和社会的进步，纳米科技和纳米材料的研究将不断深入，对社会的影响将越来越大。面对科技发展的大好形势，我们必须加倍重视纳米科技的研究，注重纳米技术与其他领域的交叉，推动知识和技术创新，为 21 世纪中国经济腾飞奠定基础。

参考文献

[1] Birringer R, Gleiter H, Klein H P, et al. Nanocrystalline materials an approach to a novel solid structure with gas-like disorder? Phys. Rev. Lett,1984，102(8)：365 - 369.

[2] Allia P, Tiberto P, Baricco M, et al. Quenching-rate dependence of the magnetic and mechanical properties of nanocrystalline $Fe_{73.5} Cu_1 Nb_3 Si_{13.5} B_9$ ribbons obtained by Joule heating. IEEE Trans. Magn, 1994，30(2)：461 - 463.

[3] 卢轲，周飞. 纳米晶体材料的研究现状. 金属学报,1997(1 - 12):99 - 107.

[4] 向卫东，王承遇，丁子上. 非线性光学玻璃材料的研究进展. 玻璃与搪瓷,1994，22(6):27 - 34.

[5] 陈建华，杨南如. 铁钙硅铁磁体微晶玻璃：一种治癌生物材料. 玻璃与搪瓷,1999，27(1):44 - 48.

[6] Lee Y K，Choi S Y. Controlled nucleation and crystallization in $Fe_2 O_3$ - CaO - SiO_2 glass. J. Mater. Sci, 1997，32(2)：431 - 436.

[7] 李标荣,章士瀛. 半导体陶瓷电容器. 电子元件与材料,1999,18(6):31-33.

[8] 李亚利,梁勇,高阳,等. 用纳米非晶 Si/N/C 粉原位合成 Si_3N_4 晶须. 材料研究学报,1995,9(2):149-152.

[9] 夏峰,王晓莉,等. PZN-PMN-PT 陶瓷的介电、压电性能. 材料研究学报,1999,13(4):416-418.

[10] Schwarz R B, Johnson W L. Formation of an Amorphous Alloy by Solid-State Reaction of the Pure Polycrystalline Metals. Phys. Rew. Lett,1983,51(5):415-418.

[11] Gayle F W, Biancaniello F S. Stacking faults and crystallite size in mechanically alloyed Cu-Co. Nanostru. Mater,1995,6:429-432.

第8章 功能陶瓷材料

8.1 功能陶瓷材料分类

功能陶瓷是具有电、磁、声、光、热、力、化学或生物功能等的介质材料。功能陶瓷材料种类繁多,应用广泛,主要包括电磁光等功能各异的新型陶瓷材料。它是电子信息、集成电路、移动通信、能源技术和国防军工等现代高新技术领域的重要基础材料。功能陶瓷及其新型电子元器件对信息产业的发展和综合国力的增强具有重要的战略意义。

陶瓷材料按照显微结构和基本性能,可分为结构陶瓷、功能陶瓷、智能陶瓷、纳米陶瓷和陶瓷基复合材料。其中功能陶瓷可分为电功能陶瓷、磁功能陶瓷、光功能陶瓷、生物功能陶瓷等。陶瓷的分类见表 8.1。

表 8.1 陶瓷的分类

大类	小类	陶瓷材料	用途
结构陶瓷	氧化物陶瓷	Al_2O_3,ZrO_2,MgO,BeO	研磨、切削材料
	碳化物陶瓷	SiC,TiC,B_4C	研磨、切削材料
	氮化物陶瓷	Si_3N_4,BN,TiN,AlN	透平叶片
	硼化物陶瓷	TiB_2,ZrB_2,HfB_2	高温轴承、耐磨材料、工具材料
功能陶瓷	导电陶瓷	Al_2O_3,ZrO_2,$LaCrO_3$	电池、高温发热体
	超导陶瓷	YBCO,LBCO	超导体
	介电陶瓷	Al_2O_3,BeO,MgO,BN TiO_2,$MgTiO_3$,$CaTiO_3$	电绝缘 电容器
	压电陶瓷	$BaTiO_3$,PZT	振子、换热器
	热释电陶瓷	$BaTiO_3$,PZST	传感器、热-电转换器
	铁电陶瓷	$BaTiO_3$,$PbTiO_3$	电容器
	敏感陶瓷	热敏陶瓷 NTC,PTC,CTR 气敏陶瓷 SnO_2,ZnO,ZrO_2 湿敏陶瓷 $Si-Na_2O-V_2O_5$ 光敏陶瓷 CdS,CdSe	温度传感器 气体传感器 湿度传感器 光敏电阻、光检测元件

大类	小类	陶瓷材料	用途
功能陶瓷	磁性陶瓷	$Mn-Zn$，$Ni-Zn$，$Mg-Zn$，铁氧体	变压器、滤波、扬声器
	光学陶瓷	Al_2O_3，MgO，Y_2O_3，$PLZT$ $ZnS:Mn$，$CaF_2:Eu$，$ZnS:Ag$	红外探测器、发光材料
	生物陶瓷	Al_2O_3，ZrO_2，TiO_2，微晶玻璃	人工骨、关节、齿
智能陶瓷	压电陶瓷 形状记忆陶瓷 电流变体陶瓷	Si_3N_4，ZrO_2，CaF_2+SiC Si_3N_4+SiC ER	自适应、自恢复、自诊断材料、驱动、传感元件
纳米陶瓷	纳米陶瓷微粒 纳米陶瓷纤维 纳米陶瓷薄膜 纳米陶瓷固体	Al_2O_3，ZrO_2，TiO_2，Si_3N_4，SiC C，Si，BN，C_2F SnO_2，ZnO_2，Fe_2O_3，Fe_3O_4 Al_2O_3，ZrO_2，TiO_2，Si_3N_4，SiC	催化剂、传感器、过滤器、结构件、光线、生物材料、超导材料
陶瓷基复合材料	颗粒增强陶瓷 晶须增强陶瓷 纤维增强陶瓷	SiC_p/Al_2O_3，ZrO_{2p}/Si_3N_4 SiC_w/Al_2O_3，SiC_w/Si_3N_4 Cf/LAS，$SiCf/MAS$，Cf/ZrO_2	切削刀具、耐磨件、拉丝模、密封阀、耐蚀轴承、活塞

8.2 导电陶瓷

8.2.1 陶瓷的导电性

固体材料的电导率可用下式表示

$$\sigma = c(Ze)^2 B$$

式中，σ 为电导率，$\Omega^{-1} \cdot cm^{-1}$；$c$ 为载流子浓度，载流子数$/cm^3$；Z 为载流子价态；e 为电子电荷；B 为绝对迁移率，即单位作用力下载流子的漂移速度。

固体的载流子有电子、空穴、阳离子和阴离子等。材料的总电导率是各种载流子电导率之和。

$$\sigma = \sigma_e + \sigma_h + \sigma_k + \sigma_n$$

式中，σ_e 为电子电导率；σ_h 为空穴电导率；σ_k 为阳离子电导率；σ_n 为阴离子电导率。导通电流的载流子主要是电子或空穴时，成为电子电导，主要是离子时成为离子电导。

载流子对总导电率的贡献分数 t 称为转移数。各种载流子转移数的总和为 1，即

$$t_e + t_h + t_k + t_n = 1$$

表 8.2 列出了一些材料的载流子对电导的贡献分数。

表 8.2　材料的载流子的转移数

材料	温度/℃	t_k	t_n	t_e, t_h
NaCl	400	1.00	0.00	0.00
ZrO_2＋7％（质量分数）CaO（氧离子导体）	＞700	0.00	1.00	约 10^{-4}
$Na_2 \cdot 11Al_2O_3$（钠离子导体）	800	1.00	0.00	＜10^{-6}
FeO（电子导电）	800	10^{-4}	0.00	约 1.00
$NaO \cdot CaO \cdot SiO_2$ 玻璃（Na^+ 导体）		1.00		

传统硅酸盐陶瓷、氧化物，都是离子晶体。在离子晶体中，离子导电和电子导电都存在。但一般情况下，以离子导电为主，电子导电很微弱。然而，材料含变价离子，生成非化学计量化合物或引入不等价杂质时，将产生大量自由电子或空穴，电子导电增强，成为半导体。敏感陶瓷就同这类半导体。离子晶体热缺陷造成的离子电导称为本征离子电导，杂质造成离子电导称为杂质电导。杂质载流子的电导活化能比正常晶格上离子的要低很多。在低温时，即使杂质数量不多也会造成很大的电导率。低温时，杂质电导起主导作用，高温时本征电导起主导作用。玻璃基本上是离子电导，电子电导可忽略。玻璃结构较松散，电导活化能比晶体低，其电导率比相同组成的晶体大。陶瓷通常由晶相和玻璃相组成，其导电性在很大程度上决定于玻璃相。

8.2.2　快离子导体

快离子导体的电导率比普通离子化合物高 n 个数量级。其电导率大于 $10^{-2}\Omega^{-1} \cdot cm^{-1}$，活化能小于 0.5eV。

关于快离子导体的导电机制，一种模型认为，其晶体由两种亚晶格组成。一种是不运动离子亚晶格，另一种是运动离子亚晶格。当晶体处于快离子相时，不运动离子构成骨架，为运动离子的运动提供通道。运动离子像液体那样在晶格中做布朗运动，可以穿越两个平衡位置的势垒进行扩散，快速迁移。

快离子导体可分为阳离子导体（如 Ag^+、Cu^+、Li^+、Na^+）和阴离子导体（F^-、O^{2-}）两大类。钠离子导体包括 β-Al_2O_3，$NaSiCo_n$ 和 $NaMSi_4O_{12}$ 系。β-Al_2O_3 的通式为 $nA_2O_3 \cdot M_2O$，A 代表三价金属 Al^{3+}、Ca^{3+}、Fe^{3+} 等，M 代表一价离子 Na^+、K^+、H_3O^+ 等。β-Al_2O_3 的理论式是 $Na_2O \cdot 11Al_2O_3$，β''-Al_2O_3 为 $Na_2O \cdot 5.33Al_2O_3$。在较低温度下生成 β''-Al_2O_3，较高温度下生成 β-Al_2O_3，β 相和 β'' 相可共存。β-Al_2O_3 管用作高能固体电解质蓄电池钠硫电池的隔膜，可用作汽车动力。

氧离子导体有萤石结构氧化物（ZrO_2、HfO_2、CeO_2 等）和钙钛矿结构氧化物（$LaAlO_3$、$CaTiO_3$）。二价碱土氧化物或三价稀土氧化物稳定的氧化锆是广泛应用的氧离子导体。稳定氧化锆制备的氧传感器是一种氧浓度差电池，已用于金属液和气体的定氧，汽车废气控制和锅炉燃烧气燃比控制。ZrO_2 具有多型转变：单斜相-四方相-立方相-液相。纯氧化锆冷却时发生四方相向单斜相转变，有 3％～5％体积膨胀，导致烧结件开裂。为此，需加入稳定剂。稳定剂和氧化锆形成的立方固溶体，快冷时不发生相变，保持稳定，称为完全稳定氧化锆。稳定剂添加量不足时，形成由立方相和四方相组成的部分稳定氧化锆。晶粒小于临界尺寸的高温四方相可保持到室温。当亚稳的四方相发生向单斜相的转变时,韧性和强度增加,即所谓相变增韧。四方相氧化锆和部分稳定氧化锆具有较高强度和韧性,用作结构材料。完全稳定氧化锆的力学性能不高,用作固体电解质和电极、电热材料。ZrO_2 也可望用作高温燃料电池的固体电解质。

锂离子导体作为隔膜材料的室温固态锂电池,能量密度高,寿命长。以碘化锂为固体电解质的锂碘电池已用于心脏起搏器。

8.2.3   电热、电极陶瓷

陶瓷电热材料的使用温度高,抗氧化,可在空气中使用,有 SiC、$MoSi_2$ 和 ZrO_2 等。磁流体发电机的电极材料要求在 1 500℃以上长期使用,$LaCrO_3$、ZrO_2 是候选材料。

碳化硅是最早使用的陶瓷电热材料,最高使用温度为 1 560℃。

二硅化钼抗氧化性好,最高使用温度 1 800℃,在 1 700℃空气中可连续使用几千小时。其表面形成一薄层 SiO_2 或耐热硅酸盐起保护作用。$MoSi_2$ 粉末通过 Mo 粉和 Si 粉直接反应合成,或采用 Mo 的氧化物还原反应合成。MoSi 电热元件在挤压成型时,加入少量糊精等黏合剂。工业二硅化铜电热元件含有一定量铝硅酸盐玻璃相。Mo 和 Si 的反应是放热反应。利用放热反应来制备材料的技术称为燃烧合成或自蔓延高温合成。燃烧合成的 $MoSi_2$ 和 $MoSi_2$ - Al_2O_3 电热元件已工业应用。$MoSi_2$ - Al_2O 电热元件的使用温度比 $MoSi_2$ 高。

添加 CeO_2 和 Ta_2O_5 的氧化锆可用作磁流体发电机的电极材料。由于氧化锆的低温导电性差,CaO 稳定的氧化锆可以和低温导电性好的铬酸钙镧制成混合式或复合式电极。

$LaCrO_3$ 是钙钛矿型结构的复合氧化物,熔点 2 400℃,电导率较高,200～300℃时电导率为 $1\Omega^{-1} \cdot cm^{-1}$。$LaCrO_3$ 的缺点是 CrO_3 易挥发。加入 Ca^{2+}、Sr^{2+} 置换部分 La^{3+},形成半导体 $La_{1-x}(Ca,Sr)_xCrO_3$($x=0.0～0.12$),其性能和电导性比纯 $LaCrO_3$ 好。铬酸钙镧陶瓷以 La_2O_3,Cr_2O_3,$CaCO_3$ 为原料,成型后在 2 000℃烧成。铬酸钙镧陶瓷是电子导电,用作电极材料和发热体。

8.2.4   超导体陶瓷

超导现象是由荷兰物理学家卡麦林·翁纳斯(Kamerlingh Onnes)于 1911 年首先发现的。普通金属在导电过程中,由于自身电阻的存在,在传送电流的同时也要消耗一部分的电能,科学家也一直在寻找完全没有电阻的物质。翁纳斯在研究金属汞的电阻和温度的关系时发现,在温度低于 4.2 K 时,汞的电阻突然消失,见图 8.1,说明此时金属汞进入了一个新的物态,翁纳斯称这一新的物态为超导态,把电阻突然消失为零电阻的现象称为超导电现象,把具有超导性质的物质称为超导体。超导体与正常导体的区别是:正常金属导体的电阻率在低温下变为常数,而超导体的电阻在转变点突然消失为零。后来,又陆续发现了其他金属如 Nb,Tc,Pb,La,V,Ta 等都具有超导现象,并逐步建立

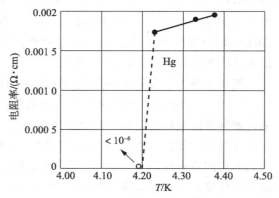

图 8.1   Hg 的零电阻现象

起了超导理论和超导微观理论。1986 年,由 K. A. Miller 和 J. G. Bednorz 等研制出 Ba – La – Cu – O 系超导陶瓷,在 13 K 以下的电阻为零,使高温超导研究进入了一个新阶段,各国科学家之间形成了研究超导陶瓷新材料、应用基础理论和超导新机制方面激烈竞争的局面,现已研究出了上千种超导材料,临界温度也不断提高。

在超导材料中,具有较高临界温度的超导体一般均为多组元氧化物陶瓷材料,新型超导陶瓷的开发研究冲破传统 BCS 超导理论的临界极限温度 40 K。我国科学家在超导材料的研究方面也一直处于世界前沿。

表 8.3　T_c(临界温度)提高的历史进程

时间/年	材料组成	T_c/K
1911	Hg	9.16
1913	Pb	7.2
1930	Nb	9.2
1934	NbC	13
1940	NbN	14
1950	V_3Si	17.1
1954	N_3Sn	18.1
1967	$Nb_3(Al_{0.75}Ge_{0.25})$	21
1973	Nb_3Ge	23.2
1986	La – Ba – Cu – O	35
1987	Y – Ba – Cu – O	90
1988	Ba – Sr – Ca – Cu – O	110
1988	Tl – Ba – Ca – Cu – O	120

8.3　介电和铁电陶瓷

8.3.1　介电性质

当电压加到两块中间是真空的平行金属板上时,板上的电荷 Q_0 与施加电压成正比,$Q_0 = C_0V$,比例系数 C_0 就是电容。如果两板间放入绝缘材料,在相同的电压下,电荷增加了 Q_1,则 $Q_0 + Q_1 = CV$,电容量增加了。介电质引起电容量增加的比例,称为相对介电常数 ε,也叫电容率。

$$\varepsilon = \frac{C}{C_0} = \frac{Q_0 + Q_2}{Q_0}$$

绝缘体在介电性质方面就称为介电质。介电质提高电容量是介电质在电场作用下电极化的结果。当绝缘体放入电场中时,电荷不能像导体那样传递过去,但荷电质点在电场作用下相互位移,正电荷沿电场作用方向稍微位移,负电荷中心向反方向位移,形成许多电偶极子,即发生极化,结果在表面感生了异性电荷。它们束缚住板上一部分电荷,抵消了这部分电荷的作用。在相同条件下,增加了电荷的容量。材料越易极化,电容量也越大,介电质的相对介电常数就越大,电容器的尺寸就可减小。

电介质在电场作用下,引起介质发热,单位时间内消耗的能量,称介电损耗。在电介质上加角频率为 ω 的交变电场 E 时,电位移也以相同的角频率振动。但是,极化强度 P、电位移 D 的相位落后于所加电场的相位。电位移与电场强度 E 的相位差 δ,称为介质损耗角。

电介质在恒定电场下,D 和 E 的关系为 $D = \varepsilon E$。如果在正弦交变电场下,E,D,P 均为复数矢量,介电常数也变为复数。

电介质承受的电压超过一定临界值时,失去绝缘性的现象称为电介质的击穿。该临界值称击穿电压 $U_穿$。通常用相应的击穿电场强 $E_穿$ 来比较材料的击穿现象,材料能承受的最大电场强度称抗电强度或介电强度,等于相应的击穿场强。

$$E_穿 = \frac{U_穿}{d}$$

式中,E 的单位为 V/m;d 为击穿试样的厚度。

电介质的击穿有电击穿、热击穿和化学击穿三种。材料的击穿电压同材料的性质有关,还同试样和电极的形状、媒质和温度、压力等有关。

陶瓷的介电常数随温度发生变化。一类陶瓷的介电常数与温度成强烈非线性关系,例如铁电陶瓷,很难用温度系数描述。另一类陶瓷的介电常数与温度呈线性关系,可用介电常数约温度系数 TK_ε 描述

$$TK_\varepsilon = \frac{1}{\varepsilon}\frac{\mathrm{d}\varepsilon}{\mathrm{d}t}$$

一般用实测的方法,取 TK_ε 的平均值表示

$$TK_\varepsilon = \frac{\Delta\varepsilon}{\Delta t\varepsilon_0} = \frac{\varepsilon_t - \varepsilon_0}{\varepsilon_0(t - t_0)}$$

式中,t_0 为室温;t 为工作温度;ε_0 和 ε_t 分别为介质在 t_0、t 时的介电常数。

由于极化形式不同,有些材料 TK_ε 值为正值,有些为负值。根据用途,电容器对 TK_ε 值的要求也不同。通过调整材料的成分可制备出不同 TK_ε 值的陶瓷。

广义的介电陶瓷包括电容器瓷和其他电介质瓷,如微波介质瓷。电容器陶瓷按主晶相的性质可分为非铁电陶瓷、铁电陶瓷、反铁电陶瓷及半导体陶瓷。非铁电瓷的介电常数随温度变化呈线性关系。根据介电常数温度系数,非铁电陶瓷可分为温度补偿电容器陶瓷和热稳定电容器陶瓷。根据使用的频率范围,又可分高频介质瓷(MHz 级)和微波(GHz 级)介质瓷。电容器陶瓷在美国电子陶瓷中占 24% 左右。

铁电陶瓷的介电常数呈非线性,又称为高介电常数电容器陶瓷。除用作低频或直流电容器外,还用于敏感陶瓷。反铁电陶瓷用于换能器等。

半导体电容器陶瓷和多层电容器陶瓷是适应大容量小型化而迅速发展的材料,将会成为电容器发展的主流。

8.3.2　高频介质瓷

高频介质瓷的介电常数比装置瓷高,一般要求在 8.5～900,在高频(1 MHz)下的介电损耗小($\tan \delta$ 小于 6×10^{-4}),介电常数温度系数范围宽,可调节。高频介质瓷主要由碱土金属和稀土金属的钛酸盐和它们的固溶体组成。

高频温度补偿电容器陶瓷,介电常数温度系数小,且一般为负值,可补偿振荡回路中电感的正温度系数,使谐振频率稳定。金红石瓷、钛酸钙瓷、钛酸锶瓷、钛锶铋瓷、硅钛钙瓷属高频温度补偿电容器陶瓷。

高频热稳定电容器陶瓷,介电常数温度系数绝对值小,接近于零。高稳定电容器用于精密电子仪器。通常采用正温度系数和负温度系数的瓷料来配制这类陶瓷,如钛酸镁瓷、镁镧钛瓷、锡酸钙瓷。

金红石瓷是最早应用的电容器陶瓷。其主晶相为金红石(TiO_2),介电常数较高,ε 大约 80～90,介电常数温度系数 τ_f 有较大负值$[(-750 \pm 100) \times 10^{-6}/℃]$,介质损耗很小。但其可塑性差,烧结温度高。通常加入少量黏土、高岭土、膨润土,提高 TiO_2 的可塑性,降低烧结温度。少量 ZrO_2 可抑制 TiO_2 晶粒长大。金红石瓷长期使用时存在直流老化和电极反应问题,若加入 15%$CaTiSiO_6$,可得到改善。金红石瓷的烧结湿度为 1 325℃。

钛酸钙瓷是目前用量很大的电容器陶瓷,介电常数和负介电常数温度系数值大,用作小型高容量高频电容器。纯钛酸钙的烧结温度高.烧结温度范围窄。加入 1%～2%(质量分数)ZrO_2 可改善其烧结性和介电性能。生产时.用 $CaCO_3$ 和 TiO_2 为原料,在 1 250～1 300℃合成钛酸钙烧块。然后配料、成型,在 1 380℃氧化气氛中烧结。瓷体的介电常数为 150,介电常数温度系数为 $-1 500 \times 10^{-6}/℃$。此外,采用 $Bi_2O_3 \cdot 2TiO_2$ 和 $La_2O_3 \cdot 2TiO_2$ 添加剂,也可以改善其烧结性,并调整介电常数温度系数。

钛酸铋锶瓷是钛酸铋($Bi_2O_3 \cdot nTiO_2$)和钛酸锶 $SrTiO_3$ 的固溶体。其击穿强度较高,介电常数可达数百,用作高频高介材料和电容器。

镁镧钛瓷是在 $MgO - La_2O_3 - TiO_2$ 系中,由偏钛酸镁 $MgTiO_3$ 和钛酸镧 $La_2O_3 \cdot 2TiO_2$ 晶相组成的陶瓷,可获得一系列不同介电常数和温度系列的陶瓷。其介电常数比钛酸镁瓷高,在 150℃下介电性能良好,可用作较高温使用的高频电容器。

锡酸盐瓷:钙、锶、钡的锡酸盐属钙钛矿型结构,很容易与钛酸盐形成固溶体,常用作 Ba_2TiO_3 电容器瓷的加入物。锡酸钙瓷的高温电性能比含钛陶瓷好得多,使用温度可达 150℃。锡酸钙瓷的烧结性较好。我国资源丰富,使用普遍。ZrO_2 可同 SnO_2 形成因溶体促进烧结。$CaTiO_3$ 可调节 TK_ε。合成 $CaSnO_3$ 烧块的原料是 SnO_2,方解石 $CaCO_3$,$BaCO_3$,TiO_2 和 SiO_2 等。表 8.4 列出几种高频介质瓷的组成和电性能。

表 8.4　高频介质瓷的组成和电性能

陶瓷	质量分数/(%)	$\varepsilon(0.5～5MHz)$	TK_ε/C^{-1}	$\tan \delta(1 \text{ MHz})$
金红石瓷	87TiO_2,5ZrO_2,5 黏土,2$BaCO_3$	70～80	$(-750 \pm 50) \times 10^{-6}$	$(2～4)10^{-4}$
钛酸钙瓷	99$CaTiO_3$,1ZrO_2	140～150	$(-1 300 \pm 200) \times 10^{-6}$	$< 6 \times 10^{-4}$

陶瓷	质量分数/(%)	$\varepsilon(0.5\sim5\text{MHz})$	$TK_\varepsilon/\text{C}^{-1}$	$\tan\delta(1\text{ MHz})$
硅钛钙瓷	$3\sim22\text{CaO},10\sim93\text{TiO}_2,$ $3\sim22\text{SiO}_2,0.2\sim16\text{La}_2\text{O}_3$	$90\sim110$	$(-500\sim1\,500)$ $\times10^{-6}$	$(0.8\sim2.0)\times10^{-4}$
镁镧钛瓷	$32.1\text{La}_2\text{O}_3,12.5\text{MgCO}_3,55.4\text{TiO}_2$	13	-33×10^{-6}	1.3×10^{-4}
	$33.3\text{LaO}_3,22.1\text{MgCO}_3,12.6\text{TiO}_2$	33	33×10^{-6}	1.6×10^{-4}
锡酸钙瓷	$90.5\text{CaSnO}_3,7.5\text{ 膨润土},2\text{ZrO}_2,$ 外加 3CaTiO_3	$14\sim16$	$(30\pm20)\times10^{-6}$	$(4\sim6)\times10^{-4}$
锆钛钙瓷	$70\text{CaZrO}_3,23\text{CaO},\text{Nb}_2\text{O}_5,4\text{CaTiO}_3$	58.4	95×10^{-6}	2.0×10^{-4}

8.3.3　微波介质瓷

微波技术的发展要求微波电路集成化、小型化,促进了微波介质瓷的发展。微波介质瓷用于介质谐振器,微波集成电路基片、元件、介质波导,介质天线、衰减器等。介质谐振器又可制造滤波器和振荡器。对于微波介质瓷,除要求 ε 值大外,TK_ε 值应是接近零的负值,在几吉赫兹频率范围内的 Q 值高。介质谐振器的尺寸大致是金属空腔谐振器的 $1/\sqrt{\varepsilon}$。TK_ε 值小,可提高谐振器的频率稳定性。

近年来发展了一系列微波介质瓷。

(1) BaO - TiO$_2$ 系陶瓷。B$_2$Ti$_9$O$_{20}$ 是此系中最早应用的介质瓷。采用 BaCO$_3$ 和 TiO$_2$ 为原料在 1200℃预合成,磨细后干压、烧结或在氧化气氛中热压。瓷体密度越高,Q 和 ε 值越大,TK_ε 值越小。添加 ZrO$_2$ 等可促进烧结,提高瓷体密度。

(2) A(B$_{1/3}$B$'_{2/3}$)O$_3$ 钙钛矿型陶瓷。A 为 Ba、Sr,B 为 Mg、Zn、Mn,B′ 为 Nb、Ta。Ba(Mg$_{1/3}$Ta$_{2/3}$)O$_3$ 即 BM$_T$。Ba(Zn$_{1/3}$Ta$_{2/3}$)O$_3$ 即 BZT,加入 $1\%\sim2\%$Mn(摩尔分数),可在较低温度下烧结成致密瓷体,并提高高频段的 Q 值,在 10 GHz 段 Q 值超过 10^4。在 N$_2$ 气氛中 1 200℃退火也可成倍提高 Q 值,这同结构缺陷的减少、晶体的完善有关。无添加剂的 BMT 瓷在 1 550℃烧结,添加 2%(质量分数)NaF 后,可在 1 250 ℃烧结致密化,并有良好的电性能。

此外,(Zn,Sn)TiO$_3$ 瓷,(Mg,Ca)TiO$_3$ 瓷也具有良好的微波介质特性。表 8.5 列出了几种微波介质瓷的微波特性。

表 8.5　微波介质的电性能

陶瓷	ε	Q	$\tau_f/\text{℃}^{-1}$	测定频率/GHz
B$_2$Ti$_9$O$_{20}$	39.8	8 000	2.0×10^{-6}	4
Ba(Zn$_{1/3}$Ta$_{2/3}$)O$_3$	31	5 000	0	11
Ba(Zn$_{1/3}$Ta$_{2/3}$)O$_3+1\%$Mn	30	14 500	0.6×10^{-6}	11.4
Ba(Mg$_{1/3}$Ta$_{2/3}$)O$_3+1\%$Mn	25	16 800	4.4×10^{-6}	10.5
(Zn,Sn)TiO$_3$	38	13 000	0	3
(Mg,Ca)TiO$_3$ - La$_2$O$_3$	21	8 000	0	7

8.3.4　半导体电容器陶瓷

在 $BaTiO_3$、$SrTiO_3$ 高介电常数半导体陶瓷表面或晶界形成薄的绝缘层(电介质层)就构成半导体电容器。表面层半导体电容器的介质层厚度为 $10 \sim 15~\mu m$,晶界层电容器的介质层厚 $0.1 \sim 2~\mu m$。晶界层电容器的介电常数比常规瓷电容器高几倍到几十倍。

表面层电容器是在半导体瓷表面于空气中烧渗金属电极时,在陶瓷表面形成一层具有整流作用的高阻挡层。$BaTiO_3$ 表面烧渗 Ag 电极时,接触界面上生成属 P 型半导体的 Ag_2O 与属 N 型半导体的 $BaTiO_3$ 构成 P - N 结,故表面层电容器也称为 P - N 结电容器。但表面层电容器的绝缘电阻太低,耐电强度差。为了改善其耐压特性。可采用电价补偿法或还原再氧化法。

电价补偿法是在半导体瓷表面(如 $BaTiO_3$)涂覆一层受主杂质(如置换 Ba 的 Ag、Na 和置换 Ti 的 Cu、Mn、Fe 等金属或化合物),通过热处理使受主金属离子沿半导体表面扩散,表面层则因受主杂质的补偿作用变成绝缘介质层。

还原再氧化法通常是电容器先在空气中烧成,后在还原气氛下强制还原成半导体,最后在氧化气氛中把表面层重新氧化成绝缘介质层。

晶界层电容器是在晶粒发育充分的 $BaTiO_3$ 等半导体陶瓷表面,涂覆金属氧化物(如 CuO、MnO_2、Bi_2O_3、TiO_2),在氧化条件下进行热处理,涂覆氧化物与 $BaTiO_3$ 形成低共熔相,沿开口气孔渗入陶瓷内部,沿晶界扩散,在晶界上形成一薄层固溶体绝缘层。晶界层电容器的制备通常分三步。先成型,在氮气中烧成,形成半导体;后涂覆氧化物,在空气中二次烧结,形成晶界绝缘层;最后涂银、烧银、焊引线。

$BaTiO_3$ 的半导化有三途径:施主掺杂半导化,强制还原半导化和 SiO_2 掺杂(包括 $SiO_2 + Al_2O_3$ 和 $SiO_2 + Al_2O_3 + TiO_2$ 掺杂)半导化。

高纯 $BaTiO_3$ 中引入少量稀土氧化物(例如 La、Ce、Nd、Dy),经烧结就得到 N 型半导体。一个三价施主稀土离子取代一个 Ba^{2+} 的同时迫使一个四价 Ti^{4+} 转变为三价 Ti^{3+}。三价 Ti^{3+} 可以看成俘获一个电子的 Ti^{4+} 即 $(Ti^{4+} e^-)$。电于 e^- 与 Ti^{4+} 的联系较弱,称弱束缚电子。弱束缚电子,在外电场下参与电导,显出 N 型半导性,称为施主掺杂半导体。此法成本高,稳定性较差。

在真空、惰性气氛或还原气氛中烧结 $BaTiO_3$ 陶瓷时,产生氧空位和 $(Ti^{4+} e^-)$ 离子,获得电阻率 $\rho = 10^2 \sim 10^6 \Omega \cdot cm$ 的半导体。

采用工业原料以 SiO_2(包括 $SiO_2 + Al_2O_3$,$SiO_2 + Al_2O_3 + TiO_2$)掺杂在空气中烧成 $BaTiO_3$ 半导体,可降低成本,重复性好。SiO_2 掺杂使 $BaTiO_3$ 半导化,可这样解释:工业原料难以用施主掺杂法使 $BaTiO_3$ 半导化的原因在于,原料中存在的 Fe^{3+}、Mg^{2+} 等受主杂质对施主的电价起补偿作用,使施主的加入不能形成 Ti^{3+}。若在瓷料中引入 SiO_2 等,烧结时 SiO_2 与其他氧化物形成玻璃相并把对半导化起毒化作用的受主杂质溶入其中,就起"解毒"作用,可实现半导化。半导化也可同时使用几种方法。

8.3.5　铁电陶瓷

铁电体同铁磁体类似,存在类似于磁畴的电畴。每个电畴由许多永久电偶矩构成,它们之间相互作用,沿一定方向自发排列成行,形成电畴。无电场时,各电畴在晶体中杂乱分布,整个晶体呈中性。当外电场加于晶体时,电畴极化矢量转向电场方向、沿电场方向极化畴长大。极化强度 P 随外电场强度 E 按图8.2 所示的 OA 线而增大,直到整个晶体成为单一极化畴(B 点)极化强度达到饱和。以后极化时,P 和 E 呈线性关系(BC 段)。外推线性部分交于 P 轴的截矩称饱和极化强度 P_s。实际上,P_s 是自发极化强度。电场降为零时,仍存在剩余极化强度 P_r。加上反向电场强度 E_c,P 降至零,E_c 称为矫顽电场。在交流电作用下,P 和 E 的关系形成电滞回线。铁电体存在居里点,居里点以下显铁电性。

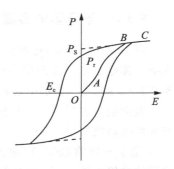

图 8.2　铁电陶瓷的电滞回线

　　铁电陶瓷的主晶相多属钙钛矿型,还有钨青铜型、焦绿石型等。铁电介质瓷具有很大的介电常数,有些达 20 000 以上,也称为高介电常数陶瓷。利用其高介电常数可制成大容量电容器。其介电常数与外电场呈非线性关系,可用于介质放大器。铁电陶瓷的介电常数随温度变化也呈非线性关系,不能用介电常数的温度系数 TK_ε 表示,而用一定温度范围内的介电常数变化率($\Delta\varepsilon/\varepsilon$)%,或容量变化率($\Delta C/C$)% 表示。铁电陶瓷的扩散相变引起电致伸缩。其电效应变大,回零好,热稳定,可用于电控微位移、制动器。但是,铁电陶瓷的介电损耗大,不宜用于高频,适用于低频或直流电路。

　　铁电介质瓷有如下四类。

　　(1) 高介铁电瓷:要求高的介电常数,用于微小型电容器。加入移动别把 T_c 移至 15～20℃,并应提高居里点处介电常数峰值。一种瓷料配方为:$85BaTiO_3$,$16BaZrO_3$,$0.5H_2WO_3$,$0.4ZnO_2$,$0.1CaO$,$\varepsilon > 20\ 000$,$T_c = 15℃$。

　　(2) 低变化率铁电瓷:$Bi_2(SnO_3)$ 对 $BaTiO_3$ 有强烈压峰效果,再加入 Nb_2O_5、ZnO_2、Sb_2O_3 可获得低变化率瓷料。在 $BaTiO_3$ 瓷中,主晶相 $BaTiO_3$ 是高介电常数相,晶界相为低介电常数相。主晶相和晶界相组成等效电路。连续分布的低介电常数晶界相可降低 $BaTiO_3$ 的介电常数并使介电常数温度系数变得平坦。一种瓷料为:$94.8BaTiO_3$,$1.83Bi_2O_3$,$2.11SnO_2$,$1.01Nb_2O_5$,$0.31ZnO$,烧成温度 1 370℃,$\varepsilon = 2\ 400$,$\Delta\varepsilon/\varepsilon$ 为 $-1.25\sim4.5$($-5\sim85℃$)。这类瓷料的电容器用于收音机和电视机。

　　(3) 高压铁电瓷:这类铁电瓷有 $BaTiO_3 - CaZrO_3 - Bi_3NbZrO_9$ 系,$BaTiO_3 - BaSnO_3$ 系,$(Sr_{1-x}Mg_x)TiO_3 - Bi_2O_3 \cdot nTiO_2$。这些瓷料的耐电强度多高于 8 kV/mm。高压电容器广泛用于彩电中。

　　(4) 低损耗铁电瓷:把 $BaTiO_3$ 瓷的 T_c 移至 $-30℃$ 以下时处于顺电相,介电损耗显著降低。例如,$BaTiO_3 - BaZrO_3 - CaZrO_3 - Bi_2O_3 \cdot TiO_2$ 系,$\varepsilon = 1\ 700$,$\tan\delta = 11\times10^{-4}$,$T_c < -55℃$。

8.3.6　反铁电陶瓷

　　反铁电体的晶体结构类似于铁电体,也有一些共同特征,如高介电常数,介电常数与温度的非线性关系。不同点是,反铁电体电畴内相邻离子沿反平行方向自发极化,每个电畴存在两个方向相反、大小相等的自发极化强度,而不是像铁电体那样存在方向相同的偶极子。反铁电体每个电畴总的自发极化为零。当外电场降为零时,反铁电体没有剩余极化。图 8.3 所示为反铁电体的双电滞回线。

施加电场于反铁电体时,P 和 E 呈线性关系。类似于线性介质。但当超过 E_c 时,P 和 E 呈非线性关系至饱和,此时反铁电体相变为铁电体。E 下降时 P 也降低,形成类似铁电体的电滞回线。当 E 降至 E_c 时,铁电体又相变为反铁电体。施加反向电场时,在第三象限出现一与之对称的电滞回线,形成双电滞回线。

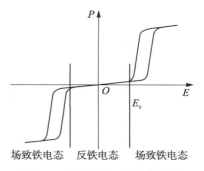

图 8.3 反铁电体的双电滞回线

反铁电陶瓷种类很多。最常用的是由 $PbZrO_3$ 基固溶体组成的反铁电体。纯 $PbZrO_3$ 的相变场强 E_c 很高,而且只当温度达居里点附近才能激发出双回线。为了改善其烧结性和降低其相变场强和温度,在室温能激发出双回线,发展了以 $Pb(Zr,Ti,Sn)O_3$ 固溶体为基的反铁电陶瓷。

反铁电陶瓷具有储能密度高、储能释放充分等优点,用作储能电容器。反铁电体发生反铁电和铁电相变时,伴随很大应变($0.1\%\sim0.5\%$),比压电效应高一个数量级。这给反铁电电容器造成困难。但也可利用相变形变做成机电换能器。反铁电陶瓷还可用作电压调节器和介质天线。

8.4 压电陶瓷

在没有对称中心的晶体上施加压力、张力或切向力时,则发生与应力成比例的介质极化,同时在晶体两端面将出现正负电荷(正压电效应)。反之,当在晶体上施加电场引起极化时,则将产生与电场强度成比例的变形或机械应力(逆压电效应)。这两种正逆效应统称为压电效应。晶体是否出现压电效应由构成晶体的原子和离子的排列方式,即结晶的对称性所决定。晶体在受机械力而变形时,在晶体表面产生电荷的现象称为正压电效应。对晶体施加电压时,晶体发生变形的现象称为逆压电效应。

晶体按对称性分为 32 个晶族,其中有对称中心的 11 个晶族不呈现压电效应,而无对称中心的 21 个晶族中有 20 个呈现压电效应。

用于固体无机材料的陶瓷,一般是用把必要成分的原料进行混合、成型和高温烧结的方法,由粉粒之间的固相反应和烧结过程而获得的微细晶粒不规则集合而成的多晶体。因此,烧结状态的铁电陶瓷不呈现压电效应。但是,当在铁电陶瓷上施加直流强电场进行极化处理时,则陶瓷各个晶粒的自发极化方向将平均地取向于电场方向,因而具有近似于单晶的极性,并呈现出明显的压电效应。利用此种压电效应将铁电性陶瓷进行极化处理所获得的陶瓷就是压电陶瓷。

8.4.1 压电陶瓷基本特征

压电陶瓷是电介质陶瓷的一个重要组成部分,在载流子极少的电介质中间,其介电特性与组成它的原子排列密切相关,即晶体本身在构成原子的离子电荷缺少对称性时呈现介电性。另外,因压力而产生变形,离子电荷的对称性被破坏时呈压电性。在压电晶体中,具有自发极化的晶体,其大小能随晶体温度的变化而变化,称为热释电性。在热释电晶体中,其自发极化方向随外加电场而转向的材料称为铁电体。电介质陶瓷与压电陶瓷、热释电陶瓷及铁电陶瓷的关系如图 8.4 所示。

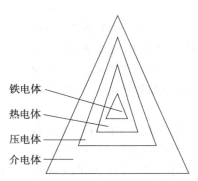

铁电体

热电体

压电体

介电体

图 8.4 电介质陶瓷与压电陶瓷、热释电陶瓷及铁电陶瓷的关系

晶体按对称性分为 32 个晶族,其中有对称中心的 11 个晶族不呈现压电效应,而无对称中心的 21 个晶族中的 20 个呈现压电效应。属于这种压电性晶体的 10 个晶族的晶体因具有自发极化,有时称为极性晶体,又因受热产生电荷,有时又称为热电性晶体。在这些极性晶体中,因外部电场作用而改变自发极化方向,而且电位移矢量与电场强度之间的关系呈电滞回线现象的晶体成为铁电晶体。

从晶体结构来看,属于钙钛矿型(ABC 型)、钨青铜型、焦绿石型、含铋层结构的陶瓷材料具有压电性。目前应用最广泛的压电陶瓷有钛酸钡、钛酸铅、锆钛酸铅等。

8.4.2 压电陶瓷材料和工艺

压电器件及其发展取决于压电材料种类的更新和性能的提高。如果没有精细陶瓷的制备工艺,压电陶瓷变压器就难以大量应用。为了改进压电陶瓷的微观结构,提高材料的性能,许多国家积极开展高技术陶瓷及其粉体制备工艺的研究和生产。高技术陶瓷也称为精细陶瓷,目前对开发能够生产粒径分布很窄的化学纯亚微米粉体的合成技术的需求越来越迫切。这些合成精细陶瓷的新工艺虽然比现有的粉体生产方法成本要高些,但是这些新的粉体作为精细陶瓷工业升级产品是具有很大竞争力的,因为精细陶瓷商品化的关键因素是起始粉料,对于某些电子陶瓷来说,陶瓷元件的典型缺陷往往是粉料本身所具有的和在成型和致密化过程产生的。粉料处理和成型技术的改进,将会提高精细陶瓷产品的可靠性并降低成本。现在精细陶瓷已成为许多高技术发展中不可缺少的基础材料,广泛应用于微电子、新能源、汽车、宇航工业以及海洋、生物工程和机器人等高技术领域。

压电陶瓷生产工艺大致与普通陶瓷工艺相似,同时又有自己的工艺特点。压电陶瓷生产的主要工艺流程是:配料→球磨→过滤、干燥→预烧→二次球磨→过滤、干燥→过筛→成型→排塑→烧结→精修→上电极→烧银→极化→测试。

$BaTiO_3$ 是在研究具有高介电常数钛酸盐陶瓷的过程中偶然发现的。$BaTiO_3$ 具有钙钛矿型晶体结构,在室温下它是属于四方晶系的铁电性压电晶体。钛酸钡陶瓷通常是把 $BaCO_3$ 和 TiO_2 等物质的量混合后形成,并于 1 350℃左右烧结 2~3 h 制成的。烧成后在 $BaTiO_3$ 陶瓷上被覆银电极,在居里点附近的温度下开始加 2 000 V/mm 的直流电场,用在电场中冷却的方式进行极化处理。极化处理后,剩余极化仍比较稳定地存在,呈现出相当大的压电性。由于 $BaTiO_3$ 陶瓷制造方法简便,最初被用于朗之万型压电振子,并于 1951 年把它装在鱼群探测器上进行实用化试验获得成功。但是,这种陶瓷在特性方面还没有完全满足要求。它的压电性虽然比水晶好,但比酒石酸钠差,压电性的温度和时间变化虽然比酒石酸钠小,但又远远大于水晶等。因此后来又进行了改性。

$BaTiO_3$ 陶瓷压电性的温度和时间变化大是因为其居里点(约 120℃)和第二相变点(约 0℃)都在室温附近。如在第二相变点温度下晶体结构在正交-四方晶系之间变化,自发极化方向从[011]变为[001],此时介电、压电、弹性性能都将发生急剧变化,造成不稳定。因此,在相变点温度,介电常数和介电耦合系数出现极大值,而频率常数(谐振频率×元件长度)出现极小值。这种 $BaTiO_3$ 陶瓷的相变点可利用同一类元素置换原组成元素来调节改善,因而改良了温度和时间变化特征的改良 $BaTiO_3$ 陶瓷得以开发并付诸实用。

用 $CaTiO_3$ 置换一部分 $BaTiO_3$ 时居里点几乎不变,但使晶体的第二相变点向低温移动,当置换 16％(物质的量分数)时,第二相变点就变成 -55℃。由于随着 $CaTiO_3$ 置换量的增加压电性降低,所以适用上最大置换量仅限于 8％(物质的量分数)左右。

同时,当用 $PbTiO_3$ 来置换 $BaTiO_3$ 时,居里点向高温移动,而第二相变点移向低温区,由于矫顽场增高,从而可获得性能稳定的压电陶瓷。然而当 $PbTiO_3$ 的置换量过多时,虽然温度特性得到改善,但因压电性降低,故实用上最大置换量限制在 8％(物质的量分数)左右。在工业上已制造出居里点升至 160℃和第二相变点降至 -50℃,且容易烧结的 $Ba_{0.88}Pb_{0.88}Ca_{0.04}TiO_3$ 陶瓷。这种陶瓷因其居里点高,已在超声波清洗机等大功率超声波发生器以及声呐、水听器等水声换能器等方面得到了广泛应用。

另一方面,$BaTiO_3$ 铁电性的发现成为探索新型氧化物铁电体的转折点,在此基础上研究了置换 $BaTiO_3$ 所获得的 $PbTiO_3$,$(Ba,Pb)TiO_3$,$PbZrO_3$,$(Ba,Pb)ZrO_3$ 或同 $BaTiO_3$ 有类似结构的 ABC_3 型铁电体,如 $NaNbO_3$,$NaTaO_3$,$KNbO_3$,$KTaO_3$,$LiNbO_3$,$LiTaO_3$ 等。

$PbTiO_3$ 于 1936 年已人工合成,但由于它在居里点 490℃以下的结晶各向异性大,烧结后的晶粒容易在晶界处分离,得不到致密的、机械强度高的陶瓷,同时由于矫顽场大,极化困难,所以长期以来没能获得实用。人们对抑制 $PbTiO_3$ 陶瓷晶粒生长和对增加晶界结合强度效果较显著的添加物(如 $Bi_{2/3}TiO_3$,$PbZn_{1/3}Nb_{2/3}O_3$,$BiZn_{1/2}Ti_{1/2}O_3$,$Bi_{2/3}Zn_{1/3}$,$Nb_{2/3}O_3$,Li_2CO_3,NiO、Fe_2O_3、Gd_2O_3 等)进行了研究,并通过在 $PbTiO_3$ 中同时添加 $La_{2/3}TiO_3$ 和 MnO_2 研制成密度高、机械强度大、可进行高温电场极化处理的具有高电阻率的陶瓷。这种陶瓷在 200℃下加 6 000 V/mm 的电场保持 10 min 便很容易极化。由于这种陶瓷介电常数小,耦合系数的各向异性大,所以容易抑制副共振的影响,而且由于具有各种压电特性的温度和时间变化小等特征,作为甚高频段(VHF)用陶瓷谐振子正获得广泛应用。

8.4.3　压电陶瓷的应用

近年来,随着宇航、电子、计算机、激光、微波和能源等新技术的发展,对各类材料器件提出了更高的性能要求。压电陶瓷作为一种新型功能材料,在日常生活中,作为压电元件广泛应用于传感器、气体点火器、报警器、音响设备、超声清洗、医疗诊断及通信等装置中。它的主要应用大致分为压电振子和压电换能器两大类。前者主要利用振子本身的谐振特性,要求压电、介电、弹性等性能稳定,机械品质因数高;后者主要是将一种能量形式转换成另一种能量形式,要求机电耦合系数和品质因数高。压电陶瓷的主要应用领域如表 8.6 所示。

展望压电陶瓷的未来,随着压电效应新应用的发展,满足所要求的各种新特性组合的压电陶瓷今后将不断发展,这是应用范围广的各种材料的必然趋势。在材料组成方面,在从单一组分向两种组分,进而向三至四种组分压电复合材料发展,那些具有特色的材料将会得到应用。又如,像作为高频压电陶瓷而发展的$(Na,Li)NbO_3$压电陶瓷那样,要发展不含Pb元素的压电陶瓷,这是在生态学时代潮流中所热切希望的材料。可以认为,这是压电陶瓷材料发展的一种趋势。但是,要用这种材料代替过去的Pb系材料,还必须使其压电性能比现有水平有较大的提高才行。另外,在陶瓷性能方面的研究预期也会有稳步的发展,可以认为在不远的将来必将取得成果。这是因为,近年来随着应用范围的扩大和工作频率的提高,必须研制性能更高和能经受更严酷使用条件的材料。由于陶瓷受到所采用的烧结制造方法的限制,晶界和气孔的存在或晶粒形状和晶轴方向的不规则性是不可避免的。但是可以认为,如果不断进行努力,尽量克服在均质性上不如单晶的这些缺点,那么满足上述要求的材料是完全有可能制造出来的。

表 8.6　压电陶瓷材料应用范围举例

应用领域		主要用途举例
电源	压电变压器	雷达、电视显像管、阴极射线管、盖克计数管、激光管和电子复印机等高压电源盒压电点火装置
信号源	标准信号源	振荡器、压电音叉、压电音片等用作精密仪器中的时间和频率标准信号源
信号转换	电声换能器	拾声器、送话器、受话器、扬声器、蜂鸣器等声频范围的电声器件
	超声换能器	超声切割、焊接、清洗、搅拌、乳化及超声显示灯频率高于 20 kHz 的超声器件
发射与接收	超声换能器	探测地质结构、油井固实程度、无损探伤和测厚、催化反应、超声衍射、疾病诊断等各种工业用的超声器件
	水声换能器	水下导航定位、通信和探测的声呐、超声测深、鱼群探测和传声器等
信号处理	滤波器	通信广播中所用各种分立滤波器和复合滤波器,如彩电中频滤波器;雷达、自控和计算机系统所用带通滤波器、脉冲滤波器等
	放大器	声表面波信号放大器以及振荡器、混频器、衰减器、隔离器等
	表面波导	声表面波传输线
传感与计测	加速度计、压力计	工业和航空技术上测定振动体或飞行器工作状态的加速度计、自动控制开关、污染检测用振动计以及流速计、流量计和液面计等
	角速度计	测量物体角速度及飞行器航向的压电陀螺
	红外探测器	监视领空、检测大气污染浓度、非接触式测温及热成像、热电探测、跟踪器等
	位移发生器	激光稳频补偿元件、纤维加工设备及光角度、光程长的控制器
存储显示	调制	用于光电和声电调制的光阀、光闸、光变频器和光偏转器、声开关等
	存储	光信息存储器、光记忆器
	显示	铁电显示器、声光显示器、组页器等
其他	非线性元件	压电继电器等

在应用方面展望未来,如果考虑压电效应具有作为电能和机械能之间非常有效的换能器的机能这一点,那么可以说其发展前途是无量的。最近,在应用方面的新发展有生物医学的超声波诊断装置、非破坏检测仪器、体波 VIF 滤波器、压电式录像磁盘摄像器等。从这些例子可知,采用高性能的压电陶瓷就可以比较容易地构成高转换效率的器件。因此,今后作为电子学和力学相结合元件,将不断扩大应用。

8.5 敏感陶瓷

陶瓷材料不但具有耐热、耐腐蚀和耐磨等特点,而且具有多种敏感功能。由陶瓷材料制成的传感器可以检测温度、湿度、气体、压力、位置、速度、流量、光、电、磁和离子浓度等,因而传感器陶瓷是一种潜力很大、很有发展前景的敏感功能材料。

敏感陶瓷绝大部分是由各种氧化物组成的,由于这些氧化物多数具有比较宽的禁带(通常 E_g 不小于 3eV),在常温下它们都是绝缘体。通过微量杂质的掺入,控制烧结气氛(化学计量比偏离)及陶瓷的微观结构,可以使其受到热激发产生导电载流子,从而使传统的绝缘陶瓷成为半导体陶瓷,并使其具有一定的性能。

陶瓷是由晶粒、晶界、气孔组成的多相系统,通过人为掺杂,造成晶粒表面的组分偏离,在晶粒表层产生固溶、偏析及晶格缺陷;在晶界(包括同质粒界、异质粒界及粒间相)处产生异质相的析出、杂质的聚集、晶格缺陷及晶格各向异性等。这些晶粒边界层的组成、结构变化,显著改变了晶界的电性能,从而导致整个陶瓷电气性能的显著变化。

目前已获得实用的半导体陶瓷可分为以下几种。

(1)主要利用晶体本身性质的:NTC 热敏电阻、高温热敏电阻、氧气传感器。

(2)主要利用晶界和晶粒间析出相性质的:PTC 热敏电阻,ZnO 系压敏电阻。

(3)主要利用表面性质的:各种气体传感器、湿度传感器。

敏感陶瓷是某些传感器中的关键材料之一,用于制造敏感元件。敏感陶瓷多属于半导体陶瓷,是继单晶半导体材料之后又一类新型多晶半导体电子陶瓷。敏感陶瓷是根据某些陶瓷的电阻率、电动势等物理量对热、湿、光、电压及某种气体、某种离子的变化特别敏感这一特性来制作敏感元件的。按其相应的特性,可把这些材料分别称作热敏、气敏、湿敏、压敏、光敏及离子敏感陶瓷。此外,还有具有压电效应的压力、速度、位置、声波敏感陶瓷,具有铁氧体性质的磁敏陶瓷及具有多种敏感特性的多功能敏感陶瓷等。这些敏感陶瓷已广泛应用于工业检测、控制仪器、交通运输系统、汽车、机器人、防止公害、防灾、公安及家用电器等领域。表 8.7 列出了各种敏感陶瓷的分类、用途及材料。

表 8.7 各种敏感陶瓷的分类、用途及材料

种类	陶瓷材料及形态	输出和效应	应用实例
温度传感器	$BaTiO_3$	电阻变化正特征	过热保护传感器
	VO_2,V_2O_3	半导体、金属相变引起的电阻变化	温度继电器
	Mn – Zn 铁氧体	铁磁性、顺磁性引起的磁场强度变化	温度继电器
	氧化 ZrO_2	氧浓差电池引起的磁场强度变化	高温耐腐蚀温度计

续表

种类	陶瓷材料及形态	输出和效应	应用实例
气体传感器	TiO_2,$Co-MgO$	电阻变化	O_2 传感器,废气传感器
	稳定化 ZrO_2,ThO_2,$ThO_2-Y_2O_3$	氧浓差电池效应引起的电动势变化	O_2 传感器
	$Pt/Al_2O_3/Pt$	反应热引起电阻变化	可燃性气体浓度计
	$Ag-V_2O_5$		NO_2 传感器
温度传感器	Al_2O_3,Ta_2O_5-MnO	电容变化	湿度计
	Fe_2O_3,$TiO_2-V_2O_3$	电阻变化	湿度计
位置传感器	PZT,TaN	压电效应引起的反射波的波形变化	探伤仪,血流仪,等
光传感器	ZnS(Cy,Al)	荧光效应	显像管,X 射线监视仪
	CaF_2	热荧光效应	热荧光光线测量仪

8.5.1 热敏陶瓷

陶瓷温度传感器是利用材料的电阻、磁性、介电性等随温度变化的现象制成的器件。热敏电阻是利用材料的电阻随温度发生变化的现象,用于温度测定、线路温度补偿和稳频等的元件。电阻随温度升高而增大的热敏电阻称为正温度系数热敏电阻,电阻随温度的升高而减小的称负温度系数热敏电阻,电阻在某特定温度范围内急剧变化的称为临界温度电阻(CTR),电阻随温度呈直线关系的称为线性热敏电阻。图 8.5 是几种热敏陶瓷的电阻温度特性。

1. PTC 热敏电阻陶瓷

掺杂 $BaTiO_3$ 陶瓷是主要的热敏陶瓷。$BaTiO_3$ 的 PTC 效应与其铁电性相关,其电阻率突变同居里温度 T_c 相对应。但是,没有晶界的 $BaTiO_3$ 单晶不具有 PTC 效应。只有晶粒充分半导化,晶界具有适当绝缘性的 $BaTiO_3$ 陶瓷才具有 PTC 效应。当制备 $BaTiO_3$ 热敏陶瓷时,采用施主掺杂使晶粒充分半导化,采用氧气氛烧结

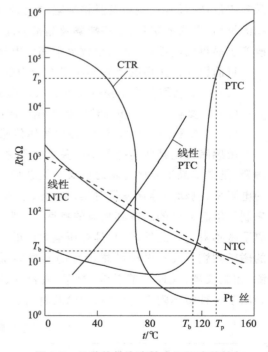

图 8.5　几种热敏陶瓷的电阻温度特性

使晶界及其附近氧化,具有适当的绝缘性,缓慢冷却也使晶界氧化充分,PTC 效应增强。

关于 $BaTiO_3$ 的 PTC 效应,Heywang 基于该效应同居里点相关的事实,认为施主掺杂 $BaTiO_3$ 晶粒边界存在的二维受主型表面态与晶粒的载流子相互作用,产生晶粒表面的势垒层。势垒高度 Φ_0 与有效介电常数 ε_{eff} 成反比。当温度低于居里点时,ε_{eff} 约为 10^4,因此 Φ_0 很

小,电阻率 ρ 小。当温度超过居里点时,介电常数按居里-外斯定律下降 $[\varepsilon = (C/T) - T_c]$,$\Phi_0$ 提高,ρ 值增加 n 个数量级。

$$\rho \approx \rho_0 \exp(\Phi_0 / KT)$$

式中,ρ_0 是 Φ_0 趋于零时的电阻率。

在 Heywang 的表面态模型的基础上,Daniels 提出的钡缺位模型,解释了烧结冷却条件对 PTC 效应的影响。他认为 BaTiO$_3$ 的晶界层存在大量 Ba 空位。施主给出的导电电子为 Ba 空位俘获,变成具有一定绝缘性边界层。其厚度取决于陶瓷冷却过程中的氧化还原条件。

近来,S.B. Desu 提出晶界偏析模型认为晶界存在施主和受主偏析,施主偏析导致施主与空穴的缔合,形成陷阱,而偏析的受主作为电子陷阱,使晶界陷阱浓度增加,因此,晶界偏析导致绝缘层的形成。在铁电相向顺电相转变时,电子陷阱被激活,因此载流子浓度降低。在居里点以下的铁电相区,陷阱激活能是极化的函数,陷阱激活能非常高,势率高度很小,绝缘层的宽度相对较薄,电阻较小。但是,转变到顺电相时,陷阱激活能急剧降低,势垒高度激增,电阻突然变大。Desu 的模型不必采用铁电相区高介电常数的概念,考虑到了掺杂浓度,热过程参数等对 PTc 效应的影响。

BaTiO$_3$,(Ba$_2$Pb)TiO$_3$ 和 (Sr,Ba)TiO$_3$ 热敏陶瓷的烧结温度都在 1 300℃以上。最近,发现化学沉淀工艺制备的 (Sr,Pb)TiO$_3$ 陶瓷,具有典型 PTC 特性,可在 1 100℃烧结。

PTC 热敏电阻具有许多实用价值特性:电阻率-温度特性、电流-电压特性、电流-时间特性、等温发热特性、变阻特性、特殊起动性能等,已广泛用于温度控制、液面控制、彩色电视消磁、马达起动器、等温发热体等。

2. NTC 热敏电阻陶瓷

NTC 热敏电阻的导电机制同其组成及半导化方法有关。引入高价金属离子或低价金属离子,分别产生 N 型或 P 型半导体,形成电子导电或空穴导电。在还原气氛或氧化气氛中烧结,分别产生 N 型或 P 型半导体,形成电子或空穴导电。

常温 NTC 热敏电阻陶瓷绝大多数是尖晶石型氧化物,主要是含锰二元系和含锰三元系氧化物。二元系有 MnO - CuO - O$_2$,MnOCoO - O$_2$,MnO - NiO - O$_2$ 系,三元系有 Mn - Co - Ni,Mn - Cu - Ni,Mn - Cu - Co 系氧化物等。

MnO - CoO - O$_2$ 系陶瓷含锰 23%～60%(质量分数),主晶相是立方尖晶石 MnCo$_2$O$_4$ 和四方尖晶石 CoMn$_2$O$_4$。主要导电相是 MnCo$_2$O$_4$,其导电机制是全反尖晶石氧八面体中 Mn^{4+} 和 Co^{2+} 的电子交换。该系的 B 值和电阻温度系数比 MnO - CuO - O$_2$ 和 MnO - NiO - O$_2$ 系高。

MnO - CuO - O$_2$ 系含锰质量分数为 60%～90%,主晶相和导电相是 CuMn$_2$O$_4$。该系的电阻值范围较宽,温度系数较稳定,但电导率对成分偏离敏感,重复性差。

MnO - NiO - O$_2$ 系陶瓷的主晶相是 NiMn$_2$O$_4$,电导率和 B 值较窄,但电导率稳定。

含锰三元系热敏陶瓷的电性能对成分偏离不敏感,重复性、稳定性较好,避免了二元系陶瓷生产稳定性差的缺点。这是由于含锰三元系陶瓷在相当宽的范围内能形成一系列结构稳定的立方尖晶石(CuMn$_2$O$_4$ · CoMn$_2$O$_4$,NiMn$_2$O$_4$,MnCo$_2$O$_4$ 等)或其连续固溶体。它们的晶格参数接近,互溶度高。含锰三元系陶瓷的主要导电机制是八面体中 Mn^{4+} 和 Mn^{3+} 的电子交换。载流于浓度同异价 Mn 离子浓度有关、电导率随 Mn 原子含量的增加而提高。

高温 NTC 热敏陶瓷是指工作温度 300℃ 以上的材料。它要求材料的高温物理化学性能稳定,电性能稳定,即抗高温老化性好,还要求 B 值大,灵敏度高。高温热敏陶瓷多是高熔点的立方晶系陶瓷。一类是 $ZrO-CaO$、$ZrO-Y_2O_3$ 系萤石型陶瓷,属氧离子导体。固溶入15%(质量分数)CaO 的 ZrO_2,在室温是绝缘体,电阻率为 $10^{10}\Omega\cdot cm$,在 600℃ 和 1 000 ℃ 时,电阻率分别降至 $10^3\Omega\cdot cm$ 和 $10\Omega\cdot cm$。另一类是尖晶石型陶瓷,以 Al_2O_3,MgO 为主要成分,属电子导体。$Mg(Al_{0.3}Cr_{0.5}Fe_{0.2})_2O_4$ 陶瓷在 600~1 000℃ 范围内的 B 值达 14 000 K。

$\rho-SiC$ 也可用作高温热敏电阻。SiC 中掺氮可得到 P 型半导体。当掺杂浓度 $n=10^{17}cm^{-3}$ 时,半导性较好。在 300~1 000 K 时,电阻率为 $10^{-2}\sim10^{-1}\Omega\cdot cm$,$B$ 值为 5 300 K。

低温 NTC 热敏电阻用于液氢、液氮等液化气体的温度测量创液面控制。低温热敏陶瓷具有灵敏度高、热惯性小、磁场影响小、低温阻值大等优点。低温热敏电阻陶瓷以锰、铜、镍、铁、钴等两种以上氧化物为主要成分形成尖晶石型陶瓷。掺入 La、Nd 等稀土氧化物,调整 B 值。

20 世纪 70 年代以前研制的 NTC 陶瓷的阻温特性都是非线性的。以后出现的线性热敏电阻简化了线路,便于仪表数字化。线性 NTC 电阻目前有 $CdO-Sb_2O_3-WO_3$ 和 $CdO-SnO-WO_3$ 系列。前者是由两种主晶相组成的机械混合物,$CdWO_4$ 为绝缘相,$Cd_2Sb_2O_7$ 为半导体相。在相当宽的温度范围内,这两系列陶瓷的电阻率与温度呈线性关系。电阻温度系数 α 一般在 $(-0.4\sim0.7)\%℃^{-1}$。

3. 临界温度电阻陶瓷

氧化钒陶瓷是主要的临界负温电阻陶瓷。VO_2 基陶瓷在 67℃ 左右电阻率突变,降低 3~4 个数量级,可用于控温、报警和过热保护等。VO_2 的 CTR 特性同相变有关。在 67℃ 以上,VO_2 为四方晶系的金红石结构,在 67℃ 以下,晶格发生畸变,转变为单斜结构,使原处于金红石结构中氧八面体中心 V^{4+} 离子的晶体场发生变化,导致 V^{4+} 的 3d 目产生分裂,导电性突变。通过掺杂,可使 VO_2 的转变温度提高至 90℃。制备 VO_2 临界温度热敏陶瓷的工艺是,将 V_2O_5 和碱性氧化物(CaO,SrO,Co_2O_3,BaO,PbO)及酸性氧化物(P_2O_5,SiO_2,B_2O_3,TiO_2)中的 1~2 种混合,在还原气氛中热处理,后粉碎,再在 1 000℃ 还原气氛或氮气氛烧结,在急冷热处理过程中,V_2O_5 被部分还原成 VO_2,还原时间越长,VO_2 含量越高,阻值越低。

8.5.2 压敏陶瓷

压敏电阻器是一种电阻值对外加电压敏感的电子元件,又称变阻器。一般固定电阻器在工作电压范围内,其电阻值是恒定的,电压、电流和电压三者间的关系服从欧姆定律,$I-V$ 特性是一条直线。压敏电阻器的电阻值在一定电流范围内是可变的。随着电压的提高,电阻值下降,小的电压增量可引起很大的电流增量,$I-V$ 特性曲线不是一条直线。因此,压敏电阻也称为非线性电阻。图 8.6 示出压敏电阻器的伏安特性曲线。

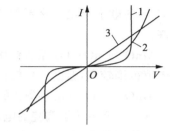

图 8.6 压敏电阻器的 $I-V$ 特性
1—ZnO 压敏电阻;2—SiC
压敏电阻;3—线性电阻

电流 I 和电压 V 的关系可表达为下面的经验公式:

$$I=(V/C)^\alpha$$

式中,α 是非线性指数,α 值越大,非线性就越强。由图 8.6 可见,ZnO 的非线性比 SiC 的强。当 α 为 1 时,是欧姆器件。$\alpha \rightarrow \infty$ 时,是非线性最强的变阻器。氧化锌变阻器的非线性指数为 25～50 或更高。C 值在一定电流范围内为一常数。当 $\alpha = 1$ 时,C 值同欧姆电阻值 R 对应。C 值大的压敏电阻器,一定电流下所对应的电压值也高,有时称 C 值为非线性电阻值。通常把流过 $1\mathrm{mA/cm^2}$ 电流时,电流通路上每毫米长度上的电压降定义为该压敏电阻器材料的 C 值,也称 C 值为材料常数。氧化锌压敏电阻器的 C 值在 20 V/mm～300 V/mm 之间,可通过改变成分和制造工艺来调整,以适应不同工作电压的需要。α 和 C 值是确定击穿区 I–V 特性的参数。电压超过某临界值时,电阻急剧减小。这个临界值称压敏电压。

压敏电阻器的电参数有通流容量、漏电流和电压温度系数。习惯上把压敏电阻器正常工作时流过的电流叫作漏电流,不是指表面漏导。为使压敏电阻器可靠,漏电流要尽量小,一般控制在 50～100 μA。电压温度系数是温度每变化 1℃时,零功率条件下测得的压敏电压的相对变化率,一般控制在 $-10^{-3} \sim -10^{-4}/$℃。通流容量指满足 $V_{1\mathrm{mA}}$ 下降要求的压敏电阻所能承受的最大冲击电流。

压敏电阻器用作过压保护、高能浪涌吸收和高压稳压等,广泛应用于电力系统、电子线路和家用电器中。陶瓷压敏电阻器在大规模集成电路和超大规模集成电路的电子仪器中作为保护元件,需求量逐年增加。

压敏陶瓷有 SiC、ZnO、$BaTiO_5$、Fe_2O_3、SnO_2 和 $SrTiO_3$ 等。$BaTiO_3$、Fe_2O_3 利用电极与烧结体界面的非欧姆性;SiC、ZnO 和 $SrTiO_3$ 则是利用晶界的非欧姆性。性能最好,用途较广的是氧化锌半导体陶瓷。氧化锌系半导体陶瓷压敏电阻器具有高非线性 I–V 特性,大电流和高能量承受能力。氧化锌系压敏材料的研究和应用已成为电子陶瓷中一个很活跃的领域。近年来,$(Sr,Ca)TiO_3$ 压敏电阻也得到迅速发展。

8.5.3　气敏陶瓷

液化石油气、各种可燃气体、有毒气体及它们的混合物在工业上大量应用,一些气体在日常生活中普遍使用,废气对大气污染日益严重,爆炸、火灾也不断增加,因此,对有毒、易爆、可燃气体的检测、监控、报警,成为迫切的任务。气体传感器就是适应这些需要而发展起来的。

对气体传感器材料的要求是:对测定对象气体具有高的灵敏度;对被测定气体以外的其他气体不敏感;长期使用性能稳定。

半导体陶瓷传感器的灵敏度高、性能稳定、结构简单、体积小、价格低廉,在 20 世纪 70 年代就进入实用阶段,近年来得到迅速的发展。在一些国家,半导体气体传感器占各种气体检测器的半数以上。

最近,为了提高气敏元件的选择性和敏感性,将计算机技术应用于气敏元件,构成所谓的电子鼻以探测气味。选用若干敏感性部分重叠的气敏元件构成气敏元件组列并和合适的图像识别技术结合形成电子鼻。

半导体气体传感器是利用半导体陶瓷与气体接触时电阻的变化来检测低浓度气体。半导体陶瓷的表面吸附气体分子时,根据半导体的类型和气体分子种类不同,材料的电阻率也随之发生不同的变化。

半导体材料表面吸附气体时,如果外来原子的电子亲和能大于半导体表面的逸出功,原子将从半导体表面得到电子,形成负离子吸附。相反,则形成正离子吸附。电子的迁移,引起能带弯曲,使功函数和电导率变化。图 8.7 所示的是 N 型半导体发生负离子吸附时能带的变化。外来 C 原子的电子亲和能 A 比半导体的功函数 Φ 大,C 原子接受电子的能级比半导体的费米能级低,吸附后,电子由半导体向吸附层移动,形成负离子吸附,静电势增大,能带向上弯曲,形成表面空间电荷层,阻碍电子继续向表面移动,最后达到平衡[图 8.7(b)]。N 型半导体的负离子吸附,使功函数增大,导电电子减少,表面电导率降低。N 型半导体发生正离子吸附时,导致多数载流子增加,表面电导率提高。常用的气敏半导体材料,不管是 N 型还是 P 型,吸附有氧气等吸收电子的气体时,多发生负离子吸附,载流子密度减小,电导率下降,而吸附氢、碳氢等可提供电子的分子时,发生正离子吸附,电子移向半导体内,载流子增大,电导率提高。

半导体陶瓷的气敏特性同气体的吸附作用和催化剂的催化作用有关。气敏陶瓷对气体的吸附分为物理吸附和化学吸附两种。在一般情况下,物理吸附和化学吸附是同时存在的。在常温下物理吸附是吸附的主要形式。随着温度的升高,化学吸附增加,到某一温度达到最大值。超过最大值后,气体解吸的概率增加,物理吸附和化学吸附同时减少。

图 8.8 所示是 SnO_2 和 ZnO 半导体气敏电阻的电导率随温度变化的曲线,被检测气体为浓度 0.1%(摩尔分数)的丙烷。在室温下,SnO_2 能吸附大量气体,但其电导率在吸附前后变化不大,因此吸附气体绝大部分以分子状态存在,对电导率贡献不大。在 100 ℃ 以后,气敏电阻的电导率随温度的升高而迅速增加,至 300℃ 达到最大值然后下降。在 300℃ 以下,物理吸附和化学吸附同时存在,化学吸附随温度提高而增加。对于化学吸附,陶瓷表面所吸附的气体以离子状态存在,气体与陶瓷表面之间有电子交换,对电导率的提高有贡献。超过 300℃ 之后,由于解吸作用,吸附气体减少,电导率下降。ZnO 的情况同 SnO_2 类似,但其灵敏度峰值温度约为 450℃。

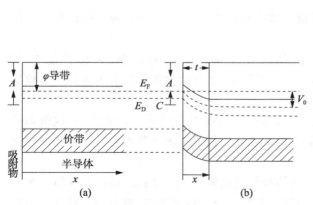

图 8.7 半导体吸附前、后能带图

(a) 半导体吸附前;(b) 半导体吸附后

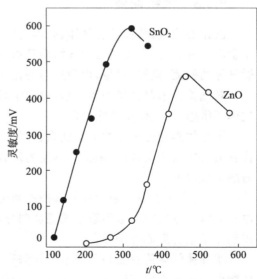

图 8.8 气敏陶瓷的检测灵敏度与温度的关系

气敏元件在高的温度下工作不仅消耗额外的加热功率,而且增加安装成本,带来不安全因素,为了使气敏元件能在常温工作,必须采用催化剂,提高气敏元件在常温下的灵敏度。例如,在 SnO_2 中添加 2%(质量分数)的 $PdCl_2$ 就可以大大提高它对还原性气体的灵敏度。研究表明,在添加 $PdCl_2$ 的 SnO_2 气敏元件中,钯大部分以 PdO 的形态存在,也含有少量的 $PdCl_2$ 或金属 Pd,而起催化作用的主要是 PdO。PdO 与气体接触时可以在较低温度下促使气体解离并使还原性气体氧化,而 PdO 本身被还原为金属 Pd 并放出 O^{2-},从而增加了还原性气体的化学吸附,由此提高气敏元件的灵敏度。可以用作半导体陶瓷气敏元件的催化剂有 Au、Ag、Pt、Pd、Ir、Rh、Fe 以及一些金属盐类。

1. 氧化锡系陶瓷

氧化锡系是最广泛应用的气敏半导体陶瓷。氧化锡系气敏元件的灵敏度高,而且出现最高灵敏度的温度较低,约在 300℃(ZnO 则在 450℃温度较高),因此,可在较低温度下工作。通过掺加催化剂可以进一步降低氧化锡气敏元件的工作温度。为了改善 SnO_2 气敏材料的特性,还可以加入一些添加剂。例如,添加 0.5%～3%(物质的量分数)Sb_2O_3 可以降低起始阻值;涂覆 MgO、PbO、CaO 等二价金属氧化物可以加速解吸速度;加入 CdO、PbO、CaO 等可以改善老化性能。

2. 氧化锌系陶瓷

ZnO 是最早应用的气敏半导体陶瓷。从应用的广泛性来看,ZnO 系陶瓷的重要性仅次于 SnO_2 陶瓷。ZnO 气敏元件的特点是其灵敏度同催化剂的种类有关。这就提供了用掺杂来获得对不同气体选择性的可能性。

ZnO 的组成,Zn 与 O 的原子个数比大于 1,Zn 呈过剩状态,显示出 N 型半导性。当晶体的 Zn/O 比增大或者表面吸附对电子的亲和性较强的化合物时,传导电子数就减少,电阻加大。反之,当同 H_2 或碳氢化合物等还原性气体接触时,则吸附的氧气数量就会减少,电阻降低。据此,ZnO 可用作气体传感器。

ZnO 单独使用时,灵敏度和选择性不够高,以 Ga_2O_3、Sb_2O_3 和 Cr_2O_3 等掺杂并加入 Pt 或 Pd 作触媒,可大大提高其选择性。采用 Pt 化合物触媒时,对丁烷等碳氢化物很敏感,在浓度为零至 10^{-6} 时,电阻就发生直线性变化。采用 Pd 触媒时,则对 H_2、CO 很敏感,而且,即使同碳氢化物接触,电阻也不发生变化。

3. 氧化铁系陶瓷

20 世纪 70 年代末到 80 年代初开发的氧化铁系气敏陶瓷,不需要添加贵金属催化剂就可制成灵敏度高、稳定性好、具有一定选择性的气体传感器。现在,氧化铁系气敏材料已发展为第三大气敏材料系列。由于天然气、煤气和液化石油气的普遍应用,煤气爆炸和一氧化碳中毒事故严重。现有城市煤气报警器多采用氧化锡加贵金属催化剂的气敏元件,其灵敏度高,但选择性较差,并且因催化剂中毒而影响报警的准确性。1978 年和 1982 年相继出现了 γ-Fe_2O_3 基的液化石油气报警器和 α-Fe_2O_3 基的煤气报警器。

氧化铁系气敏陶瓷,可以通过掺杂和细化晶粒等途径来改善其气敏特性,也有可能变成多功能的敏感材料(气敏、湿敏和热敏)。例如,γ-Fe_2O_3 添加 1%(物质的量分数)La_2O_3 可提高其稳定性;α-Fe_2O_3 添加 20%(物质的量分数)SnO_2 可提高灵敏度。晶粒 0.01～0.2μm 的 α-Fe_2O_3 烧结体对碳氢化物有极高的灵敏度,已用于可燃性气体报警器、防火装置等。

$\gamma - Fe_2O_3$气敏元件用作液化石油气检漏时不受乙醇的干扰。$\gamma - Fe_2O_3$的电阻较大,作驱动蜂鸣器需加放大器。

氧化铁系气敏材料的灵敏度不及SnO_2和ZnO系高,工作温度也偏高。

4. 氧化钛系陶瓷

目前实际用于空气-燃料(A/F)比控制的氧传感器只有半导体型的氧化钛系陶瓷和离子导电型的钇或钙掺杂的氧化锆。氧化锆氧传感器将在快离子导体部分介绍。这些氧传感器的原理是基于汽车排出气体的氧分压随空气-燃料比发生急剧的变化,同时陶瓷的电阻又随氧分压变化。在室温下,氧化钛的电阻很大。随着温度的升高,某些氧离子脱离固体进环境中,留下氧空位或钛间隙。晶格缺陷作为施主为导带提供电子。随着氧空位的增加,导带中的电子浓度提高,材料的电阻下降。氧化钛传感元件制成直径$4 \sim 5$ mm厚1 mm的多孔圆片并埋入铂引线或制成薄膜(网孔印刷或化学沉积在惰性基体上)。整个元件置入排出气体中使用。

除了上述气敏半导体陶瓷外,还有很多半导体陶瓷具有气敏特性。氧化钴、氧化镍是N型半导体。在氧分压增加时,它们的电导率下降,可用于测量氧分压的变化。

8.5.4 湿敏陶瓷

湿敏电阻或湿度传感器,可以将湿度的变化转换为电信号,易于实现湿度指示、记录和控制的自动化。例如,这种湿度传感器可用在主控中心显示出各处的粮仓、坑道、弹药库、气象站等不同部位的湿度,并定时记录,通过自动装置进行控制调节。

利用多孔半导体陶瓷的电阻随湿度的变化关系制成的湿度传感器,其对材料的要求是:可靠性高,响应速度快,灵敏度高;抗老化,寿命长;抗其他气体的侵袭和污染,在尘埃烟雾环境中能保持性能稳定和检测精度。半导体陶瓷的物理化学性质稳定、很适合于做湿度传感器。

湿敏电阻的灵敏度,通常用相对湿度变化1%的阻值变化百分数来表示,单位为%/%RH。响应速度用时间表示,单位为秒。湿敏电阻的温度特性,用湿度温度系数表示,即温度变化1℃时,阻值的变化相当于多少%RH的变化,单位为%RH/℃,也称为湿敏电阻的温度系数。

已经开发的湿敏电阻主要系统包括$TiO_2 - SiO_2$系,$Fe_2O_3 - K_2O - Al_2O_3$系,$ZnO - Li_2O - V_2O_5 - Cr_2O_3$系,$ZnCr_2O_4 - LiZnVO_4$系,$MgCr_2O_4 - TiO_2$系等。

薄膜湿敏器件也已得到发展。它采用$BaTiO_3$膜的金属-绝缘体-半导体(MIS)结构,即在N型⟨100⟩取向硅片上,光射频溅射沉积厚度100 nm的$BaTiO_3$膜,再在上面和基片的背面分别蒸镀铝和金。

ZrO_2厚膜湿度传感器是一种不带旁热装置的湿度传感器,其电阻值随空气中的相对湿度的变化而变化。这种湿度传感器采用ZrO_2精细粉末,通过厚膜印刷技术制成,既具有陶瓷的高耐久性和高速响应,又具有质量轻、体积小和成本低的优点。

8.5.5 敏感陶瓷的发展前景

传感器的发展趋势是力求微型化和引入微电子技术,不断提高工作可靠性。为满足工业自动化、办公自动化和家庭自动化的需要,在发展微机和自动化的同时开发研究新型传感器。人们开始注重研究敏感机理,结合实际需要来充分利用材料已有的功能特性和现象,不断创新,开拓新品种的敏感陶瓷材料,使之实用化。

1. 多功能化

大多传感器是单一功能的,但随着控制系统的日益复杂,迫切需要能同时检测两个或两个以上物理或化学参量的多功能传感器。目前已发展的多功能传感器主要有气体-湿度传感器和温度-湿度传感器。气-湿传感器有 MCT 陶瓷材料,它在 150℃ 下检测湿度,400~450℃ 可检测各种活性功能团的气体(日本松下电器);有在磷灰石湿度敏感器件的外面涂覆 ZnO 厚膜材料以检测气体;有在湿敏 RuO_2 电极上制作气敏 ZnO 膜等。湿-湿传感器有多孔陶瓷材料;有在湿敏衬底 Cr_2O_3 系、$MgCr_2O_4$、$NiCr_2O_4$ 等上面作 Ag-Pd、RuO 等热敏厚膜导电体,再制作 Mo、Co、Ni、Fe、Cu 等组成的复合热敏电阻。

2. 薄膜化

薄膜材料已成为许多新兴技术的基本材料,它对传感器向固态化、集成化、多功能化和智能化方向的发展有重要作用。采用薄膜化技术制备的敏感元件具有体积小、质量轻、功耗低、便于大规模生产、产品的一致性和稳定性好、成本低等特点。例如,利用高频溅射法制备的 $\beta - SiC$ 薄膜温度传感器;Fe_2O_3 超微粒子气体传感器;SnO_2 薄膜型气敏元件;利用反射溅射法制成的 ZnO 薄膜元件;掺 La 的 $PbTiO_3$ 红外薄膜以及铁电薄膜超声波传感器;掺入 Ag 的 V_2O_5 薄膜元件;$Ag_{0.04}V_2O_5$ 气敏器件;等等。

3. 开发新功能材料

敏感功能陶瓷是制作传感器的物质基础,高性能的传感器完全取决于敏感材料的特性和质量。因此,大力开发利用新型功能敏感材料是材料发展的重要趋势,复合化、数字化输出、集成化、片状化是其发展的几个方向,而且有些方向还可以结合起来应用,应用前景广阔。

8.6　磁性陶瓷

磁性陶瓷主要是指铁氧体陶瓷,铁氧体是以氧化铁和其他铁族或稀土族氧化物为主要成分的复合氧化物。铁氧体多属半导体,电阻率远大于一般金属磁性材料,具有涡流损失小的优点,在高频和微波技术领域,如雷达技术、通信技术、空间技术、电子计算机等方面都到了广泛的应用。

8.6.1　磁性陶瓷的分类

铁氧体是一种半导体材料,它的电阻率约为 $10\sim10^7\ \Omega\cdot m$,而一般金属磁性材料的电阻率为 $10^{-4}\sim10^{-2}\ \Omega\cdot m$,因此用铁氧体作磁芯时,涡流损失小,介质损耗低,故其广泛应用于高频和微波领域,成为高频下使用的磁性材料。而金属磁性材料由于介质损耗大,应用的频率不能超过 $10\sim100\ kHz$。此外,铁氧体的高频导磁率也较高,这是其他金属磁性材料所不能比拟的。但铁氧体的最大弱点是饱和磁化强度较低,大约只有纯铁的 $\frac{1}{5}\sim\frac{1}{3}$,居里温度也不高,不适宜在高温或低频大功率的条件下工作。常见简单系铁氧体的分类及性质如表 8.8 所示。

表 8.8　常见简单系统铁氧体的分类及性质

组成	结构类型	晶系	典型分子式	饱和磁化率	居里温度/℃	磁性
$MnFe_2O_4$	尖晶石型	等轴晶系	$Me^{2+}Fe^{3+}O_4$	0.52	300	铁氧体磁性
$NiFe_2O_4$				0.34	590	
$CoFe_2O_4$				0.50	520	
$CuFe_2O_4$	尖晶石型	等轴晶系	$Me^{2+}Fe^{3+}O_4$	0.17	455	铁氧体磁性
$MgFe_2O_4$				0.14	440	铁氧体磁性
$ZnFe_2O_4$						反铁磁性
$BaFe_{12}O_{19}$ 各向同性	磁铅石型	六方晶系	$Me^{2+}Fe^{3+}O_{19}$	0.22	450	铁氧体磁性
$BaFe_{12}O_{19}$ 各向异性				0.40	450	铁氧体磁性
$SrFe_{12}O_{19}$				0.40	453	铁氧体磁性
$YFeO_3$	钙钛矿型		$Me^{2+}Fe^{3+}O_3$		375	寄生铁磁性

8.6.2　磁性陶瓷的特征

物质的磁性来自原子磁矩。原子以由原子核为中心的电子轨道运动为特征。一方面原子核外的电子沿着一定的轨道绕着原子核做轨道运动,由于电磁感应,产生轨道磁矩。另一方面电子本身还不停地做自旋运动,产生自旋磁矩。原子的磁矩就是这两种磁矩的总和。

在一些物质中,存在着一种特殊的相互作用,这种作用能影响物质中磁性原子、离子的磁矩的相对方向性的排列状态。当具有这种作用较强的物质处在较低温度时,磁矩可能形成有序的排列。物质中磁矩排列方式存在着不同,其中铁磁性、亚铁磁性、反铁磁性排列方式为有序排列。

通常所说的磁性材料是指常温下为铁磁性或亚铁磁性,在宏观上表现出强磁性的物质。磁性陶瓷大多属于亚铁磁性材料。由于陶瓷具有复杂的结晶状态[实际上根据原子(或离子)的种类和晶体结构不同,在外部可观察到更复杂的磁性现象],磁性陶瓷按其晶格类型可分为尖晶石型、石榴石型、磁铅石型、钙钛矿型、钛铁石型、氯化钠型、金红石型、非晶结构等八类。以当前被研究得最详细、实用上也是最重要的尖晶石结构的铁氧体为例,它的一般化学式为MFe_2O_4,式中的 M 为二价金属离子。尖晶石结晶的单胞由 8 个分子组成,含有 8 个二价金属,16 个三价金属,32 个氧。其中氧做最密集的排列(面心立方),金属离子嵌入氧离子堆积的空隙中。

物质内部的原子磁矩,即使在没有外加磁场作用时,也已经以某种方式排列起来,也就是说已经达到一定程度的磁化,这种现象称为自发磁化。当磁性物质被加热升温到一定数值时,热运动会破坏磁矩的有序排列,使自发磁化完全消失,此时对应的温度叫居里温度。

磁性物质的另一个基本特性是表现磁化过程的特性,即得到磁滞回线。这种磁滞回线的形状和大小,首先随磁性物质的种类和组成而异,其次也受磁化机理、初磁化区域、不连续磁化区域、回转磁化区域等暂存的方式的影响。因此由磁滞回线可得到磁性物质的一些重要性能指标,它包括饱和磁感应强度、剩余磁感应强度、矫顽力、起始导磁率和最大导磁率等。铁氧体与其他种类的磁性材料相比,还具有电阻率高、可在高频范围使用,硬度大、化学性质稳定;使用陶瓷制备工艺,适宜于大批量生产;成本低、价格较便宜等特点。

8.6.3　磁性陶瓷的应用

从铁氧体的性质及用途来看,它又可分为软磁、硬磁、旋磁、压磁磁泡、磁光及热敏等铁氧体;从结晶状态可分为单晶和多晶体铁氧体;从外观形态可分为粉末、薄膜和体材等。

1. 软磁铁氧体

软磁铁氧体是易于磁化和去磁的一类铁氧体,其特点是具有很高的磁导率和很小的剩磁、矫顽力。这类材料要求起始磁导率高,饱和磁感应强度 B_m 大,电阻率高,各种损耗系数和损耗因子 $\tan\delta$ 低(特别是应用在高频的场合下截止频率高),稳定性好等。其中尤以高磁导率和低损耗最重要。如果起始磁导率高,即使在较弱的磁场下也有可能储藏更多的磁能。要求有尽可能小的矫顽力 H_c,截止频率 f_c 高,其目的是可以在高频下使用。目前应用较多、性能较好的有 Mn－Zn 铁氧体,Ni－Zn 铁氧体,加入少量 Cu、Mn、Mg 的 Ni－Zn 铁氧体,$NiFe_2O_4$ 等。一般在音频、中频和高频范围用含锌尖晶石型铁氧体,在超高频范围($>10^8$ Hz)则用磁铅石型的六方铁氧体。这些铁氧体又因制备工艺不同,分为普通烧结铁氧体、热压铁氧体、真空烧结高密度铁氧体、单晶铁氧体、取向铁氧体等。

软磁铁氧体的应用范围很广,其主要用途是作高频磁芯材料,用于制作电子仪器的电感绕圈、小型变压器、脉冲变压器、中频变压器等的磁芯、天线棒磁芯,作为磁头铁芯材料用于录像机、电子计算机之中。人们还利用软磁铁氧体的磁化曲线的非线性和磁饱和特性,用于制作电视偏转磁轭、录音磁头、磁放大器等。

2. 硬磁铁氧体

硬磁材料也称为永磁材料,它与软磁材料相反,其主要特点是剩磁感强度 B_r 要大,这样保存的磁能就多,而且矫顽力 H_c 也要大,这样才不容易退磁,否则留下的磁能也不易保存。因此用最大磁能积 $(BH)_{max}$ 可以全面地反映硬磁材料储有磁能的能力。最大磁能积越大,则在外磁场撤去后,单位面积所储存的磁能也越大,即性能也越好。这种材料经磁化后,不需再从外部提供能量,就能产生稳定的磁场。此外硬磁材料对温度、时间、振动和其他干扰的稳定性也要好。

工业上普遍应用的硬磁铁氧体就其成分而言主要有两种:钡铁氧体和锶铁氧体。其典型成分分别为 $BaFe_{12}O_{19}$ 和 $SrFe_{12}O_{19}$。压制成型工艺是决定硬磁铁氧体性能的关键工艺之一。根据压制工艺的不同,硬磁铁氧体又有干式与湿式,各向同性与各向异性(在磁场中加压,使晶体定向排列)之分。后者的性能较前者的好。湿法(湿法磁场中加压)已成为改善各向异性永磁体性能的主要手段。

硬磁材料主要用于磁路系统中作永磁以产生恒稳磁场,可用于电信领域如用于制作扬声器、微音器、拾音器、磁控管、微波器件等;用于制作电器仪表如各种磁电式仪表、磁通计、示波器、振动接收器等;用于控制器件领域如制作极化继电器、电压调整器、温度和压力控制、助听器、录音磁头、电视聚焦器、磁强计以及其他各种控制设备等。

3. 旋磁铁氧体

有些铁氧体会对作用于它的电磁波发生一定角度的偏转，这就是旋磁现象。如平面偏振的电磁波投射到磁性物质表面上时，反射波发生一定程度的旋转，这种现象称为克尔效应。而平面偏振电磁波透过磁性物质传播时其偏振面发生一定程度的旋转，这种现象称为法拉第旋转效应。利用这些旋磁效应可以制成不同用途的微波器件，如非倒易性器件：回相器、环行器、隔离器和移项器等；倒易性器件：衰减器、调制器和调谐器等；非线性器件：倍频器、混频器、振荡器和放大器等。

4. 压磁铁氧体

压磁性是指由应力引起材料磁性的变化或由磁场引起材料的应变。狭义的压磁性是指已磁化的强磁体中一切可逆的与叠加的磁场近似呈线性关系的磁弹性现象，而不包括未磁化强磁体中不可逆的与磁场呈近似线性关系的磁弹性现象。广义的压磁性也就是磁致伸缩效应，它包括了上述两种现象。由于晶体内存在各向异性，因此在不同方向上磁致伸缩的程度是不同的。

压磁材料用于超声工程方面可作为超声发声器、接收器、探伤器、焊接机等；在水声器件方面用作声呐、回声探测仪等；在电信器件中用作滤波器、稳频器、振荡器、微音器等；在计算机中用作各类存储器。

铁氧体压磁材料目前应用的都是含 Ni 的铁氧体系统，有 Ni－Zn、Ni－Cu、Ni－Cu－Zn 和 Ni－Mg 等铁氧体系统。为了改善铁氧体的压磁性能，可提高其密度和温度稳定性。前者可用提高烧结温度和用 Cu 部分取代 Ni（或 Zn）来实现；后者可加入 Co 以调整性能来达到。

5. 微波铁氧体

微波铁氧体是指在高频磁场作用下，平面偏振的电磁铁在铁氧体中以一定的方向传播时，偏振面会不断绕传播方向旋转的一种铁氧体，又叫作旋磁铁氧体。这类铁氧体具有这种特性是由于磁性体中电子自旋和微波相互作用引起的。

使用微波铁氧体的微波器件，代表性的有环形器、隔离器等不可逆器件，即利用其正方向通电波、反方向不通电波的所谓不可逆功能；也有利用电子自旋磁矩运动频率同外界电磁场的频率一致时，发生共振效应的磁共振型隔离器。此外，在衰减器、移相器、调谐器、开关、滤波器、振荡器、放大器、混频器、检波器等仪器中都使用微波铁氧体。

6. 磁泡铁氧体

磁泡铁氧体是具有下述特性的铁氧体。把这类材料切成薄片（$50\mu m$）或制成厚度为 $2\sim15\mu m$ 的薄膜，使易磁化轴垂直于表面。当未加磁场时，薄片由于自发磁化，就有带状磁畴形成。当加入一定强度的磁场方向与膜面垂直的磁场时，那些反向磁畴就局部缩成分立的圆柱形磁畴，在显微镜下观察，它很像气泡，所以称为磁泡，其直径约为 $1\sim100\mu m$。

由于磁泡畴具有能在单晶片中稳定存在，且易于移动的特性。磁泡铁氧体被用于制作存储器，即把传输磁泡的线路制作在单晶面上，使磁泡适当排列。利用某一区域的磁泡存在与否来表示二进位制的数码"1"和"0"的信息，实现信息的存储和处理。

磁泡铁氧体与矩磁铁氧体相比，具有存储器体积小、容量大的优点。其类型主要有三种。①稀土正铁氧体 $RFeO_3$，其中 R 代表钇和稀土元素，晶体结构属于斜方晶系，具有变形的钙钛矿型结构。稀土正铁氧体基本上是反铁磁性，这是由于 Fe^{3+} 的磁矩稍微倾斜、呈现弱的自发磁化所造成的。②氧化铅铁氧体 $MFe_{12-x}Al_xO_{19}$，其中 M 代表铅、钡和锶，是六角晶系晶体。③稀土石榴石 $R_3Fe_5O_{12}$，如为钇和稀土元素，为立方晶系晶体。

磁性陶瓷是一种用途非常广泛的功能材料，它作为电子工业的基础材料之一，近年来得到很大的发展。人们研究开发了许多新型的磁性陶瓷，如开关电源用高频低功耗功率铁氧体、宽频微波吸收铁氧体、高矫顽力纳米晶磁性陶瓷、R_2CuO_2 型超导和磁有序材料、室温磁制冷材料等等。这些材料的性能更好、用途更广。它们的发展必将对电子、计算机、自动控制等产业的发展起到重要的推动作用。

8.7　激光玻璃陶瓷

玻璃陶瓷是在玻璃基质中应用一定手段有控制地析出一定尺寸和数量的晶粒而获得的多晶陶瓷材料。根据晶粒尺寸的大小可分为微米晶玻璃和纳米晶玻璃。激光玻璃陶瓷是在玻璃基质中加入发光元素，通过成核析晶得到的玻璃陶瓷；玻璃陶瓷受到外部激发后，获得激光输出。激光玻璃陶瓷是继激光单晶和激光玻璃之后固体激光材料的又一重大突破。相对于单晶材料，玻璃陶瓷制备简单，可以获得高质量、大尺寸、成分均匀、大掺杂量的样品；相对于玻璃材料，玻璃陶瓷的机械性能、抗腐蚀性能都更为优异。因而在某些领域（如微芯片激光器、光纤放大器、高功率二极管抽运固态激光器以及其他高温、高热冲击、高腐蚀等特殊环境下的激光器等），玻璃陶瓷可望取代单晶和玻璃。

8.7.1　激光玻璃陶瓷的激光发射原理

玻璃陶瓷要发射激光，首先应要求材料透明（特别是在激光发射波段的透过率必须达到90 以上），其次要有在受外部光学或电激发时能产生辐射的发光中心。为了达到透明，玻璃中晶粒成分的尺寸要足够小（纳米级），使晶粒的尺寸远小于晶粒之间的距离及入射光波长，从而可忽略对入射光的散射；或者晶粒与玻璃基质的折射率基本相近（相差不大于 0.3，此时晶粒尺寸可达微米级）。为了实现荧光辐射，通常的做法是添加稀土离子或过渡离子作为发光中心。稀土离子 4f 电子层具有二能级、三能级、四能级、五能级及更多能级系统，其 4f 电子层受到外层 5d5p 层的屏蔽，受外场的影响较小，能够通过层内能级之间的跃迁实现光子发射；而且能级越复杂，获得的光谱越丰富，可应用的领域就会越多，因此镧系元素常被选择作为掺杂元素。对于激光玻璃陶瓷，其激光性能的优劣直接决定其使用价值。从现有的研究结果看，对于激光工作物质而言，影响激光性能的因素有：

（1）基质对入射光的吸收和散射；

（2）杂质对入射光的吸收和散射；

（3）粒子内部、同种稀土粒子之间或异种稀土粒子相互间的非辐射跃迁；

（4）OH^- 等基团对稀土粒子的能量弛豫作用等。

以上各种因素有利有弊，基质对入射光的吸收和散射会明显降低激光吸收和发射效率，应尽量避免，这可以通过选择设计原材料的成分、保证基质气孔极少、透光率极高，达到降低吸收和散射入射光的目的；杂质、OH^- 等会极大地降低激光能量的转换率，应当尽力消除，通过适当控制玻璃熔炼时的炉内气氛可避免杂质形成对入射光吸收或散射危害最大的状态，通过外加适当的惰性气体可使水分含量大幅下降；掺杂粒子内部与粒子之间的能量弛豫虽然也可能导致能量的损失,但是也可以产生各种丰富的发射光谱,因而可根据实际应用需求,恰当地设计并选择基质成分和掺杂含量与种类。

8.7.2 激光玻璃陶瓷的类别

根据基质玻璃的成分不同,可以把激光玻璃陶瓷分为硅酸盐玻璃陶瓷、氟氧化物玻璃陶瓷、硼酸盐玻璃陶瓷、磷酸盐玻璃陶瓷、锗酸盐玻璃陶瓷以及硫系化合物玻璃陶瓷等。

(1) 硅酸盐玻璃陶瓷是以 SiO_2 为主要原料,与碱金属氧化物、碱土金属氧化物及 Al_2O_3。等物质混合熔炼得到玻璃,再晶化制得的。由于 SiO_2 的存在,硅酸盐玻璃陶瓷在拥有较好机械性能和化学稳定性的同时,也存在声子能量高、可掺杂量低等缺点。

(2) 氟氧化物玻璃陶瓷是在氧化物基质玻璃中析出氟化物晶粒而制得的玻璃陶瓷。由于氟化物具有极低的声子能量($500cm^{-1}$),而氧化物玻璃基质具有优异的机械性能和稳定的化学性能,两者的结合物将极有可能成为激光材料的合适基体。正是基于这种想法,氟氧化物玻璃陶瓷自诞生以来就受到各国研究机构的热切关注。

8.7.3 激光玻璃陶瓷的制备技术

玻璃陶瓷的探索性研究始于 1793 年,Reaumur 从碳酸钠-石灰-二氧化硅玻璃中制得多晶材料,由于未能控制析晶量及析晶位置,使得这种玻璃陶瓷易碎而不可用。直至 20 世纪 50 年代美国康宁公司的 Stookey 通过在基质材料中添加敏化剂和成核剂研制出可控光敏玻璃陶瓷;同一时期,英国的麦克米伦等通过在基质材料中添加敏化剂和成核剂研制出可控热敏玻璃陶瓷,这才使得玻璃陶瓷的研究进入高速发展阶段并开始有效地应用到国民经济的各个方面。根据现有的研究结果,可以把玻璃陶瓷的制备过程归纳为玻璃制备、退火和陶瓷化三个步骤。根据制备技术的不同,玻璃制备有熔炼成型工艺和溶胶-凝胶薄膜工艺等多种不同的方法。熔炼成型制备玻璃的方法是:按化学剂量比称配纯原料,经过研磨混料,装入石英坩埚(或刚玉坩埚、铂金坩埚),在加热炉中熔炼成液体,然后通过快冷成型获得玻璃。溶胶-凝胶法工艺过程是:满足化学剂量比的相应的金属醇盐或金属无机盐形成干凝胶之后,再经预烧、煅烧等过程获得玻璃陶瓷。熔炼成型能用于大规模、大尺寸生产。合理控制各生产环节,可获得质量极高的激光玻璃材料。目前无论是实验室制样还是商业化生产基本上都是采用传统的熔炼成型技术,但熔炼成型存在铂金属杂质污染和 OH^- 难以去除的问题。溶胶-凝胶法的优点在于可在低温下生产出高纯度的玻璃,避免了某些组分的挥发、容器侵蚀、污染,其组成完全可以按照配方和化学计量准确获得,使实验及实验成果更具可重复性,同时,由于溶胶-凝胶法能在分子水平上直接获得均匀的材料,可扩展原料的组成范围,制备出传统方法不能制备的材料。然而制备溶胶和凝胶的过程很费时,原料成本也较高,且难以大尺寸、大规模地生产,因而限制了该法在实际生产中的应用。快淬之后的玻璃在其玻璃化温度的附近进行几小时的退火处理可消除因快冷而产生的内应力。接下来,对退火后的玻璃进行陶瓷化处理。陶瓷化过程一般包括成核和晶粒长大两个阶段。陶瓷化过程分为一步式或阶梯式,在析晶温度的附近能可控地获得一定数量、一定大小及分布均匀的晶粒。新型陶瓷化方法有激光诱导法和定向析晶法等。激光诱导法是应用紫外激光在晶化温度以下辐射玻璃,在玻璃中定点地形成一定尺寸、一定数量的晶粒,实现玻璃的陶瓷化定向析晶法是在梯温炉中使析晶所产生的主晶相定向生长从而获得具有特殊功能的玻璃陶瓷或梯度结构玻璃陶瓷。目前,激光诱导和定向析晶都能可控地实现陶瓷化,但无论是激光诱导还是定向析晶受设备的影响都较大,且生产过程较慢,难以获得整体析晶的大尺寸产品,由此增加了生产成本,难以商品化,是一般实验室难以采用的实验手段。然而,随着相关技术的发展,如大功率激光器的普遍应用,有望能高速高效地获得大尺寸的玻璃陶瓷材料;精准的大型梯温炉应用于定向析晶时则有望获得性能极佳的大尺寸定向析晶玻璃陶瓷。这些昂贵的设备和技术只有在规模化的工业生产中应用才会获得性价比适宜的商品。当然,设备只是现代化玻璃陶瓷生产的基本条件之一,连续的作业才是规模化生产的真正关键所在。虽然目前国际上还没有激光玻璃陶瓷生产线,但是借鉴大尺寸激光玻璃的生产设备和技术,把玻璃连熔技术与陶瓷化有效地衔接起来有望获得玻璃陶瓷的产业化。

8.7.4　激光玻璃陶瓷的应用

玻璃陶瓷由于集合了玻璃和单晶的优点,可以获得高抗热冲击性、高抗腐蚀性、高掺杂量、高吸收发射截面和高发射功率的激光工作物质,从而可以应用于通信信息、工业生产、生化医疗、军事等领域。根据其掺杂元素和谐振腔的不同,可以获得不同功率、不同频率、不同模数的连续或脉冲式激光输出,应用于有不同需求的领域。

1. 频率上转换激光器

上转换一般是指由光子吸收开始的能量转移过程。上转换使得能量超过泵浦光子的一个激发态产生增益,在激发态出现较激发波长更短的发射波长。上转换过程可分为激发态吸收上转换、能量转移上转换、光子雪崩上转换以及同步多光子吸收上转换。相对于玻璃,玻璃陶瓷中的稀土粒子处于低声子场的晶粒场中,避开了声子场较高的玻璃环境,降低了离子内部的非辐射跃迁概率,使粒子间的上转换概率大增。由于上转换发射可以实现红外到可见光及紫外光的转换,而这种由近红外激光器抽运产生的可见光对大容量数据存储光学器件的发展意义巨大,因而引发了国际各研究机构的广泛兴趣,并形成了一股研究热潮。鉴于半导体激光器的迅速发展和商品化,上转换激光玻璃陶瓷通过选择合适的掺杂粒子可与这种半导体激光器很好地耦合,实现近红外到白、红、绿、蓝、紫等宽波上范围内的激光转换,能获得高峰值功率和波长可调的激光输出。这一性能可在光盘技术、信息技术、彩色显示、彩色打印、三维显示器、生物医学诊断和水下通信等方面得到广泛应用。

2. 光纤放大器

激光发射是指辐射通过受激发射产生的光放大,这个定义使激光适用于光纤放大器。随着集成化、小型化的激光器和光纤通信的发展,各种放大器层出不穷。玻璃陶瓷激光放大器相对于玻璃激光放大器,由于稀土离子进入晶粒环境可以得到光谱平坦、能量高的发射光谱,可以十分有效地实现增益大容量通信信号。通常情况下,在激发信号和通信信号的共同作用下,玻璃陶瓷受激发射出与通信信号具有相同频率、相位和偏振态的激发光,从而补充光纤通信信号在传输过程中的能量损失,实现长距离、大容量的光通信。

8.8　生物陶瓷材料

随着材料科学的发展,生物材料由于具有对机体组织进行修复、替代与再生的特殊功能,已成为当今生物医学工程学中的重要组成部分,应用得最广泛的生物医学材料为金属和有机材料,其存在着许多缺点。例如,金属材料植入人体内后,容易发生腐蚀,产生对人体有毒的金属离子,并且金属磨屑会引起周围生物组织发生变化等问题;而有机材料大多强度较低,难以满足力学性能和耐久性的要求。生物陶瓷材料作为一种无机生物医学材料,与生物组织具有良好的相容性和优异的亲和性、稳定的物理化学性质、可灭菌性及无毒性等优点,越来越受到人们的重视。

生物陶瓷泛指与生物体或生物化学相关的陶瓷材料,分为与人体相关的陶瓷(种植类陶瓷)和与生物化学相关的陶瓷(生物工程类陶瓷)两大类。应用的范围有人工牙冠、牙根、人工血管和人工尿管;更有用于酶固定、细菌、微生物分离、液相色谱注和 DNA 等方面。生物陶瓷材料根据其在生物体内的活性可分为惰性生物陶瓷材料和活性生物陶瓷材料。

8.8.1　惰性生物陶瓷材料

生物惰性陶瓷主要是指化学性能稳定、生物相容性好的陶瓷材料。这类陶瓷材料的结构都比较稳定,分子中的键力较强,而且都具有较高的机械强度、耐磨性以及化学稳定性。生物惰性陶瓷主要由氧化物陶瓷、非氧化物陶瓷以及陶材组成。其中,以 Al、Mg、Ti、Zr 的氧化物应用最为广泛。

目前,氧化铝陶瓷材料已经应用于人造骨、人工关节及人造齿根的制作方面。氧化铝陶瓷植入人体后,体内软组织在其表面生成极薄的纤维组织包膜,在体内可见纤维细胞增生,界面无化学反应,多用于全臀复位修复术及股骨和髋骨部连接。单晶氧化铝陶瓷的机械性能更优于多晶氧化铝,适用于负重大、耐磨要求高的部位。但是由于 Al_2O_3 属脆性材料,冲击韧性较低,且弹性模量和人骨相差较大,可能引起骨组织的应力,从而引起骨组织的萎缩和关节松动,在使用过程中,常出现脆性破坏和骨损伤,且不能直接与骨结合。近年来,氧化锆陶瓷由于其优良的力学性能,尤其是其远高于氧化铝瓷的断裂韧性,使其作为增强增韧第二相材料在人体硬组织修复体方面取得了较大的研究进展。Hench 报道,部分稳定氧化锆陶瓷的抗弯强度可达 100 MPa,断裂韧性可达 15MPa。但惰性生物陶瓷在体内被纤维组织包裹或与骨组织之间形成纤维组织界面的特性影响了该材料在骨缺损修复中的应用,因为骨与材料之间存在纤维组织界面,阻碍了材料与骨的结合,也影响材料的骨传导性,长期滞留体内产生结构上的缺陷,使骨组织产生力学上的薄弱。

8.8.2　活性生物陶瓷材料

生物活性陶瓷包括表面生物活性陶瓷和生物吸收性陶瓷,又叫生物降解陶瓷。生物表面活性陶瓷通常含有羟基,还可做成多孔性,生物组织可长入并同其表面发生牢固的键合;生物吸收性陶瓷的特点是能部分吸收或者全部吸收,在生物体内能诱发新生骨的生长。生物活性陶瓷有生物活性玻璃(磷酸钙系)、羟基磷灰石陶瓷、磷酸三钙陶瓷等几种。

1.羟基磷灰石陶瓷

羟基磷灰石简称 HAp,化学式为 $Ca_{10}(PO_4)_6(OH)_2$,属表面活性材料,由于生物体硬组织(牙齿、骨)的主要成分是羟基磷灰石,因此有人也把羟基磷灰石陶瓷称为人工骨。其具有生物活性和生物相容性好、无毒、无排斥反应、不致癌、可降解、可与骨直接结合等特点,是一种临床应用价值很高的生物活性陶瓷材料,引起了广泛的关注。近年来,人们又将研究重点放在了多孔羟基磷灰石陶瓷方面。研究发现,多孔钙磷种植体模仿了骨基质的结构,具有骨诱导性,它能为新生骨组织的长入提供支架和通道,因此植入体内后其组织响应较致密陶瓷有很大改善。但羟基磷灰石的主要缺点在于本身的力学性能较差、强度低、脆性大,这一缺点影响了它在医学临床上的广泛应用,同时也促使人们研究 HAp 系列的各种复合材料,以期获得力学性能优良、生物活性好的生物医学复合材料。

利用等离子喷涂和化学气相沉积等各种技术,使羟基磷灰石陶瓷与金属基复合,得到既具有金属的强度和韧性,又具有生物活性的复合材料。在国外,钛合金等离子喷涂羟基磷灰石复合材料已被用于制备人工关节。在羟基磷灰石中掺入生物惰性陶瓷材料(如氧化铝,氧化锆等)或生物玻璃粉体后,在烧结体中形成一定量的 α - 磷灰石和微量 β - 磷灰石可提高材料的强度,并且在耐磨性、抗生理腐蚀性和生物相容性方面不会损失。将 HAp 粉末或纤维填充于高聚物基体中,既可提高聚合物复合材料的刚性和韧性,又能提高其生物活性,加快新生骨的生长。常用的高聚合物有聚乳酸、壳聚糖、胶原蛋白等。同时人体骨骼本身含有有机和无机质两部分,有机部分的主要成分是骨胶原纤维和骨蛋白,它使骨骼具有柔韧性,而无机部分主要是羟基磷灰石,这使骨骼有一定的强度。

2. 磷酸三钙陶瓷材料

目前广泛应用的生物降解陶瓷为 β - 磷酸三钙(简称 β - TCP),是磷酸钙的一种高温相。与 HAp 相比,TCP 的最大优点在于更易于在体内溶解,其溶解度约比 HAp 高 10~20 倍,植入机体后与骨直接融合而被骨组织吸收,是一种骨的重建材料。可根据不同部位骨性质的不同及降解速率的要求,制成具有一定形状和大小的中空结构构件,用于治疗各种骨科疾病。磷酸钙陶瓷的主要缺点是其脆性较高,难以加工成型或固定钻孔。致密磷酸钙陶瓷可以通过添加增强相提高它的断裂韧性,多孔磷酸钙陶瓷虽然可被新生骨长入而极大增强,但是在再建骨完全形成之前,为了及早代行其功能,也必须对它进行增韧补强。

综上所述,我们可以看出,生物陶瓷材料已得到了各国的高度重视并取得了巨大的发展,但是在韧性以及生物的相容性上仍存在不足,今后,生物陶瓷材料发展方向主要有:

(1)通过研究与人体组织结构具有相同有机和无机成分的复合材料,提高现有生物陶瓷的可靠性、强度,改善韧性,使之与人体内部组织具有相似的力学性能。

(2)开展人工骨应用基础理论研究,深入探索种植与骨界面的作用过程以及种植与骨和软组织结合的机理,开发与人体组织力学相适应性好,又具有促进组织生长的生物陶瓷材料。

(3)由于生物材料大多直接植入人体,这就要求其在人体内可降解、不排异,研究在人体内可生物半降解的无机生物材料,同时,可根据人体在恢复过程中所需物质,研究含人体生理活性物质和有效微成分的无机生物材料。

参考文献

[1] 林志伟. 功能陶瓷材料研究进展综述. 广东科技,2014(14):36.

[2] Tsai M T. Preparation and Crystallization of Forsterite Fibrous Gels [J]. J Eur Ceram Soc, 2003, 23: 1283 - 1291.

[3] 李龙土. 功能陶瓷材料研究的若干进展. 功能材料,2005,2(1):10 - 14.

[4] Kitaoka K, Takahara K, Kozu Ka H, et al. Sol gel Processing of Transparent PLZT ((Pb, La) (Zr, Ti) O₃) Fibers [J]. J Sol gel Sci Technol, 1999, 16: 183 - 189.

[5] Mitchell M B D, Jackson D, James P F. Preparation and Characterization of Forsterite (Mg₂SiO₄)

Xerogels [J]. J Sol gel Sci Technol，1998，13：359 - 364.

［6］Tsai M T. Synthesis of Nanocrystalline Forsterite Fiber Via a Chemical Route [J]. Mater Res Bull，2002，37：2213 - 2226.

［7］Lu Qifang，Chen Dairong，Jiao Xiuling. Preparation and Characterization of BaTiO$_3$ Long Fibers by Sol gel Process Using Catechol-complexed Alkoxide [J]. J Sol gel Sci Technol，2002，25（3）：243 - 248.

［8］董显林. 功能陶瓷研究进展与发展趋势. 中国科学院院刊，2003(6)：407 - 412.

［9］Park Y I，Kim C E. Effects of Catalyst and Solvent on PbTiO$_3$ Fibers Prepared from Triethanolamine Complexed Titanium Isopropoxide [J]. J Sol gel Sci Technol，1999，14：149 - 162.

［10］Hu Yi. Preparation of Lead Zirconate Titanate Ceramic Fibers by Sol gel Method [J]. J Sol gel Sci Technol，2000，18：235 - 247.

［11］Towata A，Hwang H J，Yasuoka M，et al. Seeding Effects on Crystallization and Mirostructure of Sol gel Derived PZT Fibers [J]. J Mater Sci，2000，35：4009 - 4013.

［12］Zhang Mei，Wang Xidong，Wang Fuming，et al. Preparation and Ferroelectric Properties of PZT Fibers [J]. Ceram Inter，2005，31：281 - 286.

［13］Steinhausen R，Hau Ke T，Beige H，et al.Properties of Fine Scale Piezoelectric PZT Fibers with Different Zr Content [J]. J Eur Ceram Soc，2001，21：1459 - 1462.

内容提要

全书共分 8 章,第 1 章介绍了功能材料及功能设计方法,第 2 章为电活性高分子材料,第 3 章为高分子液晶,第 4 章为具有化学功能的高分子材料,第 5 章为医用药用生物功能材料,第 6 章为自修复材料,第 7 章为纳米材料,第 8 章为功能陶瓷材料。

本书可作为高等学校材料学科各专业高年级本科生教材,亦可作为研究生教学参考书,也可供从事功能材料研究与应用工作的科技人员参考,还可作为材料工程技术方面的工具书。